EUL
VERLAG

SCHRIFTEN DES INSTITUTS FÜR ENTWICKLUNG ZUKUNFTSFÄHIGER ORGANISATIONEN

Herausgegeben von Prof. Sonja A. Sackmann, Ph. D., Prof. Dr. Stephan Kaiser, Prof. Dr. Hans A. Wüthrich und Prof. Dr. Axel Schaffer, Universität der Bundeswehr München

Band 5
Sabrina Niederle
Die Bedeutung der Entrepreneurship Education für die Employability – Eine empirische Analyse am Beispiel des unternehmerischen Qualifizierungsprogramms Manage&More der UnternehmerTUM
Lohmar – Köln 2015 • 344 S. • € 63,- (D) • ISBN 978-3-8441-0434-9

Band 6
Franz Röösli
Initialisierung musterbrechender Managementinnovation – Eine interdisziplinäre Betrachtung
Lohmar – Köln 2015 • 336 S. • € 63,- (D) • ISBN 978-3-8441-0435-6

Band 7
Edigna Kessel
Die gesellschaftliche Konstruktion von Gleichförmigkeit – Der Primat der Wirtschaft als dominante kognitive Institution
Lohmar – Köln 2016 • 276 S. • € 64,- (D) • ISBN 978-3-8441-0477-6

Band 8
J. Felix Rippel
Biologische und organisationale Resilienz – Das menschliche Immunsystem als Inspirationsquelle resilienter Verhaltensmuster
Lohmar – Köln 2017 • 240 S. • € 60,- (D) • ISBN 978-3-8441-0518-6

Band 9
Verena Eichel
Einfluss der Diskrepanz zwischen externem und internem Branding auf das Organizational Citizenship Behavior – Eine serielle Mediationsanalyse unter Berücksichtigung der Unternehmenskultur, der organisationalen Identifikation und der Arbeitszufriedenheit
Siegburg 2018 • 276 S. • € 64,- (D) • ISBN 978-3-8441-0558-2

JOSEF EUL VERLAG

Schriften des Instituts für Entwicklung zukunftsfähiger Organisationen · Band 9
Herausgegeben von Prof. Sonja A. Sackmann, Ph. D., Prof. Dr. Stephan Kaiser, Prof. Dr. Hans A. Wüthrich und Prof. Dr. Axel Schaffer, Universität der Bundeswehr München

Dr. Verena Eichel

Einfluss der Diskrepanz zwischen externem und internem Branding auf das Organizational Citizenship Behavior

Eine serielle Mediationsanalyse unter Berücksichtigung der Unternehmenskultur, der organisationalen Identifikation und der Arbeitszufriedenheit

Mit einem Geleitwort von Prof. Sonja A. Sackmann, Ph. D., Universität der Bundeswehr München

Bibliografische Information der Deutschen Nationalbibliothek

Die Deutsche Nationalbibliothek verzeichnet diese Publikation in der Deutschen Nationalbibliografie; detaillierte bibliografische Daten sind im Internet über <http://dnb.d-nb.de> abrufbar.

Dissertation, Universität der Bundeswehr München, 2018

ISBN 978-3-8441-0558-2
1. Auflage August 2018

JOSEF EUL VERLAG GmbH
Zeithstr. 356
53721 Siegburg
Tel.: 0 22 05 / 90 10 6-80
Fax: 0 22 05 / 90 10 6-88
E-Mail: info@eul-verlag.de
https://www.eul-verlag.de

Bei der Herstellung unserer Bücher möchten wir die Umwelt schonen. Dieses Buch ist daher auf säurefreiem, 100% chlorfrei gebleichtem, alterungsbeständigem Papier nach DIN 6738 gedruckt.

Einfluss der Diskrepanz zwischen externem und internem Branding auf das Organizational Citizenship Behavior –

Eine serielle Mediationsanalyse unter Berücksichtigung der Unternehmenskultur, der organisationalen Identifikation und der Arbeitszufriedenheit

Verena Eichel

Vollständiger Abdruck der von der Fakultät für Wirtschafts- und Organisationswissenschaften der Universität der Bundeswehr München zur Erlangung des akademischen Grades eines Doktors der Wirtschafts- und Sozialwissenschaften (Dr. rer. pol.) genehmigten Dissertation.

Gutachter/Gutachterin:

1. Prof. Sonja A. Sackmann, Ph.D. (Erste Berichterstatterin)
2. Prof. Dr. Stephan Kaiser (Zweiter Berichterstatter)

Die Dissertation wurde am 22. Januar 2018 bei der Universität der Bundeswehr München eingereicht und durch die Fakultät für Wirtschafts- und Organisationswissenschaften am 5. Juni 2018 angenommen.
Die mündliche Prüfung fand am 20. Juni 2018 statt.

Geleitwort

Die Marke und damit das externe Branding eines Unternehmens haben aufgrund des starken und noch weiter zunehmenden Wettbewerbs auf lokaler, internationaler und globaler Ebene große praktische Aktualität. Im Hinblick auf den demografischen Wandel und Fachkräftemangel wird auch das interne Branding künftig noch wichtiger werden. Können qualifizierte Mitarbeiter für ein Unternehmen gewonnen werden, dann stellt sich die Frage, inwieweit sie mit ihrem Verhalten durch sogenanntes Organizational Citizenship Behavior (OCB) einen zusätzlichen Wettbewerbsfaktor erzeugen, indem sie sich besonders engagiert für das Unternehmen einsetzen. Doch was passiert mit dem OCB, wenn das interne Branding vom externen Branding eines Unternehmens abweicht? Während die einzelnen Konzepte für sich in den verschiedenen Disziplinen wie der Betriebswirtschaftslehre und speziell des Marketings und der Organisationspsychologie schon ausführlich beforscht wurden, erfolgte bislang noch keine verknüpfte Betrachtungsweise.

Hier setzt die vorliegende Arbeit an und ergänzt die bisher einseitige Perspektive auf Branding, indem sie eine kombinierte Markenbetrachtungsweise einführt und zudem den Einfluss der von Mitarbeitern wahrgenommenen Diskrepanz und deren Vorzeichen auf das OCB untersucht. Die Ausführungen im theoretischen Grundlagenkapitel sind sowohl in ihrer Breite wie auch in ihrer Tiefe äußerst differenziert und auf dem aktuellsten Stand der Forschung. Die Beantwortung der interdisziplinären Fragestellung wird anhand eines quantitativen Vorgehens mit entsprechend anspruchsvollen statistischen Analysen empirisch untersucht. In der Diskussion und Interpretation der zum Teil unerwarteten und kontraintuitiven Ergebnisse werden die gewonnenen Erkenntnisse in die bestehende Forschungslandschaft eingeordnet und darauf aufbauend weiterführende Forschungsfragen entwickelt. Auch die kritische Diskussion um die Limitationen der empirischen Studie zeugen von methodischer Reife.

Insgesamt überzeugt die vorliegende Arbeit durch ihre hohe theoretische wie auch empirische Forschungskompetenz. Aufgrund der theoretischen Auseinandersetzung, der Ergebnisse und ihrer Diskussion sowie der Ausführungen bezüglich der Implikationen der gewonnenen Erkenntnisse für die Praxis wie auch für künftige Forschung leistet die Arbeit einen innovativen Beitrag und ist damit sowohl für Forscher wie auch für Praktiker lesenswert.

München, im Juli 2018 Prof. Sonja A. Sackmann, Ph.D.

Danksagung

Diese Arbeit widme ich meinen Eltern Margit und Hans Werner.

Eine wissenschaftliche Arbeit ist nie das Werk einer einzelnen Person, deshalb möchte ich mich bei allen Menschen bedanken, die mir die Erstellung meiner Dissertation ermöglicht haben. An erster Stelle gilt mein Dank meinen beiden Gutachtern, Frau Professorin Sonja A. Sackmann, Ph.D. und Herrn Professor Dr. Stephan Kaiser, für ihre wissenschaftliche Expertise und Unterstützung während der gesamten Erarbeitungsphase meiner Dissertation.

Ein herzlicher Dank gilt den Probanden meiner Pilot- und Hauptstudie für ihre Teilnahme. Ohne sie wären die Erkenntnisse meiner empirischen Untersuchung nicht möglich gewesen. Meinen aktuellen und ehemaligen Kolleginnen am Lehrstuhl für Arbeits- und Organisationspsychologie der Universität der Bundeswehr München, Regina, Erna, Nicki und Silke, gebührt ein ganz herzlicher Dank für die Motivation, Hilfsbereitschaft und gute Zusammenarbeit in den letzten vier Jahren. Den Kolleginnen und Kollegen der „Nachbar"-Lehrstühle sei ebenfalls für ihr Feedback und ihre ermunternden Gespräche gedankt.

Nicht minder aufreibend waren die vergangenen Jahre für meine Familie, die dieses Werk in allen Phasen mit jeder möglichen Unterstützung bedacht haben. Meinen Eltern, Margit und Hans Werner, gilt hierfür mein besonderer Dank. Meinen Geschwistern, Vanessa und Vincent, möchte ich für die unermüdliche Stärkung und Motivation während unserer Treffen und in zahlreichen Telefonaten danken.

Auch die vielen nicht-wissenschaftlichen und motivierenden Gespräche haben meine Arbeit und Persönlichkeit bereichert, dafür möchte ich mich abschließend bei meinen Freunden bedanken. Ihr habt es mir sehr erleichtert, diese Herausforderung zu meistern.

München, im Juli 2018 Dr. Verena Eichel

Inhaltsverzeichnis

Abbildungsverzeichnis

Tabellenverzeichnis

Abkürzungsverzeichnis

Hinweis: In diesem Abkürzungsverzeichnis sind lediglich zentrale Abkürzungen, jedoch keine statistischen Maße aufgeführt. Diese werden in den entsprechenden Kapiteln erklärt.

AV	abhängige Variable
AZ	Arbeitszufriedenheit
$D_{(EB,IB)}$	Diskrepanz zwischen externem und internem Branding
$D_{(EB+,IB-)}$	Diskrepanz: Externes Branding wird positiv wahrgenommen, internes Branding hingegen negativ
$D_{(EB-, IB+)}$	Diskrepanz: Externes Branding wird negativ wahrgenommen, internes Branding hingegen positiv
EB	externes Branding
f. (ff.)	folgend(e)
HRM	Human Resource Management
IB	internes Branding
IT	Informationstechnologie
KMU	Klein- und mittelständische Unternehmen
MV	Mediatorvariable
OCB	Organizational Citizenship Behavior
OID	organisationale Identifikation
S.	Seite
SGM	Strukturgleichungsmodell
SozErw	soziale Erwünschtheit
u. a.	unter anderem
UK	Unternehmenskultur
UV	unabhängige Variable

1 Einführung: Einfluss der Branding-Diskrepanz auf das Organizational Citizenship Behavior

"Organizations are increasingly defined by their brand rather than their operations"

(Gabriel, Korczynski & Rieder, 2015, p. 634)

"Without OCB, a work group may not be able to achieve its performance goals, and the organization may lose its competitive advantage"

(Yoshikawa & Hu, 2017, p. 99)

Die Zitate von Gabriel und Kollegen (2015) sowie Yoshikawa und Hu (2017) verdeutlichen den wesentlichen Einfluss und die Aktualität der Themen Branding und Organizational Citizenship Behavior (OCB) in gegenwärtigen und zukünftigen Unternehmen. Auch Endrissat, Kärreman und Noppeney (2017) sowie Müller (2017) sind der Überzeugung, dass Marken zentrale Aspekte in Unternehmen sind. Ong, Mayer, Tost und Wellman (2018) erforschen das OCB und kommen wie Yoshikawa und Hu (2017) sowie Methot, Lepak, Shipp und Boswell (2017) zum Ergebnis, dass OCB ein entscheidender Faktor für ein erfolgreich funktionierendes Unternehmen ist – insbesondere im Hinblick auf die Überlebensfähigkeit. OCB hängt mit organisationaler Effektivität zusammen – wie z. B. einem gesteigerten finanziellen Erfolg (Coldwell, Alastair & Callaghan, 2014; Koys, 2001).

Der Begriff *branding* (Markenaufbau) leitet sich vom englischen Wort *brand* für Marke ab (Bruhn, 2004). Ursprünglich bezeichnete Branding das Markieren von Vieh mit Brandzeichen. Eine Marke ist zunächst einmal ein formales Kennzeichen, wobei das Vorgehen des Kennzeichnens Branding genannt wird und das Ziel hat, Dinge voneinander abzugrenzen (Tomczak & Brexendorf, 2005). Heute erfüllen Marken weit mehr Funktionen für ein Unternehmen und sind insbesondere für den Unternehmenserfolg von Bedeutung (Bruce & Jeromin, 2016). Insgesamt ist Branding für ein Unternehmen kulturell, sozial und ökonomisch richtungsweisend (Kay, 2006). OCB beschreibt ein proaktives Verhalten von Mitarbeitern[1], sich freiwillig und über die Aufgaben des Arbeitsvertrags hinaus für das Wohlergehen des Unternehmens einzusetzen

[1] Sofern in der vorliegenden Arbeit Berufsbezeichnungen, Funktionen etc. in der männlichen Form genannt sind, so ist jeweils auch die weibliche Form gemeint. Dies dient lediglich der besseren Lesbarkeit.

(Borman & Motowidlo, 1993, 1997; Steffen & Externbrink, 2017). Den Mitarbeitern wird für dieses Verhalten keine direkte Belohnung gewährt (Van Dick, 2004). Konkrete Definitionen und Erläuterungen der Begriffe Branding und OCB werden in Kapitel 2.1.2 und 2.5.1 dargelegt.

Zunehmender, globaler Wettbewerb hat den Druck auf Unternehmen erhöht, effizient und innovativ zu sein (Brexendorf, Bayus & Keller, 2015). Um diesem Druck standzuhalten, ist es für Unternehmen überlebenswichtig, Mitarbeiter einzustellen und zu binden, die sich – über die Verpflichtungen ihres Arbeitsvertrags hinaus – für ihr Unternehmen engagieren und eine effektive Unternehmenszielerreichung fördern (Bolino & Grant, 2016; Organ, 1988). Forscher und Führungskräfte stimmen überein, dass ein Unternehmen eine starke Marke als Teil der Geschäftsstrategie entwickeln sollte (Kay, 2006; Tavassoli, Sorescu & Chandy, 2014; Wallström, Karlsson & Salehi-Sangari, 2008). Marken tragen dazu bei, der Arbeit eine Bedeutung beizumessen (Brannan, Parsons & Priola, 2015). Bislang gibt es in diesem Kontext jedoch nur wenig Forschung zur expliziten Wahrnehmung der Mitarbeiter und ihrem Engagement in OCB (Bolino & Grant, 2016; Punjaisri & Wilson, 2007).

Nach Aaker (1991), Backhaus und Tikoo (2004) sowie Wilden, Gudergan und Lings (2010) sind Menschen und Marken daher die wichtigsten „Bestandteile" eines Unternehmens. Vomberg, Homburg und Bornemann (2015) waren auch der Auffassung, dass Menschen und Marken strategische Wettbewerbsvorteile eines Unternehmens darstellen. Um Wettbewerbsvorteile zu erlangen, hat sich eine spezielle Markenstrategie zum Aufbau einer unverwechselbaren Marke als nützlich erwiesen, die sowohl externe als auch interne Markenaufbau-Aktivitäten umfasst (Esch, 2005). Diese Markenaufbau-Aktivitäten werden in den Teilkapiteln 2.1.6 und 2.1.7 näher ausgeführt. Abbildung 1 zeigt die Verankerung des externen und internen Brandings (EB; IB) in der Markenstrategie.

Spezifischer geht es hierbei um eine Differenzierung zwischen EB und IB, wobei EB sowohl das Employer Branding (Arbeitgebermarkenaufbau) als auch das Corporate Branding (Unternehmensmarkenaufbau) umfasst und vom IB abgegrenzt wird (Backhaus, 2016; Fetscherin & Usunier, 2012; Schmidt & Kilian, 2012; s. Abbildung 1). Employer Branding ist die Anwendung von Markenführungs-Prinzipien auf das Human Resource Management (HRM; Backhaus & Tikoo, 2004), Corporate Branding beinhaltet die Kommunikation der zentralen, einzigartigen Aspekte eines Unternehmens gegenüber allen Mitarbeitern (Balmer, 2012, 2013). EB demonstriert die Unternehmenswerte gegenüber potentiellen neuen Mitarbeitern, IB beschreibt hingegen die Implementierung dieser Werte im Unternehmen und gleichzeitig deren Verknüpfung mit dem Verhalten aktueller Mitarbeiter. Auch hier erfolgen explizite Definitionen und Erläuterungen in den Teilkapiteln 2.1.6.1, 2.1.6.2 und 2.1.7.

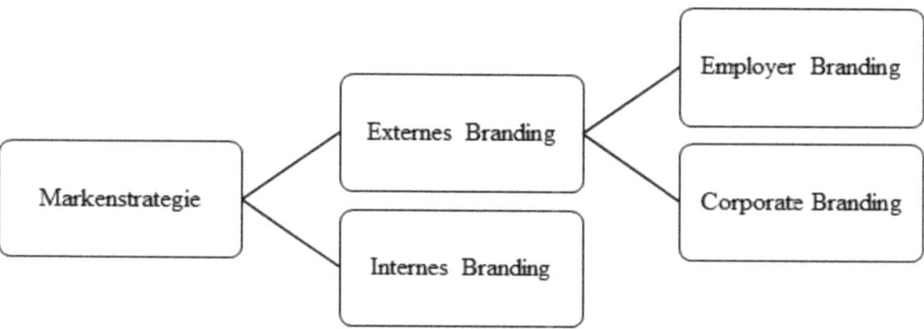

Abbildung 1: Verankerung des externen (Employer und Corporate Branding) sowie internen Brandings in der Markenstrategie (Quelle: Eigene Darstellung in Anlehnung an Schmidt und Kilian, 2012, S. 32).

Bereits Kiriakidou und Millward (2000) sowie Carr, Gregory und Harris (2010) haben herausgefunden, dass z. B. eine wahrgenommene Diskrepanz zwischen der externen und internen Unternehmenskommunikation zu weniger Engagement der Mitarbeiter führt.

Die Thematik des OCB und Brandings ist wissenschaftlich wie praktisch relevant und aktuell (vgl. Kapitel 1.1), denn Unternehmen profitieren generell von der Marke und dem OCB ihrer Mitarbeiter, da diese den finanziellen Erfolg des Unternehmens positiv beeinflussen (Ong et al., 2018; Podsakoff, Whiting, Podsakoff & Blume, 2009).

Auch zahlreiche Forscher haben die Vorteile des OCB und Brandings im Arbeitskontext diskutiert (Aaker, 1996; Collins & Stevens, 2002; Davies, 2008). Mittlerweile wird die Marke nicht mehr als Kostenpunkt, sondern als Investitionsmöglichkeit gesehen (Tomczak & Brexendorf, 2005). Mehrere Studien belegen zudem die Aktualität der Thematik, wie ebenfalls in Kapitel 1.1 aufgezeigt wird. Die vorliegende Arbeit untersucht den Einfluss der Diskrepanz zwischen externem und internem Branding [$D_{(EB,IB)}$] auf das OCB der Mitarbeiter. Dies erfolgt unter Berücksichtigung organisationaler Variablen wie der Unternehmenskultur (UK), der organisationalen Identifikation (OID) und der Arbeitszufriedenheit (AZ). In der Literatur wurde vielfach belegt, warum diese drei Variablen untersucht werden sollten. Die Begründungen erfolgen jeweils variablenspezifisch in den entsprechenden Teilabschnitten des Kapitels 2. In dieser Arbeit wird $D_{(EB,IB)}$ synonym mit dem Ausdruck „Branding-Diskrepanz“ verwendet.

Die übergeordneten Themen Branding und OCB werden sowohl aus wirtschaftswissenschaftlicher (insbesondere Marketing) als auch aus psychologischer Perspektive betrachtet, da sie Elemente beider Disziplinen beinhalten. Interessanterweise hat das Thema Branding bislang mehr Aufmerksamkeit in der Praxis erlangt als in der Wissenschaft (Love & Singh, 2011; Müller, 2017), was den Bedarf einer Forschungsarbeit auf diesem Gebiet begründet. Markenbildung sowie OCB sind sozialpsychologische, interdisziplinär zu betrachtende Phänomene (Adjouri, 2014; Keller, 1998; Organ, 1988). Die Relevanz des Brandings und OCB wird nachfolgend beleuchtet.

1.1 Relevanz der Thematik

Sowohl in der Praxis als auch in der Forschung hat sich gezeigt, dass sich der Aufbau bekannter Marken für Unternehmen lohnt (Kotler, 2003). Branding ist ein wichtiges und aktuelles Thema – dies gilt im Hinblick auf das OCB, aber auch den Unternehmenserfolg (Methot et al., 2017; Zablah, Brown & Donthu, 2010). Seit Jahrzehnten interessieren sich Wissenschaftler für das Phänomen des OCB (Bateman & Organ, 1983; Organ & Ryan, 1995; Podsakoff, MacKenzie, Paine & Bachrach, 2000; Podsakoff et al., 2009).

Ein gesteigertes Engagement in OCB hat vor allem positive Auswirkungen auf die organisationale Effektivität (Burmann & Zeplin, 2005). Auch Podsakoff und Kollegen (2000) haben die wirtschaftlichen Vorteile des OCB hinsichtlich der gesteigerten Produktivität und Qualität für ein Unternehmen hervorgehoben. In einer früheren Studie haben Podsakoff und MacKenzie (1997) bereits gezeigt, dass OCB nicht nur zu mehr und besseren Arbeitsergebnissen führt, sondern darüber hinaus auch einen Effekt auf die Unternehmensleistung hat. Ergebnisse wie diese unterstreichen die große Bedeutung des OCB im organisationalen Kontext (Organ, 1990; Organ, Podsakoff & MacKenzie, 2006). Es bleibt jedoch zu klären, inwiefern das Branding das OCB von Mitarbeitern beeinflusst. Erfolgreiche Unternehmen brauchen Mitarbeiter, die die *extra mile* gehen und sich proaktiv engagieren (Niessen, Weseler & Kostova, 2016; Strobel, Tumasjan, Spörrle & Welpe, 2017; Wrzesniewski & Dutton, 2001). Bereits Katz (1964) argumentierte, dass sich Unternehmen auf Mitarbeiterengagement verlassen, das über die reguläre

Pflicht hinausgeht, um ein effektives Funktionieren zu gewährleisten. OCB stellt damit eine zentrale Unternehmensvariable dar (Organ et al., 2006; Weikamp & Göritz, 2016). Es umfasst Verhaltensweisen, wie z. B. spontane Hilfe am Arbeitsplatz, unaufgeforderte Mehrarbeit, Toleranz gegenüber arbeitsbedingten Unannehmlichkeiten und keine Zeitverschwendung bei der Arbeit (Bailey, Madden, Alfes & Fletcher, 2017; Schnake, 1991).

Mitarbeiter, die sich in besonderem Maß in OCB engagieren, werden als *good citizens* bezeichnet (Bateman & Organ, 1983; Bolino, Hsiung, Harvey & LePine, 2015). Unternehmen brauchen vor allem in dynamischen Zeiten *good citizens*, die mit ihrem *goodwill* die Grundlage für einen Wettbewerbsvorteil schaffen (Bolino, Turnley & Bloodgood, 2002). *Good citizens* zeigen in ihrem täglichen OCB zwar nur kleine Veränderungen; betrachtet man den Einfluss allerdings über einen längeren Zeitraum, so sind größere Veränderungen beobachtbar (Methot et al., 2017). *Good citizen*-Mitarbeiter agieren laut Bolino (1999) einerseits als *good soldiers*, andererseits aber auch als *good actors*, um ihr Image bei der Arbeit zu erhöhen (vgl. Kapitel 2.5). Einige Studien konnten ebenso belegen, dass OCB allgemein einen positiven Einfluss hat, da es die Effektivität eines Unternehmens – von 18% auf 38% in Bezug auf mehrere Kennzahlen – steigern kann (Podsakoff et al., 2000).

OCB verbessert neben der Produktivität der Führungskräfte auch die Zugänglichkeit zu Ressourcen, es unterstützt die Koordination der Aktivitäten zwischen Teammitgliedern und optimiert Unternehmen hinsichtlich der Rekrutierung und Bindung von Mitarbeitern (Downe, Cowell & Morgan, 2016; Podsakoff et al., 2009). Ferner haben Borman und Motowidlo (1993) die Verbesserung der organisationalen Effektivität damit begründet, dass OCB den organisationalen, sozialen und psychologischen Kontext formt, der ein kritischer Katalysator für Aufgaben und Prozesse ist. Neben der Forschung hat auch die Praxis Interesse am Konstrukt des OCB (LePine, Erez & Johnson, 2002), das einen viel untersuchten Forschungsgegenstand der letzten Jahre darstellt (Podsakoff et al., 2000).

Alles, was ein Unternehmen sagt, unternimmt und verkauft wird von der Marke beeinflusst (Jones & Bonevac, 2013). Branding wird zunehmend wichtiger, wenn es in der Praxis um die Steigerung der Marken- und der Unternehmensleistung geht (Zablah et al., 2010), denn die Marke ist das wichtigste Gut eines Unternehmens (Keller & Lehmann, 2005; Wallström et al., 2008). Sie ist für das Unternehmen von nicht zu vernachlässigender wirtschaftlicher Bedeutung (Gutjahr, 2015; Kay, 2006). Beispielsweise beträgt der Markenwert des Unternehmens *Apple* im Jahr 2017 über 234 Mrd. US-Dollar, der Markenwert von *Google* sogar über 245 Mrd. US-Dollar (Statista GmbH, 2017). Diese Zahlen belegen die betriebswirtschaftliche Relevanz und Notwendigkeit für Unternehmen, in ihre Marke zu investieren. Erfolgreiche Marken – wie *Apple* oder *Google* – fußen im Wesentlichen auf der Bekanntheit und dem positiven Image der Marke (Aaker, 1999; Esch, 2012, 2014; Homburg, 2017). Starke Marken haben einen hohen Marktwert. Dieser Wert hängt von der Schaffung einer individuellen Markenidentität ab (Tomczak & Brexendorf, 2005). Starke Marken stellen konkrete Vorstellungsbilder in den Köpfen der relevanten Stakeholder her (Esch, Tomczak, Kernstock, Langner & Redler, 2014). Die Marke eines Unternehmens kann bei der Zielgruppe z. B. Vorstellungen über dessen Vertrauenswürdigkeit auslösen (Moser, 2002).

Lievens und Slaughter (2016) betonten allerdings, dass es gegenwärtig nur wenig empirische Forschung zur Verknüpfung zwischen Marken- und Unternehmensimage gibt. Ein Unternehmensimage beschreibt gesendete oder empfangene Wahrnehmungen einer Organisation von externen und internen Stakeholdern (Price & Gioia, 2008). Unternehmen werden von all ihren Stakeholdern bewertet, diese Evaluation beeinflusst die Interaktion der Stakeholder mit dem Unternehmen und das Image (George, Dahlander, Graffin & Sim, 2016).

Vor allem Marketingmanager erachten eine erfolgreiche Marke als erstrebenswert und fundamental für ein Unternehmen (Barrow & Mosley, 2005; Homburg, 2017), besonders im Hinblick auf die organisationale Nachhaltigkeit (King & Grace, 2010). Marken stellen somit ein wertvolles Unternehmenskapital dar (Latzel, Dürig, Peters & Weers, 2015) – auch für Klein- und mittelständische Unternehmen (KMU; Tomczak & Brexendorf, 2005). Balmer, Brexendorf und Kernstock (2013) betonten ebenfalls die hohe Relevanz von Marken für das OCB und den Unternehmenserfolg.

Neben dem OCB spielt auch die Differenzierung zwischen EB und IB eine zentrale Rolle. Eine Marke, die nach außen vermittelt wird ohne im Unternehmen wirklich „gelebt“ zu werden, ist nutzlos (Esch, Tomczak, Kernstock & Langner, 2006), denn „eine schöne Hülle ohne Kern bleibt immer nur eine Hülle“ (Esch et al., 2006, S. 77). Bei fehlender Integration der Unternehmens- und der Arbeitgebermarke im EB entstehen Inkonsistenzen bei aktuellen und potentiellen Mitarbeitern, die dazu führen können, dass sich die Marken gegenseitig negativ beeinflussen (Moroko & Uncles, 2008). Vor allem in der Praxis zeigen sich oft Diskrepanzen zwischen den Aspekten, mit denen Unternehmen werben und denjenigen, die aktuelle Mitarbeiter stattdessen erleben (Theurer, Tumasjan, Welpe & Lievens, 2016).

Anstatt die Marke nur von einer Außen-Innen-Perspektive zu betrachten, ist die Innen-Außen-Perspektive gleichermaßen relevant (De Chernatony, 1999). IB als das „nach innen gerichtete Gesicht der Markenpersönlichkeit" (Dahlhoff, 2006, S. 46) bildet die Grundlage für ein erfolgreiches EB und zudem für den organisationalen Erfolg (King & Grace, 2008). Kommt es zu einer Inkonsistenz zwischen Unternehmens- und Arbeitgebermarke, hat dies zur Folge, dass sich Mitarbeiter weniger in OCB engagieren (Haedrich, Tomczak & Kaetzke, 2003). Eines der kritischen Themen für das Top-Management von Unternehmen ist daher der Markenaufbau mit der Verknüpfung des OCB, um die Ziele des Unternehmens zu verdeutlichen (Bolino & Grant, 2016; De Chernatony & Dall'Olmo Riley, 1998; Mosmans, 1996). Daraus folgt, dass eine Schwierigkeit für jedes Unternehmen darin besteht, multiple Marken – wie z. B. Kunden-, Unternehmens- und Arbeitgebermarke – gegenüber unterschiedlichen Stakeholdern effektiv zu steuern (Wilden et al., 2010).

In Bezug auf die Aktualität des vorliegenden Untersuchungsgegenstands Branding und OCB geben nachfolgende Studien Aufschluss: Die Aktualität des Themas OCB wurde durch den „Gallup Engagement Index Deutschland 2016" unterstrichen. In dieser Gallup-Studie wurde das OCB von Mitarbeitern in Unternehmen detailliert erforscht (Gallup GmbH, 2016). Für den aktuellen „Engagement Index 2016" wurden $N = 1413$ zufällig ausgewählte Mitarbeiter ab 18 Jahren telefonisch interviewt mit dem Ziel, die Mitarbeiterbindung und das Arbeitsengagement der Befragten zu untersuchen (Gallup GmbH, 2016). Zentrale Ergebnisse waren Folgende: Der Anteil an Mitarbeitern, die eine hohe emotionale Bindung zu ihrem Unternehmen aufweisen und sich proaktiv für ihr Unternehmen einsetzen, lag bei lediglich 15%. Ebenfalls 15% der befragten Mitarbeiter haben innerlich bereits gekündigt. 70% der Studienteilnehmer fühlten sich emotional nur gering an ihr Unternehmen gebunden und arbeiteten nach dem „Dienst nach Vorschrift"-Prinzip (Gallup GmbH, 2016). Der geringe Anteil an Mitarbeitern, die sich in OCB engagierten, untermauert die prekäre Lage.

Zum aktuellen Stand der Markenführung in deutschen Unternehmen haben sich ähnliche Ergebnisse gezeigt. In einer Studie zu Trends und Erfolgsfaktoren der Markenführung, dem „Deutschen Markenmonitor 2017/2018", wird die Relevanz des Brandings besonders deutlich (Kupetz & Meier-Kortwig, 2017). Der „Deutsche Markenmonitor" ist die größte Studie zur

Markenführung in Deutschland. Befragt wurden Führungskräfte, die in der strategischen Markenführung tätig sind und deren Unternehmen ihren Sitz in Deutschland haben. Die Daten wurden von September bis Dezember 2016 mittels Online-Befragung erhoben. Aus der Studie resultierten folgende Ergebnisse: Die Bedeutung der Marke für den eigenen Unternehmenserfolg stuften 95% der Befragten als sehr hoch bzw. hoch ein ($N = 301$ Teilnehmer; 60% sehr hoch, 35% hoch). 40% der Befragten waren allerdings der Meinung, dass die Marke noch keine ausreichende Beachtung in Unternehmen findet. Lediglich 58% der Unternehmen haben klar definierte Markenziele. Auch die Markenpositionierung war den Mitarbeitern in 63% der Unternehmen nicht bekannt. Nur in 21% der Unternehmen wurden Personalentwicklungsmaßnahmen von der Marke beeinflusst. Die Ergebnisse des „Deutschen Markenmonitors" haben untermauert, dass die Thematik des Brandings gegenwärtig großes Interesse in Unternehmen auf sich zieht.

Berücksichtigt man eine weitere aktuelle Befragung, so zeigt sich die gravierende Problematik, die mit der Markenführung in Unternehmen verbunden ist, noch deutlicher: Für den „Deutschen Markenreport Spezial 2016" wurde ebenfalls eine Online-Befragung durchgeführt (Brandoffice GmbH, 2016). Die Stichprobe bestand aus $N = 120$ Marketing-Entscheidern aus deutschen KMU und Großkonzernen. Der „Deutsche Markenreport Spezial" hat aufgezeigt, dass 70% der Befragten der Meinung waren, dass Marken nicht halten, was sie versprechen. Fast jeder Fünfte vertraute der eigenen Marke nicht. 80% der Befragten waren der Meinung, die Mitarbeiter würden nicht oder selten im Sinne der Marke handeln (Brandoffice GmbH, 2016). Hier ist ein großer Nachholbedarf im Bereich der (internen und externen) Markenführung zu erkennen.

Burmann und Piehler (2013) sowie Moroko und Uncles (2008) bestätigten ebenfalls, dass eine Lücke in der Branding-Literatur besteht, die sich auf den Zusammenhang zwischen der internen und der externen Arbeitgebermarke bezieht. Auch Foster, Punjaisri und Cheng (2010) regten eine grundlegende Erforschung der Beziehung zwischen Unternehmens-, Arbeitgebermarke und interner Marke an, da diese bisher nicht erschöpfend betrachtet wurde.

Lohnenswert ist in diesem Kontext die Analyse der Zusammenhänge sowohl aus wirtschaftswissenschaftlicher als auch organisationspsychologischer Perspektive, da die psychologische Beziehung zwischen Individuum und Unternehmen wichtiger Faktor im Kontext des organisationalen Verhaltens ist (Ashforth & Mael, 1989; Hogg & Terry, 2000).

Zahlreiche Forschungsdisziplinen haben die Besonderheit der Marke beleuchtet (Becker & Schnetzer, 2006). Die steigende Zahl an Fachliteratur zur Rolle des Managements im Markenbildungsprozess belegt die wirtschaftswissenschaftliche Relevanz der Thematik – und hier insbesondere die des Marketings (Wong & Merrilees, 2007). Love und Singh (2011) betonten auch, dass das Branding eine wichtige, zukünftige Organisationsstrategie sein wird.

Die vorliegenden Fragestellungen (vgl. Kapitel 1.2) wurden in unterschiedlichen Forschungsdisziplinen – wie Management, Marketing und Psychologie – bislang noch nicht bearbeitet, obwohl sie eine offenkundige Relevanz für die unternehmerische Praxis haben. Die Auseinandersetzung mit der Thematik des Brandings und OCB ist aus Sicht der Forschung und der Praxis sinnvoll und notwendig. Branding und OCB wurden allerdings noch nicht kombiniert untersucht. Generelle Kritik in den Forschungsfeldern des Brandings und OCB bezieht sich darauf, dass die überwiegende Forschung konzeptionell ist und es an empirischer Testung mangelt (Knox & Bickerton, 2003). Neben Piehler, King, Burmann und Xiong (2016) bestätigten auch Theurer et al. (2016), dass Forschungslücken zwischen der Diskrepanz verschiedener Markenkonzepte sowie der EB- und IB-Perspektive bezüglich des OCB existieren.

Überblicksartig zusammengefasst ist hinsichtlich des Brandings und OCB bereits offenkundig, dass beides kritische Themen in Unternehmen sind, da sie den finanziellen Erfolg eines Unternehmens bedeutend beeinflussen (Bolino & Grant, 2016; Ong et al., 2018; Zablah et al., 2010). Zum aktuellen Forschungsstand ist auch bekannt, dass bisher nur eine separate Analyse multipler Markenkonzepte – wie Employer Branding, Corporate Branding und IB – erfolgt ist (Foster et al., 2010). Was bislang jedoch unberücksichtigt blieb, ist eine Verknüpfung des EB und IB (Gapp & Merrilees, 2006) sowie eine empirische Untersuchung des Brandings in Bezug auf das OCB von Mitarbeitern (Piehler et al., 2016; Rho, Yun & Lee, 2015).

Die Ausführungen machen somit deutlich, dass es sich bei den angesprochenen Inhalten um eine praxisrelevante Thematik handelt, die alle Unternehmen betrifft. Darüber hinaus wird ersichtlich, dass es einen grundlegenden Forschungsbedarf im Bereich der $D_{(EB,IB)}$ und OCB gibt (Piehler et al., 2016; Theurer et al., 2016), der den wesentlichen Beitrag der vorliegenden Arbeit herausstellt. Das nächste Teilkapitel legt Ziele, Methode und Forschungsfragen dar.

1.2 Ziele, Methode und Forschungsfragen der Arbeit

Forschungslücken haben sich im Themengebiet des Brandings darin gezeigt, dass multiple Markenkonzepte – wie Employer, Corporate und internes Branding – lediglich getrennt voneinander untersucht wurden und eine $D_{(EB,IB)}$ bislang nicht analysiert wurde. Ferner ist der Einfluss dieser Diskrepanz auf das OCB noch nicht erforscht worden.

Ziele der vorliegenden Arbeit sind daher, die einseitige Perspektive im Hinblick auf Marken um die Untersuchung multipler Markenkonzepte zu ergänzen und die Forschungslücke hinsichtlich des Mangels an einer Diskrepanz-Erforschung im Themengebiet Branding und OCB zu schließen. Außerdem wird bei der Untersuchung das Vorzeichen der Diskrepanz – d. h. EB positiv/IB negativ und EB negativ/IB positiv – berücksichtigt, was ebenfalls einen Mehrwert für Forschung und Praxis darstellt. Die Begründung der Forschungslücken erfolgt ausführlich in Kapitel 2.6.

Diese Arbeit leistet einen theoretischen, empirischen und praktischen Beitrag zum Einfluss der $D_{(EB,IB)}$ auf das OCB und bezieht dabei die Konstrukte UK, OID und AZ mit ein. Zur Erreichung der angeführten Forschungsziele wurden zentrale Forschungsfragen auf Grundlage der existierenden Literatur (Asha & Jyothi, 2013; Davies & Chun, 2002; Moroko & Uncles, 2008; Organ et al., 2006; Rioux & Penner, 2001; Vogel, Rodell & Lynch, 2016) abgeleitet:

I. Wie beeinflusst eine wahrgenommene Diskrepanz zwischen externem und internem Branding das OCB von Mitarbeitern?

Diese Fragestellung wird durch zwei Teilfragestellungen konkretisiert (Backhaus & Tikoo, 2004; Hatch & Schultz, 1997; Lievens, Van Hoye & Anseel, 2007; Löhndorf & Diamantopoulos, 2014; Love & Singh, 2011; Maxwell & Knox, 2009; Miles & Mangold, 2004; Mosley, 2007; Rho et al., 2015):

I.I Vermitteln die Mediatoren Unternehmenskultur, organisationale Identifikation und Arbeitszufriedenheit den Zusammenhang zwischen der genannten Diskrepanz und dem OCB seriell?

I.II Hat das Vorzeichen der genannten Diskrepanz eine Auswirkung in diesem Zusammenhang?

Zur Beantwortung der Fragestellungen wurden eine umfangreiche Online-Befragung bei Mitarbeitern verschiedener deutscher Unternehmen durchgeführt und Implikationen für zukünftige Forschung sowie Handlungsempfehlungen für die Praxis abgeleitet (De Chernatony & Cottam, 2006; Dukerich & Carter, 2000; Knox & Freeman, 2006). Auf Grundlage der existierenden Fachliteratur wurde zunächst ein Forschungsmodell entwickelt, das die Zusammenhänge und Wirkfaktoren abbildet (s. Kapitel 2.7). Die statistische Datenauswertung umfasste hauptsächlich serielle multiple Mediationsanalysen. Es wurde eine serielle Vermittlung des Zusammenhangs zwischen $D_{(EB,IB)}$ und OCB durch die UK, die OID und die AZ angenommen (vgl. Reif & Brodbeck, 2017).

Die drei zentralen Beiträge dieser Arbeit sind nachfolgend festgehalten:

1. Die $D_{(EB,IB)}$ wird erstmals empirisch analysiert und mit dem OCB in Beziehung gesetzt.
2. Die Vorzeichen der Diskrepanz (extern positiv/intern negativ und extern negativ/intern positiv) werden miteinbezogen.
3. Multiple Markenkonzepte (Employer, Corporate und internes Branding) werden kombiniert untersucht.

Um die Forschungsfragen zu beantworten, wurde folgendermaßen vorgegangen.

1.3 Aufbau der Arbeit

Die Arbeit ist wie folgt gegliedert (s. Abbildung 2): Kapitel 1 liefert eine Einführung, welche die Relevanz der Thematik sowie Ziele, Methode und abgeleitete Forschungsfragen enthält. Ferner erfolgt eine überblicksartige wissenschaftstheoretische Einordnung der Arbeit. Anschließend werden in Kapitel 2 Theorie und aktueller Forschungsstand sowie die daraus abgeleiteten Hypothesen beschrieben. Kapitel 3 befasst sich mit der Forschungsmethode, d. h. mit Design, Datenerhebungsinstrument, Stichprobe, Durchführung und Auswertungsmethoden der Untersuchung. Die Darstellung der empirischen Ergebnisse und deren Diskussion sowie Implikationen für Praxis und Forschung erfolgen in den Kapiteln 4 und 5. Kapitel 6 präsentiert

Zusammenfassung und Ausblick der gesamten Arbeit. Anhang und Literaturverzeichnis schließen die Arbeit ab.

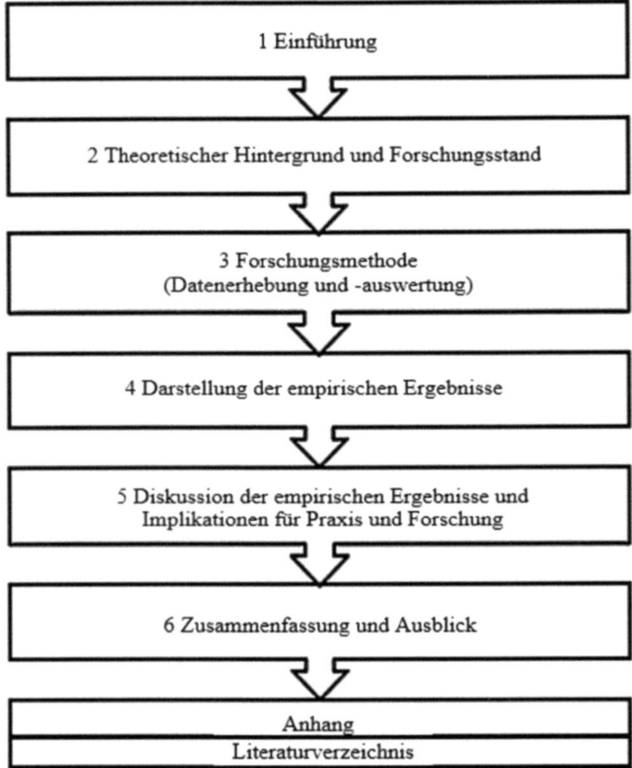

Abbildung 2: Aufbau der Arbeit (Quelle: Eigene Darstellung).

Als Ausgangspunkt für den theoretischen Hintergrund dieser Arbeit wird ein kurzer Überblick zur Verortung in der Wissenschaftstheorie gegeben.

1.4 Überblick: Wissenschaftstheoretische Einordnung

Wissenschaftstheorie ist multidimensional (Kornmeier, 2007). Hierbei existieren grundlegende Denkweisen, sog. Paradigmen (Kuhn, 1976).

Je nach Ziel der Wissenschaft hat sich ein unterschiedliches Paradigma herausgebildet: Soll Wissenschaft erklären und vorhersagen, so handelt es sich um den Positivismus. Im Kritischen Rationalismus befindet man sich, wenn das Falsifizierungsprinzip berücksichtigt wird. Die Hermeneutik befasst sich mit dem Interpretieren und Verstehen, bei der Kritischen Theorie soll Wissenschaft hingegen verändern (Rock, Irle & Frey, 2002). Die vorliegende Arbeit ist im Kritischen Rationalismus einzuordnen.

1.4.1 Grundlagen des Kritischen Rationalismus

Zur Verortung des Forschungsvorgehens und der -methode wird der Kritische Rationalismus als wissenschaftstheoretischer Ansatz dieser Arbeit beleuchtet. Für das Verständnis dieser Arbeit reicht ein grober Überblick aus.

Der Kritische Rationalismus wurde von Karl R. Popper (1934) mit seinem Werk „Logik der Forschung“ begründet (Rock et al., 2002). „Kritisch“ bedeutet, dass die Gültigkeit einer Theorie daran bemessen wird, wie vielen Falsifizierungsversuchen sie standgehalten hat, Aussagen durch Falsifizierung zu hinterfragen. „Rationalistisch“ meint hingegen, dass eine Aussage so getroffen werden muss, dass sie im Prinzip widerlegbar ist. Dies impliziert, dass jeweils schon eine Theorie für eine Aussage vorhanden sein muss (Kornmeier, 2007). Wissenschaftliche Theorien sollen empirisch, intersubjektiv nachprüfbar, widerspruchsfrei, falsifizierbar und sparsam sein (Rock et al., 2002). Im Kritischen Rationalismus wird von einem Induktionsproblem ausgegangen. Das bedeutet, dass vom Einzelnen nicht auf die Allgemeinheit geschlossen werden kann. Das Schließen von Einzelerfahrungen auf allgemeine Theorien ist logisch unzulässig (Popper, 1984). Eine reine Beobachtung gibt es nicht (Kornmeier, 2007).

Theorien werden im Kritischen Rationalismus ständigen Falsifizierungsversuchen unterzogen (Rock et al., 2002). Aus der Theorie werden Hypothesen abgeleitet, die es zu überprüfen gilt. Die Hypothesenformulierung erfolgt dahingehend, dass diese im Sinne Poppers (1997) falsifizierbar sind. Gemäß Bortz und Döring (2006) sind wissenschaftliche Hypothesen Annahmen, die mehr als einen einzelnen Fall umfassen und prinzipiell widerlegbar sind.

Empirische Ergebnisse, die der Hypothese entsprechen, deuten zwar vorläufig auf deren Gültigkeit hin, stellen aber noch keine Prüfung im kritischen Sinne dar. Der kritische Test einer Hypothese besteht darin, sie zu falsifizieren (Döring & Bortz, 2016).

Gemäß Chalmers, Altstötter-Gleich und Bergemann (2007) muss auch das Verwerfen einer Hypothese nicht endgültig sein. Der Kritische Rationalismus zeigt, dass Wissenschaft immer ein sozialer Prozess ist und dem Ursache-Wirkungs-Prinzip folgt (Rock et al., 2002).

1.4.2 Probabilistische Hypothesenprüfung

Ausgangspunkt der probabilistischen Hypothesenprüfung ist der Versuch, die empirische Hypothese durch eine Gegenhypothese zu widerlegen. Eine solche Hypothese wird Nullhypothese genannt (Hussy & Jain, 2002). Es stehen zwei statistische Hypothesen in Widerspruch zueinander: Nullhypothese (H_0) und Alternativhypothese (H_1). Es wird die Wahrscheinlichkeit bestimmt, mit der man ein empirisches Ergebnis erhält, unter der Annahme, dass in Wirklichkeit die H_0 gilt (Döring & Bortz, 2016). Das bedeutet, es wird die Wahrscheinlichkeit berechnet, mit der man sich irren würde, wenn man behauptete, die Theorie würde gelten. Ist diese Irrtumswahrscheinlichkeit gering, so gilt die H_0 als widerlegt und die H_1 als gestützt. Das Ergebnis ist signifikant, d. h. „überzufällig“ (Hussy & Jain, 2002).

Bei der Ableitung und Prüfung von Hypothesen aus bereits bestehenden Theorien geht man im quantitativen Forschungsansatz deduktiv vor (Eid, Gollwitzer & Schmitt, 2015). Die Theorietestung sollte im Sinne des Kritischen Rationalismus-Paradigmas auch deduktivistisch erfolgen (Döring & Bortz, 2016). Deduktion heißt, Hypothesen aus einer Theorie abzuleiten und logische Schlussfolgerungen auf Grundlage wahrer Prämissen zu ziehen (Woo, O‘Boyle & Spector, 2017).

1.4.3 Kritische Würdigung des wissenschaftstheoretischen Ansatzes

Theorien sind nicht beweisbar, weshalb sie nur als vorläufig gültig gelten. Dies gilt solange, bis sie widerlegt werden oder bis neue Theorien entwickelt werden, die eine größere Informationsmenge aufweisen (Rock et al., 2002). Theorien bieten der Forschung eine Orientierungsgrundlage. Eine Gegenüberstellung der Wissenschaftsparadigmen verdeutlicht den Stellenwert der Theorie im Kritischen Rationalismus. Tabelle 1 zeigt einen beispielhaften Vergleich zwischen den Paradigmen des Positivismus und des Kritischen Rationalismus. Anhand des Vergleichs beider Paradigmen bleibt Folgendes festzuhalten: Annahmen und Beobachtungen stehen im Kritischen Rationalismus nicht mehr am Anfang. Diesen Platz nehmen die Theorien ein

(Wuchterl, 1987). Dem von Popper (1934) aufgezeigten idealen Bild der Wissenschaft mangelt es in der Realität jedoch an der Erreichbarkeit.

Tabelle 1: Wissenschaftsparadigmen im Vergleich

Paradigma des Positivismus	Paradigma des Kritischen Rationalismus
1. Annahme einer Wirklichkeit	1. Entwurf logisch konsistenter Theorien
2. Einzelbeobachtungen	2. Logische Folgerungen aus den Theorien, insbesondere Ableitung von Hypothesen
3. Induktive Folgerungen aus Beobachtungen	3. Bestätigung der Theorien anhand von Beobachtungen oder Verwerfung falsifizierter Hypothesen
4. Wissenschaftliche Theorien über die gegebene Wirklichkeit	4. Vorläufige Definition der Wirklichkeit durch die akzeptierte Hypothesenvielfalt

Anmerkungen. Quelle: Eigene Darstellung in Anlehnung an Wuchterl (1987, S. 35).

Der Bezug des Kritischen Rationalismus zur vorliegenden Arbeit ergibt sich dadurch, dass gemäß des Kritischen Rationalismus-Paradigmas Hypothesen theoretisch abgeleitet und geprüft wurden. Die Hypothesen dieser Arbeit können jedoch nur vorläufig gestützt werden, da sie laut Popper (1997) durch weitere Falsifizierungsversuche zukünftiger Forschung widerlegt werden könnten. In der vorliegenden Arbeit wurde dieses Vorgehen angewandt, d. h. nach Ableitung von empirisch prüfbaren Hypothesen aus der Theorie wurde anhand von quantitativen Daten dargelegt, ob die Hypothese als vorläufig gestützt oder widerlegt gilt (Döring & Bortz, 2016).

Die Entscheidung für das Paradigma des Kritischen Rationalismus – und damit den quantitativen Forschungsansatz – liegt darin begründet, dass der Fokus in der vorliegenden Arbeit nicht nur auf wenige Fälle beschränkt sein soll, sondern eine große Stichprobe mit einem standardisierten Datenerhebungsinstrument analysiert wird. Die Fallauswahl erfolgt anhand der statistischen Repräsentativität. Die Auswertung des numerischen Datenmaterials erlaubt zudem die bereits dargelegte Hypothesenprüfung (Kornmeier, 2007).

Die Ergebnisse sollen in hohem Maße auf verschiedene deutsche Unternehmen übertragbar sein, was ebenfalls für einen quantitativen – gegenüber einem qualitativen – Ansatz spricht, obgleich der qualitative Forschungsansatz eine detailliertere Erforschung einzelner Fälle ermöglichen würde (Döring & Bortz, 2016). Allerdings ist der qualitative Ansatz durch eine hohe Subjektivität und die Schwierigkeit einer Replikation gekennzeichnet (Bryman, 2008), weshalb der quantitative Forschungsansatz für diese Arbeit bevorzugt wurde. In Kapitel 3.1 werden diese Ausführungen im Rahmen des vorliegenden Untersuchungsdesigns weiter vertieft.

Auf Grundlage der wissenschaftstheoretischen Einordnung werden nachfolgend der theoretische Hintergrund beschrieben und der aktuelle Forschungsstand präsentiert.

2 Theoretischer Hintergrund und Forschungsstand der Konstrukte

In diesem Kapitel wird der theoretische Hintergrund zu den zentralen Konstrukten der vorliegenden Arbeit dargelegt und mit dem aktuellen Forschungsstand verknüpft. Jedes Teilkapitel beginnt mit einer Begriffsbestimmung in Form von Definitionen und Erläuterungen der Konstrukte. Anschließend folgen eine Abgrenzung zu verwandten Konstrukten und die Präsentation der zugrunde liegenden Theorien.

Die Konstrukte werden ferner in einen Gesamtzusammenhang eingeordnet, d. h. in Relation zu den übrigen Konstrukten dieser Arbeit gesetzt. Zum Abschluss dieses Kapitels werden die Hypothesen auf Grundlage der dargestellten Theorie abgeleitet und das Forschungsmodell dieser Arbeit vorgestellt. Die Operationalisierung aller Konstrukte erfolgt in Kapitel 3.2.4, in dem die verwendeten Skalen beschrieben werden.

In den nachfolgenden Teilkapiteln werden die Konstrukte in der Reihenfolge behandelt, wie sie im Forschungsmodell (s. Kapitel 2.7) auftreten. Auf die zentrale abhängige Variable (AV) OCB wird daher erst am Ende der theoretischen Grundlagen eingegangen. Da die Marke und das Branding von zentraler Bedeutung für die zu erforschende Diskrepanz sind, werden diese Begriffe als Erstes beleuchtet.

2.1 Marke und Branding

Eine Marke ist nicht nur ein Logo, sie beinhaltet darüber hinaus Erfahrungen aller Stakeholder mit dem Unternehmen (Tomczak & Brexendorf, 2005). Ein Stakeholder ist dabei ein Individuum bzw. eine Interessensgruppe, die das Erreichen der Unternehmensziele beeinflussen oder von diesen beeinflusst werden (Freeman, 1984).

Ein systematischer Markenaufbauprozess stellt die Grundlage für die Entwicklung einer starken Marke dar (Urde, 2003). Die Bedeutung des Brandings nimmt für Forschung und Praxis stetig zu, was zahlreiche Veröffentlichungen belegen (z. B. Chun, Park, Eisingerich & MacInnis,

2015; Datta, Ailawadi & Van Heerde, 2017; Gillespie & Noble, 2017; Olins, 2002; Saenger, Jewell & Grigsby, 2017).

2.1.1 Marke: Definition und Erläuterung

Es gibt eine Vielzahl an Markendefinitionen (De Chernatony & Dall'Olmo Riley, 1998; Gabbott & Jevons, 2009), wie in Tabelle 2 beispielhaft aufgeführt.

Tabelle 2: Übersicht: Definitionen Marke

Autor	**Definition**
Kotler (1991, p. 442)	"(...) a name, term, sign, symbol, or design, or combination of them which is intended to identify the goods and services of one seller or group of sellers and to differentiate them from those of competitors"
De Chernatony (2002, p. 116)	"(...) a cluster of functional and emotional values, which promises a particular experience"
Bruhn (2004, S. 21)	„Als Marke werden Leistungen bezeichnet, die neben einer unterscheidungsfähigen Markierung (...) ein Qualitätsversprechen geben, das (...) bei der relevanten Zielgruppe in der Erfüllung der Kundenerwartungen einen nachhaltigen Erfolg im Markt realisiert bzw. realisieren kann"
Neumeier (2005, p. 149)	"(...) a person's gut feeling about a product, service or organization"
Hatch & Schultz (2008, p. 29)	"(...) the brand is symbolically created by acts of interpretation that occur throughout the population of stakeholders who keep it alive by producing, reproducing, and sometimes changing its social and cultural meanings"
Keller (2008, p. 5)	"A brand is (...) more than a product, because it can have dimensions that differentiate it in some way from other products designed to satisfy the same need"
De Chernatony (2009, p. 104)	"(...) a cluster of values that enables a promise to be made about a unique and welcomed experience"
Mattmüller (2012, S. 192)	„(...) ein in sich geschlossenes Marktbearbeitungssystem (...), das bei Anwendung systemgerechter Markentechnik über das Vertrauen zum Leistungsversprechen eine (...) Wertschätzung beim Nachfrager erzielt"
Jones & Bonevac (2013, p. 117)	"A brand is a definition of a particular company or product"

Anmerkungen. Chronologische Anordnung der Autoren (Quelle: Eigene Darstellung).

Für die vorliegende Arbeit wird die Definition von Esch (2004, S. 23) zugrunde gelegt: „Marken sind Vorstellungsbilder in den Köpfen der Konsumenten, die eine Identifikations- und

Differenzierungsfunktion übernehmen und das Wahlverhalten prägen". Die Definition beinhaltet neben den Vorstellungsbildern, auch die Funktionen, die eine Marke übernehmen kann. Menschen verknüpfen klare Vorstellungen mit einer Marke (Esch, 2012, 2014). Diese erfüllen multiple Funktionen für Unternehmen (Esch, 2012, 2014): Sie sind wichtig für eine Differenzierung zwischen Produkten, sie initiieren Kunden-Kaufentscheidungen und ermöglichen einen Wettbewerbsvorteil für Unternehmen (Aaker, 1991, 1996, 2003; Hatch & Schultz, 2008; Homburg, 2017; Kay, 2006; Keller, 1993).

Für Burmann, Blinda und Nitschke (2003) waren Marken „ein Nutzenbündel mit spezifischen Merkmalen" (S. 3), das funktionale und emotionale bzw. symbolische Aspekte erfüllt (Schmidt, 2007). Nach Schmidt (2006) komprimierte eine Marke die Bestleistungen eines Unternehmens. Marken wurden anfangs lediglich durch die Symbole definiert, die sie repräsentierten (Hatch & Schultz, 2009). Marken bieten neben einer Orientierungs-, Informations- und Vertrauensfunktion auch eine symbolische Funktion (Meffert, Burmann & Koers, 2013). Die symbolische Funktion hat gegenwärtig die größte Bedeutung (Burmann, Halaszovich, Schade & Hemmann, 2015). Marken schaffen Vertrauen und sind auch ein Qualitätsindikator (Haedrich et al., 2003; Power, Whelan & Davies, 2008). Laut Meffert und Kollegen (2013) wird das, was die Zielgruppe von der Marke wünscht allerdings oft mit dem verwechselt, was diese tatsächlich ist. Aus Kundensicht erleichtern Marken die Wahl, reduzieren das Risiko und erhöhen das Vertrauen (Homburg, 2017; Keller, 2013; Zeithaml, Bitner & Gremler, 2013) Vertrauen entsteht durch Fairness und Respekt für das (Unternehmens-)Allgemeinwohl.

Laut Burmann und Dietert (2015) stand das Vertrauen vor der Markenauthentizität. Eine Beschreibung der wahrgenommenen Markenauthentizität lieferten Morhart, Malär, Guèvremont, Girardin und Grohmann (2015): Diese umfasst Kontinuität, Glaubwürdigkeit, Integrität und Symbolik. Die Glaubwürdigkeit und das Vertrauen in eine Marke haben einen positiven Einfluss auf die Kundenzufriedenheit (Davies, Chun, Da Silva & Roper, 2001). Ein genaues Verständnis des Markenkonzepts ist trotz zahlreicher Forschungsarbeiten jedoch noch nicht erreicht (Gutjahr, 2015). Mitarbeiter sind die Grundlage, um Beziehungen zu allen Unternehmens-Stakeholdern herzustellen und einen Beitrag zur Bedeutung der Marke zu leisten, indem sie die Marke gegenüber anderen repräsentieren (De Chernatony, 1999; Harris & De Chernatony, 2001, Hatch & Schultz, 2001; Müller, 2017). Dazu müssen Mitarbeiter zunächst die Marke und deren Werte verinnerlichen (Miles & Mangold, 2004). Unternehmen haben großes Interesse an Mitarbeitern, die sich mit der Marke identifizieren, diese „leben" und gemäß der organisationalen Markenwerte handeln (Kornberger, 2010). Der Wert einer Marke besteht aus deren Bekanntheit und Image (Keller, 1993).

Ein hoher Markenwert folgt aus einer hohen Markenstärke (Tomczak & Brexendorf, 2005). Welche expliziten Werte eine Marke repräsentieren sollte, ist nicht immer intuitiv (Shepherd, Chartrand & Fitzsimons, 2015). Beispiele für Markenwerte sind nach Ramseier (2005): Dynamik, Sportlichkeit, Preis und Leistung. Aus der Masse herauszustechen wird für Marken immer schwieriger (Burmann et al., 2015). Erfolgreiche Marken sind diejenigen, die ihre Versprechen konsistent erfüllen (Buckley & Williams, 2005) und ein positives Image haben (Aaker, 1999).

Das Image ist ein zentraler Aspekt im Kontext der Marke (Gioia, Hamilton & Patvardhan, 2014), denn Marken formen das Image und dienen als Identitätssymbol (Erdem & Swait, 1998, 2016). Individuen wählen eher Unternehmen mit positivem Image, da dies ihren sozialen Status erhöht (Collins & Kanar, 2013). Auch die Leistung einer Marke wird von der Unternehmensvision, -kultur und dem -image beeinflusst (Hatch & Schultz, 2009). Die Markenleistung repräsentiert den Erfolg der Marke auf dem entsprechenden Markt (Wong & Merrilees, 2007). Ein schwaches Markenimage kann die Unternehmensleistung verringern (Wallace, Lings, Cameron & Sheldon, 2014). Feige, Hofstetter und Koob (2005) stellten die Markenwahrnehmung durch Kunden hinsichtlich des Nutzens und des Images in Form eines „Markensterns“ dar, der in Abbildung 3 illustriert ist. Der Nutzen besteht aus einem emotionalen und rationalen Aspekt zur Frage, was die Marke bietet. Das Image umfasst hingegen Assoziationen und Präsenz der Marke zur Frage, wofür diese steht.

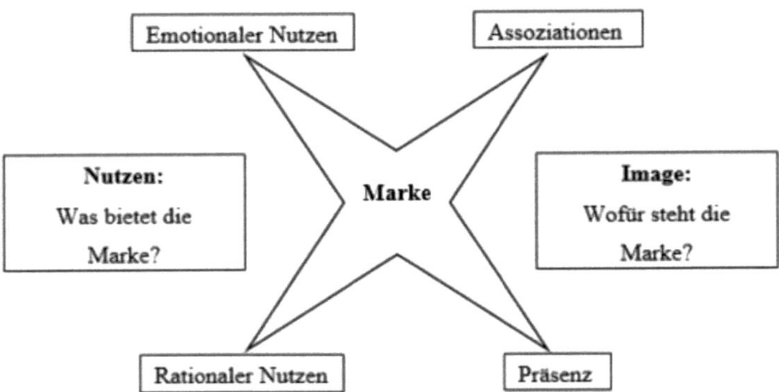

Abbildung 3: Markenstern zur Analyse der Markenwahrnehmung hinsichtlich des Nutzens und Images (Quelle: Eigene Darstellung in Anlehnung an Feige et al., 2005, S. 89).

2.1.2 Branding: Definition und Erläuterung

Die Begriffe Branding, Markenaufbau, -führung und -management werden in der vorliegenden Arbeit in Anlehnung an Bruhn (1994) synonym verwendet. Tabelle 3 präsentiert Definitionen des Brandings.

Tabelle 3: Übersicht: Definitionen Branding

Autor	Definition
Esch & Langner (2005, S. 577)	„(…) alle Maßnahmen (…), die dazu geeignet sind, ein Produkt aus der Masse gleichartiger Produkte herauszuheben und die eine eindeutige Zuordnung von Produkten zu einer bestimmten Marke ermöglichen“
King & Grace (2008, p. 360)	“(…) branding involves the creation of mental structures that help the target audience to organise their knowledge with respect to that particular product / organisation“
Endrissat et al. (2017, p. 505)	“(…) branding is a dynamic, mutually constitutive process (…) in which the brand meaning is produced by incorporating employees' brand-relevant identities”

Anmerkungen. Chronologische Anordnung der Autoren (Quelle: Eigene Darstellung).

Für die vorliegende Arbeit wird die Branding-Definition von Bruhn (2004, S. 26) zugrunde gelegt: „(…) alle Initiativen und Maßnahmen (…), die sich mit der grundsätzlichen Ausrichtung einer Marke, aber auch ihrer konkreten Konzeption, Strategie, Gestaltung sowie der Markenadministration und dem Markencontrolling beschäftigen“.

Domizlaff (2005) beschrieb das Ziel der Markenführung als das Kreieren eines Alleinstellungsmerkmals in den Köpfen der zentralen Stakeholder. Branding ist im Wesentlichen das Steuern der emotionalen Assoziationen mit dem Markennamen (Batey, 2016; Davies & Chun, 2002). Menschen assoziieren mit der Marke z. B. Vertrauen oder Bewunderung für ein Unternehmen (Hatch & Schultz, 2008). Eine Marke ist Informationsträger (Kapferer, 2008; Keller, 2008) und Leistungsversprechen eines Unternehmens (Mosmans, 1996). Eine Marke soll Aufmerksamkeit erregen und dazu beitragen, dass das Unternehmen aus der Masse heraussticht (De Chernatony, 2009). Branding heißt, „anders“ zu sein (Kay, 2006). Dennoch ist Branding ein subjektiver Begriff, bei dem niemand präzise von demselben spricht (Kapferer, 2001). Balmer (2001) umschrieb dies mit dem Ausdruck „Begriffsnebel“ im Branding-Kontext (p. 248 ff.).

Ursprünglich wurde Branding verwendet, um Produkte voneinander zu unterscheiden, mittlerweile wird es auch zur Differenzierung von Menschen, Orten und Unternehmen angewandt

(Barrow & Mosley, 2005; Dacin & Brown, 2006; De Chernatony, 2002; Keller, 2003). Die Veränderung von Unternehmen durch die Globalisierung führte zu einem Wechsel von Produkt- zu Unternehmensmarken (Aaker & Joachimsthaler, 2000; Harris & De Chernatony, 2001). Produkt- und Unternehmensmarke können jedoch auch als äquivalent angesehen werden, da sie dasselbe Ziel verfolgen, nämlich eine Differenzierung zu ermöglichen (Knox & Bickerton, 2003). Der Managementprozess der Planung, Steuerung und Kontrolle von Produkt- und Unternehmensmarke heißt Markenführung (Esch, 2003; Homburg, 2017; Sattler & Völckner, 2007). Tabelle 4 stellt den Prozess der Markenführung dar.

Tabelle 4: Prozess der Markenführung

Strategische Markenführung	**Operative Markenführung**	**Marken-Controlling**
Situationsanalyse (Marktsegmentierung und Nachfrageanalyse) und Strategiefestlegung (Festlegung des Zielmarkts, Konzepterstellung)	Strategieumsetzung (durch Marketinginstrumente)	Kontrolle (Ist-Soll Abgleich)

Anmerkungen. Quelle: Vereinfachte Darstellung des Markenführungs-Prozesses in Anlehnung an Becker und Schnetzer (2006, S. 100) sowie Esch (2005, S. 128).

Branding fokussierte nach Bruhn und Batt (2015):

- Psychologische Ziele: Hohe Arbeitgeberattraktivität, Abgrenzung von anderen Unternehmen, emotionale Bindung zwischen Mitarbeiter und Unternehmen sowie Weitergabe positiver Erfahrungen mit dem Unternehmen
- Personalpolitische Ziele: AZ ermöglichen, vgl. HRM
- Markenpolitische Ziele: Förderung der Markenbekanntheit sowie Aufbau und Pflege des Markenimages
- Ökonomische Ziele: Kosteneinsparungen, z. B. Senkung von Rekrutierungskosten.

In der Literatur gibt es zahlreiche Belege, dass sich vor allem das HRM bezüglich des Brandings verändert (App, Merk & Büttgen, 2012; Barrow & Mosley, 2005; Martin, Beaumont, Doig & Pate, 2005). HRM und Marketing sollten aufeinander abgestimmt sein, denn dadurch ist die Überlieferung eines konsistenten Markenversprechens möglich (Delery & Roumpi, 2017; Punjaisri & Wilson, 2007). Die Botschaft der Marke sollte immer das Markenversprechen beinhalten. Beispiele für Markenversprechen sind nach Ramseier (2005): „McDonald's" ist ein Familienrestaurant oder „Alfa Romeo" drückt italienische Sportlichkeit aus. Laut De Chernatony (1999) sowie Harris und De Chernatony (2001) beinhaltete Markenaufbau auch, die Lücke zwischen Markenidentität und -reputation zu schließen.

Die Markenidentität wird als dynamisches Konzept des Senders definiert, das vom Management-Team ausgeht (Balmer, Liao & Wang, 2010; Kapferer, 2008). Marken sind dynamische Systeme, die kontinuierlich gesteuert werden müssen (Adjouri, 2014). Reputation gilt als wichtiger immaterieller Aspekt im Hinblick auf einen Wettbewerbsvorteil (Hall, 1992; Makarius, Stevens & Tenhiälä, 2017). Reindl, Kaiser und Stolz (2011) unterstrichen, dass vor allem die Leistung eines Unternehmens wichtig für dessen Reputation ist. Die Unternehmensreputation wird gestärkt, wenn das Versprechen der Unternehmensmarke eingehalten wird (Argenti & Druckenmiller, 2004).

Der Markenaufbau in Unternehmen dient nicht nur dazu, die Kundenwahrnehmung zu formen, sondern auch die der Mitarbeiter (Berry, 2000; Stritzke, 2010), denn Mitarbeiter sind „Kunden" im Arbeitskontext (De Bussy, Ewing & Pitt, 2003). Mitarbeiter fungieren zudem als Verbindungsstelle zwischen Unternehmen und Kunden (Gambetti & Graffigna, 2015, Kaufmann, Loureiro & Manarioti, 2016; King, 1991; Müller, 2017; Roper, Davies & Murphy, 2002). Je zufriedener die Mitarbeiter sind, desto besser sind die Beziehungen, die sie mit den Kunden herstellen (Heskett, Sasser & Schlesinger, 1997). De Chernatony (1999) sowie Roper und La Niece (2009) lieferten ebenfalls Belege, dass die Marke aus Sicht der Mitarbeiter die Markenwahrnehmung der Kunden beeinflusst. Das bedeutet, alle Mitarbeiter können die Markendifferenzierung ihres Unternehmens unterstützen. Mitarbeiterpartizipation ist bei der Markenentwicklung von zentraler Bedeutung (Löhndorf & Diamantopoulos, 2014).

Das Mitarbeiterverhalten hat einen wesentlichen Einfluss darauf, wie Kunden die Marke, die Identität, das Image und die Reputation wahrnehmen (Hatch & Schultz, 2001; Mitchell, 2002; Müller, 2017). Tabelle 5 stellt Unterschiede und Ähnlichkeiten des Arbeitgeberimages, der Reputation und der Identität dar. Zudem werden Fokus, Analyseebene, Perspektive und Marketing-Begriff beleuchtet. Es wird dabei deutlich, dass das Arbeitgeberimage – vor allem für potentielle Mitarbeiter – und die Reputation der externen Marke zugeordnet werden, die Identität hingegen der internen.

Folgt man Holt (2002) sowie M'zungu, Merrilees und Miller (2017), so waren EB und IB strategische Perspektiven und nicht lediglich eine Ansammlung verschiedener Handlungsalternativen. Effektives Branding ermöglicht Unternehmen, Kunden zufriedenzustellen und eine bessere Leistung zu liefern (Hankinson, 2012).

Tabelle 5: Unterschiede und Ähnlichkeiten zwischen Arbeitgeberimage und verwandten Konstrukten

Konstrukt	Fokus	Analyseebene	Perspektive	Marketing-Begriff
Arbeitgeber-image	kognitiv	individuell	extern	externe Marke (spezifische Glaubens-sätze)
Reputation	affektiv	kollektiv	eher extern	externe Marke (globale Bewertung)
Identität	kognitiv	individuell	intern	interne Marke

Anmerkungen. Quelle: Eigene Darstellung in Anlehnung an Lievens und Slaughter (2016, p. 410).

Branding wurde zur Priorität des Top-Managements, da Marken die wertvollsten Vorzüge eines Unternehmens sind (Keller & Lehmann, 2006). Die Markenleistung setzt sich dabei aus Bekanntheit, Image und Identität der Marke zusammen (Esch et al., 2014). Das Markenimage beinhaltet Wahrnehmung und Evaluation mehrerer Markenassoziationen (Keller, 2001; Moser, 2002). Nach Burmann und Kollegen (2003) ist das Markenimage „ein in der Psyche relevanter externer Zielgruppen fest verankertes, verdichtetes, wertendes Vorstellungsbild von einer Marke“ (S. 6). Die Markenidentität und das Markenimage wurden im Konzept der identitätsbasierten Markenführung nach Meffert und Burmann (1996) illustrativ gegenübergestellt, was Abbildung 4 verdeutlicht.

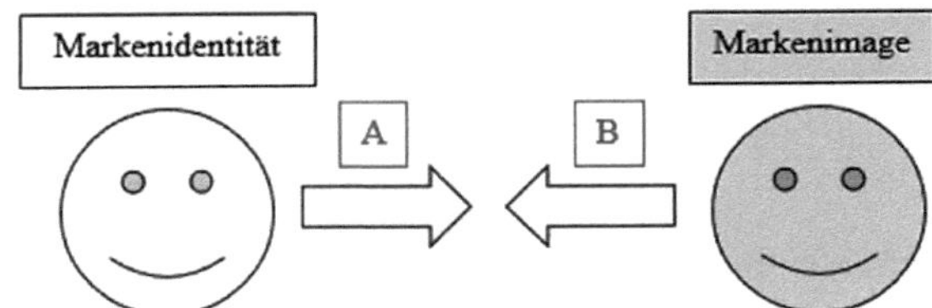

Abbildung 4: Darstellung der identitätsbasierten Markenführung nach Meffert und Burmann, 1996 (Quelle: Eigene Darstellung in Anlehnung an Burmann et al., 2015, S. 30).

Aus den angeführten Erläuterungen leitet sich eine Abgrenzung zum verwandten Konstrukt des allgemeinen Marketings ab.

2.1.3 Abgrenzung zum Marketing-Begriff

Zur Differenzierung des Marketings vom Branding erklärten Dineen und Allen (2016), dass das Branding aus Marketing-Theorien abgeleitet wird. Nach Kotler (2003, p. 418) war Branding "art and cornerstone of marketing".

Die "American Marketing Association" (2013) lieferte auf ihrer Website folgende Definition: "Marketing is the activity, set of institutions, and processes for creating, communicating, delivering, and exchanging offerings that have value for customers, clients, partners, and society at large". Branding ist traditionell im Marketing verankert, streng genommen ist es jedoch sowohl im Marketing als auch im HRM angesiedelt und stellt somit eine Querschnittsaufgabe im Unternehmen dar (Edwards, 2010; Schoiswohl, 2016; Wallace et al., 2014).

2.1.4 Zugrunde liegender theoretischer Ansatz: Signaling-Theorie

Den theoretischen Hintergrund zur Branding-Thematik liefert die Signaling-Theorie von Spence (1973). Diese bietet vor allem im Bereich des Marketings einen verlässlichen theoretischen Rahmen (Connelly, Ketchen & Slater, 2011b; Jones, Willness & Madey, 2014). Wallace und Kollegen (2014) betonten, dass die Theorie auch mit dem Branding verknüpft ist. Die Signaling-Theorie basiert auf der Idee, dass z. B. Arbeitssuchende, die unvollständige Informationen über ein Unternehmen haben, verfügbare Hinweise als Signale über Job- und Unternehmenseigenschaften nutzen (Connelly, Certo, Ireland & Reutzel, 2011a; Rynes, 1991; Spence, 1973; Wilhelmy, Kleinmann, König, Melchers & Truxillo, 2016). Diese Hinweise können wirtschaftlicher Erfolg oder eine Platzierung in Unternehmens-Rankings sein (Lievens & Slaughter, 2016). Bestimmte Informationen formen die Unternehmenswahrnehmung von Job-Bewerbern und sind deshalb von großer Bedeutung (Wallace et al., 2014). Positive Signale ziehen Bewerber an. Je größer die Anziehung eines Unternehmens durch Markensignale und guten Ruf, desto größer sind Quantität und Qualität der Bewerber (Celani & Singh, 2011).

Dineen und Allen (2016) haben anhand der Signaling-Theorie gezeigt, dass eine Platzierung – z. B. im *Best Places To Work*-Ranking – positive Effekte auf die Arbeitgebercharakteristika von Unternehmen haben. Chung und Kalnins (2001) untersuchten Markenmanager als Signalgeber und Kunden als Signalempfänger, wobei die Marke das Signal darstellte. Herausgefunden wurde, dass mehrere Signale die Effektivität des Unternehmens erhöhen. Eine Diskrepanz entsteht, wenn zwischen Signalgeber und -empfänger Missverständnisse in der Interpretation auftreten (Connelly et al., 2011a). Die Signaling-Theorie kann somit herangezogen werden, um die Wirkweise von Marken zu erläutern und gleichzeitig, um die Entstehung einer $D_{(EB,IB)}$ zu erklären (Erdem & Swait, 1998, 2016).

Hierbei kann auch auf den *goodwill* von Marken Bezug genommen werden. Unter *goodwill* wird das Vertrauenskapital verstanden, über das ein Unternehmen verfügt (Simon, 1985). Markenvertrauen wird definiert als die Bereitschaft eines Kunden, Zuversicht bezüglich der Zuverlässigkeit und Aufrichtigkeit einer Marke zu haben (Morgan & Hunt, 1994). Der *goodwill*-Transfer erfolgt von einer Marke auf eine andere. Das bedeutet, der Eindruck einer Marke kann auf eine andere übertragen werden. Die Marken stehen in einer wechselseitigen Beziehung (Baumgarth & Schmidt, 2010).

Neben dem *goodwill* ist auch die Stereotypen-Theorie hilfreich, um zu verstehen, wie Markeneindrücke vom Mitarbeiterverhalten beeinflusst werden (Wentzel, 2009). Gemäß Harré und Lamb (1986) waren Stereotypen vereinfachte, generalisierte Überzeugungen über soziale Gruppen, in denen alle Mitglieder dieselben Charakteristika aufweisen. Eine Marke formt stets bestimmte stereotype Vorstellungsbilder in den Köpfen der Kunden und Mitarbeiter.

Aus der zugrunde liegenden Theorie ergibt sich der Bezug zum Forschungsmodell dieser Arbeit. Hier wird die Differenzierung in EB und IB als zentrale Kenngrößen vorgenommen.

2.1.5 Bezug zum Forschungsmodell dieser Arbeit

Auf Grundlage der existierenden Literatur (Barrow & Mosley, 2005; Keller, 2002) wird das EB als bestehend aus Employer Branding und Corporate Branding betrachtet (Backhaus, 2016; Davies & Chun, 2002; Fetscherin & Usunier, 2012; Wentzel, Tomczak, Herrmann & Heitmann, 2008), welches gegenüber dem IB abgegrenzt wird (Burmann & Zeplin, 2005; King & Grace, 2008).

Intern fokussiert das Branding auf die aktuellen Mitarbeiter, extern hingegen auf Kunden und potentielle Mitarbeiter (Aydon Simmons, 2009; Lane, 2016; Theurer et al., 2016). Vorteile für Kunden als externe Stakeholder sind z. B. Loyalität und Steigerung des Umsatzes.

Für Mitarbeiter als interne Stakeholder: Stolz, gesteigertes Zugehörigkeitsgefühl, mehr Motivation und weniger Retention.

IB unterscheidet sich von EB-Konzepten – wie Employer und Corporate Branding – vor allem dahingehend, dass Mitarbeiter nicht nur als zusätzliche Empfänger von Markenbotschaften angesehen werden, sondern sie die Markenbotschaft tatsächlich „sein und leben sollen“ (Edwards, 2005).

2.1.6 Externes Branding

Im Rahmen dieser Arbeit werden unter dem EB sowohl das Employer Branding als auch das Corporate Branding subsumiert, da beide Branding-Arten auf externe Stakeholder abzielen (Balmer & Gray, 2003; Barrow & Mosley, 2005; Bruhn & Batt, 2015; De Chernatony, 1999; Fetscherin & Usunier, 2012; Harris & De Chernatony, 2001). Employer Branding kann zwar auch auf interne Mitarbeiter gerichtet sein, für die vorliegende Arbeit soll Employer Branding jedoch ausschließlich als externe Größe aufgefasst werden (Lane, 2016; Theurer et al., 2016). Das Forschungsfeld des Employer Brandings ist in den letzten Jahren kontinuierlich gewachsen (Edwards, 2010).

2.1.6.1 Employer Branding

Employer Branding ist die Anwendung von Markenführungs-Prinzipien auf das HRM (Backhaus & Tikoo, 2004; Edwards, 2010), welche durch die Markenkommunikation – auch in sozialen Medien – praktiziert wird (John, Emrich, Gupta & Norton, 2017; Kreutzer & Merkle, 2015; Sivertzen, Ragnhild Nilsen & Olafsen, 2013). Das erste Mal erfolgte diese Anwendung bei Ambler und Barrow (1996). Schuhmacher und Geschwill (2014) sowie Wallace und Kollegen (2014) sprachen ebenfalls von einer Synthese aus Marketingprinzipien und Rekrutierungspraktiken bzw. HRM. In der Praxis zahlt sich eine positive Arbeitgebermarke aus (Backhaus, 2016; Bruhn & Batt, 2015; Davies, 2008). Unternehmen mit einer positiven Arbeitgebermarke werden die „Gewinner“ im ökonomischen Umfeld sein (Cascio, 2014), was gerade in Zeiten des demografischen Wandels und eines zunehmenden Fachkräftemangels von größter Bedeutung ist (Kanning, 2017; Schoiswohl, 2016).

In der Forschung existiert ebenfalls ein ansteigendes Interesse an Arbeitgebermarken, was zahlreiche Studien belegen (Knox & Freeman, 2006; Moroko & Uncles, 2008; Wilden et al., 2010). Verschiedene Definitionen des Employer Brandings sind Tabelle 6 zu entnehmen.

Tabelle 6: Übersicht: Definitionen des Employer Brandings bzw. der Employer Brand (Arbeitgebermarke)

Autor	Definition
Backhaus & Tikoo (2004, p. 502)	"(...) the process of building an identifiable and unique employer identity, and the employer brand as a concept of the firm that differentiates it from its competitors"
Deutsche Employer Branding Akademie (DEBA, 2006)	„Employer Branding ist die identitätsbasierte, intern wie extern wirksame Entwicklung und Positionierung eines Unternehmens als glaubwürdiger und attraktiver Arbeitgeber"
Davies (2008, p. 667)	"(...) the set of distinctive associations made by employees (actual or potential) with the corporate name"
Martin, Gollan & Grigg (2011, p. 3618 f.)	"(...) a generalised recognition for being known among key stakeholders for providing a high-quality employment experience, and a distinctive organisational identity which employees value, engage with and feel confident and happy to promote to others"
Schmidt & Kilian (2012, S. 31)	„Employer Branding hat zur Aufgabe, relevante Teilaspekte der eigenen Markenidentität zu nutzen, um sich gegenüber potenziellen Arbeitnehmern als attraktiver Arbeitgeber darzustellen und zur Marke passende Mitarbeiter zu identifizieren"
Ternès & Runge (2016, S. 3)	„(...) identitätsbasierte, intern wie extern wirksame Entwicklung und Positionierung eines Unternehmens als glaubwürdiger und attraktiver Arbeitgeber"

Anmerkungen. Chronologische Anordnung der Autoren (Quelle: Eigene Darstellung).

Für die vorliegende Arbeit wird die zentrale Definition von Ambler und Barrow (1996, p. 187) zugrunde gelegt: "the package of functional, economic, and psychological benefits provided by employment, and identified with the employing company". Diese Definition beinhaltet alle wesentlichen Elemente, die das Employer Branding beschreiben. Die Arbeitgebermarke ist vorrangig hinsichtlich folgender Aspekte wichtig, die anschließend ausführlich dargelegt werden:

- Positionierung als attraktiver Arbeitgeber (Burmann & Piehler, 2013)
- Erfolgreiche Mitarbeiterrekrutierung und -bindung (Kanning, 2017)
- Förderung der Mitarbeiterzufriedenheit und -identifikation (Schlager, Bodderas, Maas & Cachelin, 2011).

Das übergeordnete Ziel des Employer Brandings ist die Positionierung als attraktiver Arbeitgeber (Burmann & Piehler, 2013). Arbeitgeberattraktivität stellte laut Berthon, Ewing und Hah (2005) diejenigen Vorzüge dar, die ein potentieller Mitarbeiter darin sieht, für ein bestimmtes Unternehmen zu arbeiten. Der positive Zusammenhang zwischen Employer Branding und Arbeitgeberattraktivität ist mehrfach untersucht und empirisch bestätigt worden (Berthon et al., 2005; Leekha Chhabra & Sharma, 2014; Van Hoye, Bas, Cromheecke & Lievens, 2013; Wilden et al., 2010).

Die Arbeitgebermarke und das Image sind Hilfsmittel, um ein *employer of choice* zu werden (Armstrong, 2006; Iles & Jiang, 2011). Gemäß Branham (2005) beschrieb ein *employer of choice* einen Arbeitgeber, der Talente durch entsprechende Unternehmensaktivitäten rekrutiert sowie auf die kurz- und langfristige Perspektive ausgerichtet ist. Vor allem unerfahrene Berufseinsteiger verlassen sich hinsichtlich der Entscheidungsfindung stärker auf das Image der Arbeitgebermarke (Agrawal & Swaroop, 2009; Gatewood, Gowan & Lautenschlager, 1993). Unternehmen mit starken Markenidentitäten werden von potentiellen Mitarbeitern gegenüber schwächeren Markenidentitäten bevorzugt (Cable & Turban, 2001). Cable und Turban (2003) konnten zeigen, dass Mitarbeiter, die für eine starke Marke arbeiten, geringere Löhne akzeptierten, da eine starke Marke Unsicherheit reduziert (Tavassoli et al., 2014). Ein gutes Arbeitgebermarken-Image (Ployhart, 2006) sowie allgemeines Markenwissen (Behrend, Baker & Thompson, 2009) begünstigen also die Rekrutierung potentieller Mitarbeiter.

Backhaus und Tikoo (2004) sowie Schoiswohl (2016) argumentierten ferner, dass sich Employer Branding und UK wechselseitig beeinflussen. Employer Branding steigert die Mitarbeiterzufriedenheit und -identifikation (Schlager et al., 2011). Employer Branding besteht aus mehreren Attributen. Kucherov und Zavyalova (2012) differenzierten diese Attribute, wie in Tabelle 7 dargestellt. In dieser Arbeit liegt der Fokus auf den psychologischen Attributen, da das Employer Branding auch dazu dient, dass sich aktuelle Mitarbeiter für die UK engagieren (Adler & Ghiselli, 2015). Miles und Mangold (2004) sowie Moroko und Uncles (2008) schlugen nachvollziehbar vor, dass eine Arbeitgebermarke als psychologischer Vertrag zwischen Arbeitgeber und Mitarbeiter angesehen werden kann.

Kulturelle Annahmen der menschlichen Natur führen dazu, wie Menschen rekrutiert, trainiert und „gesteuert“ werden. Mitarbeiter haben ebenfalls tief verwurzelte kulturelle Annahmen darüber, was sie von einem Unternehmen erwarten (Ritz & Thom, 2011). Diese resultieren in einem unausgesprochenen psychologischen Vertrag (Schein, 2017).

Tabelle 7: Attribute des Employer Brandings mit Beispielen

Attribut	Beispiele
ökonomisch	Gehalt, Arbeitsplatzsicherheit
psychologisch	UK, Teambildung
funktional	Arbeitsinhalt, Weiterbildung
organisational	Führung, Reputation

Anmerkungen. Quelle: Eigene Darstellung in Anlehnung an Kucherov und Zavyalova (2012).

Dieser Vertrag ist wichtig für die Vertrauensbildung bei den Mitarbeitern (Miles & Mangold, 2004). Unter dem Begriff des psychologischen Vertrags wird nach Rousseau (1998) die Übereinstimmung eines Austauschs zwischen verschiedenen Parteien verstanden. In diesem Vertrag sind gegenseitige Erwartungen und Ansprüche der Mitglieder und des Unternehmens geregelt (Alcover, Rico, Turnley & Bolino, 2017; Jost, 2008).

Je konsistenter die Markenbotschaften, desto weniger wahrscheinlich ist eine Vertragsverletzung (Miles & Mangold, 2004). Auch eine mangelnde Konsistenz zwischen externer und interner Markenführung kann zum Bruch des psychologischen Vertrags führen (Edwards, 2010). Edwards (2010), Lievens et al. (2007) sowie Maxwell und Knox (2009) grenzten internes und externes Employer Branding ab, das sich auf aktuelle bzw. potentielle Mitarbeiter bezieht. Unternehmen müssen sowohl für aktuelle als auch potentielle Mitarbeiter attraktiv sein (Lievens, De Corte & Brysse, 2003), da sie nicht nur um Kunden, sondern auch um Mitarbeiter im Wettbewerb stehen (Schoiswohl, 2016; Tavassoli et al., 2014). Employer Branding stellt eine Möglichkeit dar sicherzustellen, dass die richtigen Personen rekrutiert werden (Branham, 2005; Foster et al., 2010) und zu kommunizieren, dass das Unternehmen ein wünschenswerter Arbeitgeber ist (Ambler & Barrow, 1996; Backhaus & Tikoo, 2004; Cable & Turban, 2001). Die Entwicklung einer Arbeitgebermarke ist ein hilfreiches Werkzeug für die Mitarbeiterrekrutierung und -bindung (Barrow & Mosley, 2005; Kanning, 2017). Mitarbeiter erfolgreich zu rekrutieren und an das Unternehmen zu binden sind immer noch kritische Aspekte für Unternehmen (Allen, Bryant & Vardaman, 2010).

Eine Marke steigert auch den Unternehmenserfolg, da sie Kosten (z. B. beim Rekrutieren) durch eine effizientere Kommunikation minimiert (Aaker, 1997; Knox & Freeman, 2006). Darüber hinaus ermöglicht Employer Branding, dass diejenigen Mitarbeiter ausgewählt werden, die die größte Passung zum Unternehmen aufweisen und zukünftig am meisten zu den strategischen Zielen beitragen werden (Hanin, Stinglhamber & Delobbe, 2013; Martin et al., 2011). Lievens et al. (2007) sowie Maxwell und Knox (2009) konstatierten, dass aktuelle und potentielle Mitarbeiter die Marke eines Unternehmens auf verschiedene Art und Weise wahrnehmen. Die richtige Positionierung einer Arbeitgebermarke sollte aus diesem Grund noch mehr Beachtung erlangen als bisher geschehen (Ewing, Pitt, De Bussy & Berthon, 2002; Kanning, 2017). Die Markenpositionierung auf verschiedenen Hierarchieebenen sollte ebenfalls nicht außer Acht gelassen werden (Sponheuer, 2010). Die Mitarbeiter sollten die Arbeitgebermarke durch das alltägliche Verhalten, die Werte sowie die Führungskompetenz erfahren (Miles & Mangold, 2004).

Starke Marken haben einen Lern- und einen Bindungseffekt (Hoeffler & Keller, 2003). Der Markentransfer ist aus lerntheoretischer Sicht durch die Reizgeneralisierung zu erklären (Moser, 2002): Die Reizgeneralisierung besteht darin, dass auf einen ähnlichen Reiz gleiche Reaktionen folgen (Pawlow, 1927). Diese Tatsache kann sowohl für das Employer Branding als auch für das Corporate Branding von Nutzen sein. Employer Branding wird oft durch das Corporate Branding „überschattet“ (Sengupta, Bamel & Singh, 2015).

2.1.6.2 Corporate Branding

Corporate Branding beinhaltet die Kommunikation der zentralen, einzigartigen Aspekte eines Unternehmens gegenüber allen Mitarbeitern (Balmer, 2012, 2013; Brown, Dacin, Pratt & Whetten, 2006; Fetscherin & Usunier, 2012). Die Relevanz des Corporate Brandings für den Unternehmenserfolg wird nach wie vor unterschätzt (Esch et al., 2014). Darüber hinaus ist auch nicht geklärt, wie eine Unternehmensmarke effektiv entwickelt werden kann (Kay, 2006). Nach Balmer, Powell, Kernstock und Brexendorf (2017) sowie Hatch und Schultz (2008) ist die Unternehmensmarke ein wichtiger Strategievorteil eines Unternehmens. Zur Thematik des Corporate Brandings mangelt es jedoch generell an fundierter Forschung (Knox & Bickerton, 2003). Tabelle 8 zeigt Definitionen des Corporate Brandings.

Für die vorliegende Arbeit wird die Definition von Einwiller und Will (2002, p. 101) zugrunde gelegt, da sie bestehende Definitionen präzisiert: “(…) every signal sent out by the company or its constituent elements that influences stakeholder images and the corporate reputation within this systematically planned and implemented process (…)”.

Tabelle 8: Übersicht: Definitionen des Corporate Brandings bzw. der Corporate Brand (Unternehmensmarke)

Autor	Definition
Keller (2000, p. 133)	"A strong corporate brand allows a firm to express itself in terms of "who it is" and "what it is about" and therefore provides a means to transcend the types of associations found for products alone"
Hatch & Schultz (2001, p. 129 f.)	"(…) a single umbrella image that casts one glow over a panoply of products"
Van Riel (2001, p. 12)	"(…) a systematically planned and implemented process of creating and maintaining a favourable reputation of the company with its constituent elements, by sending signals to stakeholders using the corporate brand"
Knox & Bickerton (2003, p. 1013)	"A corporate brand is the visual, verbal and behavioural expression of an organisation's unique business model"
Aaker (2004, p. 6)	"The corporate brand defines the firm that will deliver and stand behind the offering that the customer will buy and use"

Anmerkungen. Chronologische Anordnung der Autoren (Quelle: Eigene Darstellung).

Es gibt sowohl in der Praxis als auch in der Forschung eine aktuelle Bewegung von der Produktmarke zur Unternehmensmarke (Balmer, 2013; Balmer & Greyser, 2006; Knox & Bickerton, 2003). Folgt man Aaker und Joachimsthaler (2000) sowie Hatch und Schultz (2001), so ging Corporate Branding weit über das Branding von Produkten hinaus. Ersteres bezieht sich nicht nur auf Produktdetails, sondern auf definierte Werte. Außerdem hat es einen stärker strategisch ausgerichteten Fokus (Balmer, 2001). Das Ausmaß der Synergie zwischen Unternehmens- und Produktmarke hängt von der Markenarchitektur ab (Keller, 1998). Durch das Corporate Branding teilt ein Unternehmen seine Identität mit (Balmer et al., 2017; Kay, 2006). Unternehmensmarken-Entscheidungen können strategischer und operativer Natur sein (Griffin, 2002).

Balmer und Gray (2003) sahen die Unternehmensmarke als ein „mächtiges Navigationstool" (p. 972 f.). Die zunehmende Relevanz des Unternehmensmarketings und -brandings hat auch die Bedeutung der Mitarbeiter in diesem Prozess ansteigen lassen (Homburg, 2017; Punjaisri & Wilson, 2007). Die Rolle der Mitarbeiter wird zunehmend in der Corporate Branding-Literatur betont (Balmer et al., 2013, 2017; Harris & De Chernatony, 2001). Die Unternehmensmarke zielt jedoch auf multiple Stakeholder ab, nicht nur auf Mitarbeiter (Hatch & Schultz, 2003; Vallaster, Lindgreen & Maon, 2012).

Bislang ist wenig bekannt darüber, wie die Arbeitgebermarke zur Unterstützung der Unternehmensmarke genutzt werden kann (Maxwell & Knox, 2009). Die Arbeitgebermarke trägt jedoch genauso bedeutsam wie die Unternehmensmarke zum Wachstum eines Unternehmens bei. Der Arbeitgebermarke sollte die gleiche Bedeutung zukommen, wenn Unternehmensstrategien formuliert werden (Leekha Chhabra & Sharma, 2014). Oft wird die Arbeitgebermarke auch als Teilmenge der Unternehmensmarke konzeptualisiert (Foster et al., 2010). Eine starke Unternehmensmarke trägt positiv zum Marktwert des Unternehmens bei (Balmer et al., 2017; Custodio & Rosario, 2007; Rao, Agarwal & Dahlhoff, 2004). Nach Schultz und Hatch (2005) integrierte das Corporate Branding Marketing, Unternehmenskommunikation, HRM, Organisationsstruktur und -strategie. Zudem verbindet eine Unternehmensmarke die Werte des Unternehmens mit Marketingmethoden (Hatch & Schultz, 2001; Homburg, 2017; Urde, 1999, 2003). Becker und Schnetzer (2006) präzisierten dies, indem sie konstatierten, dass Marken Unternehmenswerte sind.

Einige Forscher beziehen die Arbeitgebermarke bereits auf die Unternehmensmarke, welche sich auf die UK stützt (Foster et al., 2010; Mosley, 2007). Eine gute Unternehmensmarke baut auf den gelebten kulturellen Werten des Unternehmens und den geteilten Werten unterschiedlicher Stakeholder auf (De Chernatony & Harris, 2000). Nur so können die Mitarbeiter die Marke authentisch „leben“ (Hatch & Schultz, 2003).

Das Verhalten der Mitarbeiter hat einen Haupteinfluss darauf, wie externe Stakeholder die Unternehmensmarke wahrnehmen und einen Sinn aus deren Identität und Image ziehen (Hatch & Schultz, 2003; Hulberg, 2006). Markenidentität stand laut Esch (2008) und Gioia et al. (2014) dafür, „was das Unternehmen ist“ (d. h. das Selbstbild einer Marke), Markenimage hingegen dafür, „wie andere das Unternehmen wahrnehmen“ (d. h. das Fremdbild einer Marke; Tomczak & Brexendorf, 2005).

Der Erfolg der Unternehmensmarke ist von den Verhaltensweisen der Mitarbeiter abhängig. Mitarbeiter überliefern dabei sowohl die funktionellen (was überbracht wird) als auch die emotionalen Werte (wie dies überbracht wird) an externe Stakeholder (Batey, 2016; De Chernatony, 2002). Balmer und Gray (2003) sahen die Unternehmensmarke als ein Element in einem tiefer gehenden Beziehungsgeflecht, zu dem auch Unternehmensreputation, -image und -kommunikation sowie die organisationale Identität und Kultur gehören. Viele Forscher sind der Ansicht, dass die Unternehmensmarke die Identität des Unternehmens repräsentiert (Harris & De Chernatony, 2001; Hulberg, 2006; Morhart, Herzog & Tomczak, 2009). Beim Corporate Branding geht es nicht nur um Differenzierung, sondern auch um Zugehörigkeit. Das Corporate

Branding geht somit über die Unternehmensidentität hinaus (Balmer et al., 2017; Hatch & Schultz, 2003, 2008).

Die Unternehmensmarke muss sowohl interne als auch externe Stakeholder ansprechen und soll für beide Gruppen dieselbe „Persönlichkeit“ haben (Ambler & Barrow, 1996). Markenimages sind subjektiv, sie existieren in den Köpfen der Kunden und bedeuten Persönlichkeit (Jones & Bonevac, 2013). Die Personifikations-Metapher (d. h. das Unternehmen als „Person“) wurde oft verwendet, um einen Zugang sowohl zur internen und externen Sichtweise der Reputation als auch zu verwandten Konstrukten zu erhalten (Davies, Chun, Da Silva & Roper, 2004; Makarius et al., 2017). Auch in der Branding-Literatur wurde die Personifikations-Metapher (d. h. die Marke als „Person“) häufig verwendet (Hanby, 1999). Aaker (1997) hat Markenpersönlichkeit als menschliche Charakteristika beschrieben, die mit der Marke verknüpft sind und identifizierte fünf Dimensionen der Markenpersönlichkeit: Aufrichtigkeit, Spannung, Kompetenz, Kultiviertheit und Robustheit. Eine weitere Definition der Markenpersönlichkeit sieht diese als Persönlichkeitseigenschaften, die für die Marke von zentraler Bedeutung sind (Azoulay & Kapferer, 2003).

Wie Kunden ihre Markenpersönlichkeitseindrücke bilden und erneuern, wurde bereits in mehreren Studien untersucht (Aaker, 2004; Johar, Sengupta & Aaker, 2005). Es wurde bestätigt, dass Markenpersönlichkeit den Kommunikationsstil bestimmt (Becker & Schnetzer, 2006). Die Markenidentität ist der Markenpersönlichkeit übergeordnet und zeitlich stabiler (Hieronimus & Burmann, 2005). Ein Unternehmen und dessen Marke werden von verschiedenen Stakeholdergruppen jedoch auch unterschiedlich wahrgenommen, da vielfältige Assoziationen ausgelöst werden (Fiedler & Kirchgeorg, 2007; Spears, Brown & Dacin, 2006; Walsh & Beatty, 2007).

Foster und Kollegen (2010) haben die Beziehung zwischen Corporate und Employer Branding untersucht. Corporate Branding ist ein explizites Versprechen zwischen einem Unternehmen und den wesentlichen Stakeholdergruppen (Balmer et al., 2017). Employer Branding stellt das Unternehmen als guten Arbeitgeber gegenüber externen Stakeholdern dar (Balmer, 1998; Olins, 2002).

Zusammenfassend besteht ein erfolgreiches Management der Unternehmensmarke in der Kongruenz zwischen

- Markenidentität und Unternehmenswerten (Kapferer, 2008)
- Markenidentität und Reputation (De Chernatony, 1999)
- strategischer Vision, UK und Unternehmensimage (Hatch & Schultz, 2001, 2003).

Employer und Corporate Branding werden als zwei getrennte Formen angesehen, da keine integrierte Markenkommunikation stattfindet (Backhaus, 2016; Bruhn & Batt, 2015). Der Fokus liegt in dieser Arbeit auf Mitarbeitern und nicht auf Kunden. Anhand der existierenden Literatur ist ersichtlich, dass sich Employer und Corporate Branding ergänzen (Keller, 2002). Die Verknüpfung des Employer und Corporate Brandings wird zudem notwendig, wenn die multiplen, komplexen Identitäten der Stakeholder betrachtet werden (Ashforth, Schinoff & Rogers, 2016). Diese haben einen bedeutenden Einfluss auf das Corporate und Employer Brand-Management (Balmer et al., 2017; Foster et al., 2010).

2.1.7 Internes Branding

IB beschreibt den Prozess, Verhaltensweisen von Mitarbeitern mit den Markenwerten in Einklang zu bringen (Punjaisri & Wilson, 2007; Vallaster & De Chernatony, 2006). IB ist kein neues Konzept, sondern implizit im Rahmen der Unternehmenssteuerung bereits vorhanden. Durch die wissenschaftliche Debatte ist es in den Fokus geraten (Schmidt, 2007). Das Interesse an IB ist in Wissenschaft und Praxis stark gestiegen (Asha & Jyothi, 2013; Burmann, Zeplin & Riley, 2009), da die Unterstützung des Markenversprechens durch die Mitarbeiter unabdingbar ist (Punjaisri & Wilson, 2007), dennoch steht die Forschung zum IB noch am Anfang (Kreutzer, 2008).

IB trägt sowohl zu einstellungs- als auch verhaltensbezogenen Aspekten bezüglich der Zusicherung des Markenversprechens durch die Mitarbeiter bei (Punjaisri, Wilson & Evanschitzky, 2009). Das Mitarbeiterverhalten sollte stets markenorientiert sein (Schmidt, 2007). Ein Beispiel stellt die Marke „BMW" dar, die „Freude am Fahren" verspricht. Wird ein Kunde von einem BMW-Mitarbeiter mit „Ich wünsche Ihnen heute viel Freude am Fahren" verabschiedet, so verhält sich der Mitarbeiter markenorientiert (Schmidt, 2007).

Internal, behavioral und *employee branding* sowie die deutschen Übersetzungen „interne" und „innen gerichtete" Markenführung werden synonym verwendet (Burmann et al., 2015; Edwards, 2005; Foster et al., 2010; Tomczak, Esch, Kernstock & Herrmann, 2012). Kreutzer und Salomon (2009) haben die Verwendung des Begriffs „internes Branding“ empfohlen, da hierbei der Bezug zu den aktuellen, internen Mitarbeitern am deutlichsten wird. Dieser Empfehlung wird in der vorliegenden Arbeit Folge geleistet. Zur Gegenüberstellung von EB und IB verdeutlichten Bruhn und Batt (2015): EB baut eine Marke für aktuelle und potentielle Mitarbeiter auf, IB strebt hingegen die Verankerung der Markenidentität an, stellt also den Markenaufbau durch Mitarbeiter dar. Tabelle 9 listet Definitionen des IB auf.

Tabelle 9: Übersicht: Definitionen des internen Brandings bzw. der Internal Brand (internen Marke)

Autor	**Definition**
Keller (2000, p. 134)	"*Internal brand management* (…) involves activities that ensure that employees and marketing partners appreciate and understand basic branding notions, and how they can impact and help – or hurt – the equity of brands“
Miles & Mangold (2004, p. 68)	"(…) *the process by which employees internalize the desired brand image and are motivated to project the image to customers and other organizational constituents*"
Dahlhoff (2006, S. 46)	„Als Internal Brand wird der Aufbau, die Ausgestaltung und das Management der Marke eines Unternehmens bzw. einer Dienstleistung innerhalb der Unternehmung bzw. der mit dem Unternehmen verbundenen Einheiten, Zulieferer und Dienstleistungserbringer mit der Zielgruppe „Mitarbeiter“ verstanden“
MacLaverty, McQuillan & Oddie (2007, p. 3)	"Internal branding is the set of strategic processes that align and empower employees to deliver the appropriate customer experience in a consistent fashion. These processes include (…) internal communications, training support, leadership practices, reward & recognition programs, recruitment practices and sustainability factors"
Mahnert & Torres (2007, p. 56)	"Internal branding attempts to achieve consistency with the external brand and encourage brand commitment and the propensity for brand championship among employees"
Schmidt (2007, S. 55)	„Das Internal Branding umfasst all diejenigen Konzepte und Maßnahmen eines Unternehmens, die darauf ausgerichtet sind, die Marke nach innen zu implementieren“
Punjaisri & Wilson (2011, p. 1523)	"(…) the activities undertaken by an organisation to ensure that the brand promise reflecting the espoused brand values that set customers' expectations is enacted and delivered by employees"

Anmerkungen. Chronologische Anordnung der Autoren (Quelle: Eigene Darstellung).

Für die vorliegende Arbeit wird die zentrale Definition von Schmidt und Kilian (2012, S. 30) zugrunde gelegt: „Internal Branding beschreibt alle Maßnahmen, die darauf abzielen, die Mitarbeiter in den Prozess der Markenbildung einzubeziehen, sie über die eigene Marke zu informieren, für die Marke zu begeistern und letztendlich ihr Verhalten im Sinne der Marke zu beeinflussen“. Diese Definition beinhaltet neben der Berücksichtigung der Mitarbeiter auch die Verankerung der Markenwerte im Verhalten, was von wesentlicher Bedeutung für diese Thematik ist. Neben einer Identifikation mit der Marke sollten sich die Mitarbeiter auch markenkonform verhalten (Punjaisri et al., 2009; Wentzel et al., 2008).

Bislang mangelt es an theoretischen und empirischen Modellen zum IB (Burmann & König, 2011). Ursprünglich war der Fokus des Brandings auf die externe Kommunikation (Ind, 1997) sowie auf Bedürfnisse der Kunden und externer Stakeholder gerichtet (Hankinson, 2004). Miles und Mangold (2004) argumentierten jedoch, dass das Konstrukt des Employer Brandings nicht ausreichend untersucht ist und es daher das Konzept des IB als Ergänzung braucht. Es genügt nicht mehr, die Marke lediglich nach außen zu positionieren und zu kommunizieren (M’zungu, Merrilees & Miller, 2010). Markeninitiativen sollten deshalb verstärkt auf interne Stakeholder fokussieren (Devasagayam, Buff, Aurand & Judson, 2010). Blankenberg, Bartsch, Fichtel und Meyer (2012) plädierten ebenfalls für ein Mitarbeiter-fokussiertes Markenmanagement.

IB richtet das Augenmerk auf aktuelle Mitarbeiter und besonders darauf, wie die Mitarbeiter ihre Markenerfahrung teilen (Hankinson, 2004). Das Verhalten der Mitarbeiter bestimmt Art und Ausmaß der Vermittlung der Markenbotschaft (Wentzel et al., 2008). Aufgabe des IB ist es, ein markenkonformes Verhalten der Mitarbeiter zur Erfüllung des Markenversprechens zu gewährleisten, das externen Stakeholdern gegeben wurde (Burmann et al., 2015; Drake, Gulman & Roberts, 2005).

Laut Bergstrom, Blumenthal und Crothers (2002) beinhaltete IB drei wesentliche Aspekte:

- Die effektive Kommunikation der Marke gegenüber den Mitarbeitern,
- die Überzeugung der Mitarbeiter von der Relevanz der Marke sowie
- die Verknüpfung der Markeninhalte mit allen Tätigkeiten im Unternehmen.

Der IB-Prozess umfasst somit diejenigen Aktivitäten, die ablaufen bevor die Marke letztendlich implementiert wird (Wallström et al., 2008). Laut Kreutzer (2014) existierten vier Aktivitäten im Rahmen eines IB-Prozesses: Koordination, Kooperation, Fähigkeit und Kommunikation. Konkrete Instrumente des IB sind nach Schmidt (2007):

- Strukturen: Anreizsysteme, Planungs- und Organisationsstruktur
- Kommunikation: Interne und externe Kommunikation
- Führung: Führungsstile und Führungskultur sowie

- Personalmanagement: Personalauswahl und -entwicklung: Aus- und Weiterbildung.

Viele Forscher haben Gründe aufgelistet, warum das IB in Unternehmen häufig scheitert: Erstens verfügen die Mitarbeiter oft über kein ausreichendes Markenwissen (vgl. King & Grace, 2008). Zweitens mangelt es den Mitarbeitern oft an genügend Markenerfahrung (Kimpakorn & Tocquer, 2009) und drittens haben die Mitarbeiter häufig ein unpassendes Markenimage (Miles & Mangold, 2004).

Markenwissen entsteht durch die Markenbekanntheit und das Markenimage (Keller, 1993). Es bezieht sich auf die kognitive Repräsentation der Marke (Keller, 2003). Gemäß Keller (1993) beinhaltete das Markenimage alle Wahrnehmungen einer Marke, die durch die Markenassoziationen im Kunden- und Mitarbeitergedächtnis repräsentiert sind. Ohne Markenwissen sind die Mitarbeiter nicht in der Lage, die Markenvision durch entsprechende Verhaltensweisen in eine Markenrealität zu transformieren (Berry, 2000; Kreutzer & Salomon, 2009, Miles & Mangold, 2004).

Burmann und Piehler (2013) stellten IB und EB gegenüber: Während IB der Sicherstellung des spezifischen Markenversprechens durch aktuelle Mitarbeiter dient, umfasst EB dessen Umsetzung für aktuelle und potentielle Mitarbeiter. Der Fokus auf das IB ist wichtig, da dieses hilft, die Kongruenz zwischen Mitarbeiter- und Unternehmenswerten zu erhöhen, um dadurch die OID, die AZ sowie das OCB der Mitarbeiter zu steigern (Asha & Jyothi, 2013; King & Grace, 2008; Vogel et al., 2016). Darüber hinaus führt die Anpassung des Unternehmens-Brandings dazu, dass die Mitarbeiter das Markenversprechen gegenüber externen Stakeholdern einlösen (Foster et al., 2010), indem die Mitarbeiter ihre Verhaltensweisen anpassen (Drake et al., 2005; Punjaisri et al., 2009). Die Grundlage stellt eine effektive interne Kommunikation dar, die im Rahmen des internen Marketings stattfindet (Punjaisri et al., 2009).

Da Mitarbeiter auch die externe Markenkommunikation wahrnehmen, muss die externe Kommunikation im Kontext des IB ebenfalls berücksichtigt werden (Burmann & Zeplin, 2005; Henkel, Tomczak, Kernstock, Wentzel & Brexendorf, 2012). Die Markenkommunikation greift auf klassische Instrumente des Marketings zurück: Z. B. Werbung, Sponsoring und Public Relations (Homburg, 2017). Gerade Werbung wird als ein probates Mittel erachtet, um interne und externe Marken-Marketingskampagnen miteinander zu verknüpfen (Mitchell, 2002; Rosengren

& Bondesson, 2015). Der Gefahr einer gängigen Verwechslung des IB mit dem internen Marketing soll im nächsten Teilkapitel vorgebeugt werden.

2.1.7.1 Abgrenzung zum internen Marketing

Unter internem Marketing wird nach Kotler (1994) die erfolgreiche Rekrutierung, Bindung und Motivation von Mitarbeitern verstanden, um für den Kunden präsent zu sein. Laut Mosley (2007) bestand internes Marketing darin, dass Mitarbeiter das Markenversprechen verstehen und eine entsprechende Kundenerfahrung ermöglichen. Aus dieser internen Perspektive werden die Mitarbeiter als interne Kunden und die Tätigkeiten als interne Produkte angesehen (Ewing et al., 2002; Miles & Mangold, 2004). Für ein erfolgreiches IB ist internes Marketing ein wesentliches Instrument (Kaplan, 2017; Vallaster & De Chernatony, 2003). IB strebt eine Identifikation der Mitarbeiter mit der Marke an und darüber hinaus eine Umsetzung der Markenwerte in deren Verhalten (Wentzel et al., 2008). Ziel ist die Verknüpfung der Mitarbeiteridentität mit der Marke (Kornberger, 2010). IB hat gegenüber dem internen Marketing das Potential, die Mitarbeiterbeziehungen mit dem Unternehmen und der Marke zu ändern (Müller, 2017).

Das IB basiert auf dem internen Marketing, ist jedoch spezifischer hinsichtlich der Zielbeschreibung (Kaplan, 2017). Laut Alvesson (2002) fungierte das interne Marketing als Mittel zur internen Sicherstellung, was extern bereits funktioniert hat. In den letzten Jahren gab es eine Schwerpunktverlagerung vom internen Marketing zum IB, die einen wertebasierten Ansatz beschreibt. Dieser ist von innen nach außen gerichtet (Mosley, 2007). Nach Backhaus und Tikoo (2004) wird internes Marketing synonym IB genannt. Drake et al. (2005) argumentierten hingegen, dass IB erst durch Maßnahmen des internen Marketings entsteht. Die vorliegende Arbeit folgt der Auffassung von Drake und Kollegen (2005).

IB ist die Weiterentwicklung und Umsetzung des Corporate Brand-Managements (Kernstock, 2009). Neben Praktiken des internen Marketings, braucht es auch HRM-Praktiken, um IB sicherzustellen (Punjaisri & Wilson, 2011). Traditionell wird die Verantwortlichkeit für das IB bei den Marketingexperten im Bereich der internen Kommunikation gesehen (Punjaisri et al., 2009). Interne Kommunikation sollte daher ein erster Anknüpfungspunkt in einem IB-Prozess sein (Zucker, 2002).

Aurand, Gorchels und Bishop (2005) sowie Tavassoli und Kollegen (2014) betonten ferner, dass das HRM verstärkt in das IB und in Marketingaktivitäten einbezogen werden soll. Balmer und Wang (2016) forderten, Marketing und Marken zukünftig mehr miteinander zu verknüpfen. Eine empirische Studie von Punjaisri und Wilson (2007) konnte zeigen, dass sowohl interne Kommunikation als auch klassisches Training einen signifikanten Effekt auf das markenunterstützende Verhalten der Mitarbeiter und die UK haben. Der Unterschied zwischen IB und UK wird oft hinterfragt, weshalb die Abgrenzung zur UK thematisiert wird.

2.1.7.2 Abgrenzung zur Unternehmenskultur

Der wesentliche Unterschied zwischen IB und UK besteht darin, dass sich das IB konkret auf die Marke eines Unternehmens bezieht und speziell auf den Markenaufbau durch interne Mitarbeiter (Bruhn & Batt, 2015), die UK hingegen geteiltes, soziales Wissen einer Gruppe umfasst (Wilkins & Ouchi, 1983).

Aaker (2004) argumentierte, dass das IB durch Ziele und die UK unterstützt werden muss. Das IB bezieht sich auf die wesentlichen Werte eines Unternehmens, die in der UK verankert sind (Alvesson, 2002). Die Markenwerte müssen in Einklang mit den Unternehmenswerten stehen (Hatch & Schultz, 2003). IB dient als eines der „Hauptwerkzeuge“, um die Unternehmens- und Markenwerte mit den Werten der Mitarbeiter zu verknüpfen (Harris & De Chernatony, 2001; Punjaisri & Wilson, 2011; Tosti & Stotz, 2001; Urde, 1999; Vogel et al., 2016). Die erwünschten Markenwerte sind somit durch das IB definiert und geben eine klare Orientierung vor (King & Grace, 2008). Um eine starke Markenidentität aufzubauen, ist die Untersuchung der UK unerlässlich (De Chernatony, 2001). Die Markenidentität unterteilte Schmidt (2007) in Markenkern und Markenwerte. Der Markenkern bildet den zentralen Stakeholdernutzen ab. Aus diesem Markenkern ergeben sich die Markenwerte, die den Rahmen für die organisationalen Handlungen bieten. Hier zeigt sich eine Analogie zum Modell der UK nach Sackmann (1983; s. Kapitel 2.2.3). Das Modell beinhaltet entsprechend einen Kulturkern, der von Richtlinien, Regeln, Normen und dem Standard umgeben ist.

Eine Studie von De Chernatony und Cottam (2008) hat gezeigt, dass sich Diskrepanzen zwischen dem intern und extern kommunizierten Markenversprechen und dem intern akzeptierten, gelebten Verhalten – im Sinne der UK – negativ auf die Glaubwürdigkeit des

Unternehmens auswirken, daher wird die $D_{(EB,IB)}$ als zentrale unabhängige Variable (UV) dieser Arbeit genauer beleuchtet.

2.1.8 Diskrepanz zwischen externem und internem Branding: Definition und Erläuterung

Aus interner Unternehmenssicht ist eine Marke als Zielbild der relevanten Stakeholder zu verstehen, aus externer Sicht hingegen als die Art und Weise, wie die Marke extern erlebt wird (Kreutzer & Land, 2017). EB und IB müssen aufeinander abgestimmt werden (Piehler, 2011). Sie können sich gegenseitig verstärken und dadurch fruchtbare Synergien ergeben (Aaker, Stahl & Stöckle, 2015).

Für die Begriffsbestimmung liegt im Rahmen der vorliegenden Arbeit dann eine $D_{(EB,IB)}$ vor, wenn die Mitarbeiterwahrnehmungen der externen und internen Aspekte des Unternehmens-Brandings voneinander abweichen (vgl. Kristof-Brown, Zimmerman & Johnson, 2005).

Piehler und Kollegen (2016) haben gezeigt, dass eine Branding-Diskrepanz mit OCB zusammenhängt. Zur $D_{(EB,IB)}$ haben Davies und Chun (2002) sowie Price und Gioia (2008) herausgefunden, dass Lücken zwischen den externen und internen Wahrnehmungen der Unternehmensmarke existieren. Unter externen Wahrnehmungen verstanden Davies und Chun (2002) das Unternehmensimage, unter internen die Unternehmensidentität. Sind externe und interne Unternehmensimages diskrepant, so nimmt die Identifikation ab (Gioia, Schultz & Corley, 2000; Kuenzel & Vaux Halliday, 2010).

Existierende Lücken zwischen externer und interner Branding-Perspektive sind nach Davies und Miles (1998) stets negativ. Sie sollten zeitnah identifiziert werden und zu deren Verringerung motivieren (Davies & Miles, 1998). Mitarbeiter könnten beispielsweise das, was extern angepriesen wurde und intern dann nicht gelebt wird, für eine Lüge halten. Dies wirkt sich negativ auf Einstellung und Verhalten der Mitarbeiter aus (Löhndorf & Diamantopoulos, 2014). De Chernatony und Harris (2000) betonten, dass die Markenleistung umso größer ist, je kleiner die Lücke zwischen externer und interner Perspektive. Folgt man Aurand und Kollegen (2005), so agierten EB- und IB-Initiativen in vielen Unternehmen voneinander losgelöst. Dies resultiert in einer Fehlanpassung zwischen versprochenen und tatsächlichen Markenwerten (Boone,

2000; Kristof-Brown et al., 2005). Davies und Kollegen (2004) konstatierten, dass die Werte intern gelebt und dieselben Werte extern angepriesen werden sollten.

Lücken entstehen, wenn Management und Mitarbeiter unterschiedliche Sichtweisen haben, für was das Unternehmen steht verglichen mit der Realität bzw. der Kundenwahrnehmung (Davies & Miles, 1998; Vogel et al., 2016). Entdeckt ein Individuum Widersprüche zwischen der kollektiven organisationalen Identität und den Handlungen des Unternehmens, weicht dessen wahrgenommene Identität von der kollektiven ab und beeinträchtigt die individuelle Identifikation (Brexendorf & Kernstock, 2007; Rho et al., 2015).

Die Verknüpfung und die wechselseitige Abhängigkeit der externen und internen Markenerfahrungen sollten gemeinsam gesteuert werden. Bislang werden diese als separate Entitäten behandelt (Aydon Simmons, 2009). Die interne Sicht der Marke beeinflusst die externe (Roper & Davies, 2010). Unternehmen, welche die externen und internen Stakeholder-Wahrnehmungen übereinstimmend steuern, werden als stabiler und glaubwürdiger eingeschätzt (Griffin, 2002; Price & Gioia, 2008). Balmer (2005) sowie Burmann und Piehler (2013) verstanden EB und IB ebenfalls als sich ergänzende Konzepte, die entscheidend für den Unternehmenserfolg sind. Branding ist auch für die Unternehmensstrategie von großer Bedeutung (Schroeder, Borgerson & Wu, 2015). Wie Abbildung 5 zeigt, sind EB und IB Teil der Markenstrategie, die wiederum auf der Unternehmensstrategie basiert (vgl. hierzu Abbildung 1).

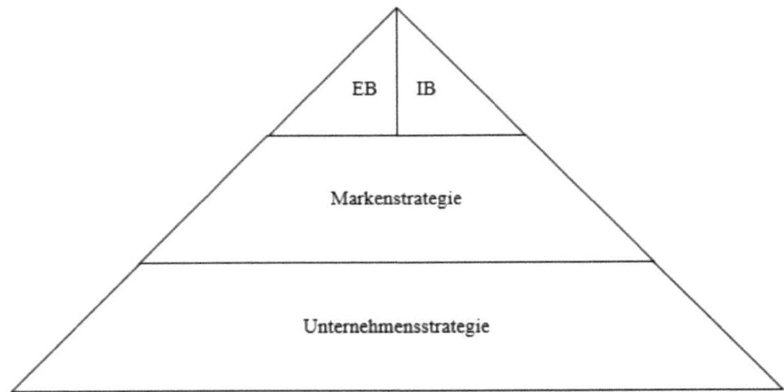

Abbildung 5: Verankerung des externen und internen Brandings (EB; IB) in der Marken- und Unternehmensstrategie (Quelle: Eigene Darstellung in Anlehnung an Schmidt und Kilian, 2012, S. 32).

2.1.8.1 Zugrunde liegender theoretischer Ansatz: Theorie der kognitiven Dissonanz

Zur Erklärung der psychologischen Effekte von wahrgenommener Diskrepanz dient die Theorie der kognitiven Dissonanz (Festinger, 1957, 1978). Kognitive Dissonanz beschreibt den konflikthaften Zustand, der von einem Individuum erlebt wird, nachdem es eine Information erhalten hat, die zu vorherigen Meinungen oder Werten im Widerspruch steht (Festinger, 1957, 1978). Es handelt sich dabei um ein intraindividuelles Phänomen in einem sozialen Kontext (McKimmie, 2015). Die Theorie nimmt an, dass ein Gleichgewichts-Bestreben des individuellen kognitiven Systems vorherrscht. Kognitionen sind Meinungen und Glaubensweisen (Frey & Gaska, 1993). Diese können laut Festinger (1957)

- in relevanter (d. h. die beiden Kognitionen hängen miteinander zusammen) oder
- in irrelevanter (d. h. die beiden Kognitionen treten zusammenhangslos auf) Beziehung stehen.

Die relevanten Beziehungen können konsonante (miteinander vereinbare Kognitionen) und dissonante (nicht miteinander vereinbare Kognitionen) Formen aufweisen (Festinger, 1957). Die Existenz von Dissonanz ist ein psychologisch aversiver Zustand und motiviert Menschen, diese Dissonanz zu reduzieren (Festinger, 1957, 1978; McKimmie, 2015). Das Ausmaß der kognitiven Dissonanz wird nach Festinger (1957) einerseits durch die Relation der konsonanten zu den dissonanten Kognitionen bestimmt und andererseits durch die Bedeutung, die den letztgenannten zukommt.

Eine Dissonanzreduktion ist möglich durch:

- Abwertung der Meinung des Gegenübers
- Verzerrung des Kommunikationsinhalts
- Suche nach Bestätigung
- Änderung einer der Kognitionen
- Generieren einer neuen Kognition zur Herstellung von Konsonanz (Festinger, 1957, 1978; McKimmie, 2015).

Übertragen auf die Thematik der vorliegenden Arbeit bedeutet dies, dass bei Mitarbeitern Dissonanz entsteht, wenn EB und IB inkonsistent sind. Menschen passen ihr Verhalten an, um eine Diskrepanzverringerung zu erreichen (Diefendorff & Chandler, 2011). Nach Aronson (1969) führte eine Inkonsistenz von Handlungen *per se* nicht zu Dissonanz, sondern lediglich dann, wenn es eine Selbstwert-bedrohende Handlung ist. Diese Dissonanz bewirkt beispielsweise, dass ein Bewerber, dem als potentieller Kandidat etwas versprochen wurde, was intern nicht eingehalten wird, frustriert und enttäuscht ist. Betroffene Mitarbeiter können sogar mit einer Kündigung reagieren.

Die Theorie der kognitiven Dissonanz hat im Vergleich zu anderen Theorien der Sozialpsychologie die meisten Forschungsarbeiten veranlasst. Darüber hinaus ermöglicht die Theorie, unzählige Verhaltensweisen zu erklären (Frey & Gaska, 1993). Aus diesen Gründen basiert die vorliegende Arbeit vorrangig auf dieser Theorie, welche im Forschungskontext Branding und OCB nach aktuellem Kenntnisstand erstmals angewandt wird.

Hier schließt sich eine sozialkonstruktivistische Sichtweise an: Die Wahrnehmung prägt das Verhalten. Soziale Wirklichkeit ist stets konstruiert (Berger & Luckmann, 1966). Beispielsweise entstehen wichtige Aspekte der UK aus der kollektiven Erfahrung der Unternehmensmitglieder (French, Rayner, Rees & Rumbles, 2008). Kultur ist nach Berger und Luckmann (1966) ein kollektives, sozial konstruiertes Phänomen. Auch Sackmann (1991) konstatierte, dass die Kultur die gemeinschaftliche Gestaltung der Realität ist. Starke Marken formen Repräsentationen, die die Wahrnehmung kanalisieren und Diskrepanzen erkennen lassen (Kay, 2006).

2.1.8.2 Diskrepanz zwischen externem und internem Branding als unabhängige Variable

In der Marketing-Literatur wurde mehrfach belegt, dass das in Einklang bringen der internen und externen Unternehmensimages auf der Steuerung der Kongruenz aller Markenbotschaften basiert (Dukerich & Carter, 2000; Duncan & Moriarty, 1998). Ziel eines positiven Unternehmensimages ist es, neben externen Kunden, potentielle und aktuelle Mitarbeiter zu beeinflussen (Eichhorn, 2005).

Bereits Davies und Miles (1998) sprachen sich für die Untersuchung von Differenzen zwischen externer und interner Markenwahrnehmung und deren Funktion als UV aus. Davies und Kollegen (2001) haben erstmals den Unterschied zwischen (interner) Identität und (externem) Image identifiziert und quantifiziert. Im Idealfall sollten Identität und Image aufeinander ausgerichtet sein (Hatch & Schultz, 2001). Davies und Chun (2002) haben empfohlen, die Größe der Lücken zwischen Identität und Image im Rahmen der Unternehmensmarke als UV genauer zu betrachten.

Auch Gapp und Merrilees (2006) haben eine Fehlausrichtung zwischen dem EB (das Versprechen) und dem IB (die Übermittlung des Versprechens) erkannt. Das Interesse an der Erforschung der Auswirkungen einer Diskrepanz zwischen externer und interner Unternehmenswahrnehmung nimmt kontinuierlich zu (Carr et al., 2010; Rho et al., 2015). Bedeutende Lücken zwischen der Wahrnehmung des Unternehmens durch interne gegenüber externen Stakeholdern wurden mit Zukunftskrisen assoziiert (Dowling, 1994).

Die wechselseitige Beziehung zwischen interner und externer Perspektive im Branding sollte im Hinblick auf relevante Unternehmensvariablen – wie z. B. OCB – verstärkt analysiert werden (Bolino, Turnley & Averett, 2003; Rho et al., 2015). Auch eine aktuelle Studie von Harvey, Morris und Müller Santos (2017) empfiehlt, die Dissonanz zwischen externer und interner Perspektive gezielt zu erforschen. Bereits Davies und Chun (2002) forderten eine quantitative Erhebung der $D_{(EB,IB)}$. Um den Forderungen nach einer quantitativen Untersuchung dieser Diskrepanz nachzukommen, wird die $D_{(EB,IB)}$ als UV in das Forschungsmodell aufgenommen. Einen Zusammenhang zwischen der Branding-Diskrepanz und dem OCB haben Piehler und Kollegen (2016) angedeutet. Whitman, Van Rooy und Viswesvaran (2010) regten an, mögliche Mediatorvariablen (MV) wie UK, OID und AZ in diesem Wirkgefüge zu untersuchen.

Unternehmensmarken sind "symbolic expressions" (Hatch & Schultz, 2003, p. 1060). Ein kulturelles Symbol – zu dem auch eine Marke zählt – übermittelt kulturelle Bedeutung (French et al., 2008). IB ist in der Lage, einflussreiche (externe) Unternehmensmarken zu kreieren. Es unterstützt Unternehmen bei der Verknüpfung des internen Prozesses und der UK mit der Marke (De Chernatony & Segal-Horn, 2001; Hatch & Schultz, 2001; Vallaster, 2004). Die UK ist zudem Determinante der Markenidentität (Burmann & Zeplin, 2005) und kann ein strategischer Faktor für ein erfolgreiches Markenmanagement sein (Hankinson & Hankinson, 1999), weshalb die UK nachfolgend thematisiert wird.

2.2 Unternehmenskultur

Die UK hat eine große Relevanz für das Branding, denn Marken sind Teil der Kultur (Alvesson, 2002; Homburg, 2017; Schroeder et al., 2015). Im Rahmen dieser Arbeit ist es daher unabdingbar, die UK genauer zu betrachten (Linstead, 2004; Sackmann, 2017; Schreyögg & Koch, 2015).

UK ist ein dominantes Konzept und wesentliches Thema in der Organisationsforschung (Alvesson & Sandberg, 2011; Den Hartog & Verburg, 2004; Denison & Mishra, 1995; Hartnell, Ou & Kinicki, 2011; Ogbonna & Harris, 2002; Ostroff, Kinicki & Tamkins, 2003; Sackmann & Phillips, 2004; Schneider, Gonzalez-Roma, Ostroff & West, 2017; Van den Berg & Wilderom, 2004), wie auch in der Praxis (Alvesson & Sveningsson, 2015; Kotter & Heskett, 1992; Ouchi, 1981; Peters & Waterman, 1982).

2.2.1 Definition und Erläuterung

Tabelle 10 stellt Definitionen der UK vor.

Tabelle 10: Übersicht: Definitionen der Unternehmenskultur

Autor	Definition
Kobi & Wüthrich (1986, S. 34)	„(…) die Gesamtheit von geteilten Normen, Wertvorstellungen und Denkhaltungen, die das Verhalten der Mitarbeiter aller Stufen und somit das Erscheinungsbild eines Unternehmens prägen"
Schein (1992, p. 12)	"A pattern of shared basic assumptions that the group learned as it solved its problems of external adaptation and internal integration, that has worked well enough to be considered valid and, therefore, to be taught to new members as the correct way to perceive, think, and feel in relation to those problems"
O'Reilly & Chatman (1996, p. 166)	"(…) a set of norms and values that are widely shared and strongly held throughout the organisation"
Hankinson & Hankinson (1999, p. 136)	"(…) a company's overall philosophy, a set of values and beliefs that shape the way people think and behave"
Sackmann & Phillips (2004, p. 378)	"(…) a socially constructed phenomenon that may exist or emerge whenever a set of basic assumptions or beliefs is commonly held by a group of people"
Van den Berg & Wilderom (2004, p. 571)	"(…) shared perceptions of organisational work practices within organisational units that may differ from other organisational units"
Schein (2010, p. 18)	"(…) a pattern of shared basic assumptions learned by [an organization] as it solved its problems of external adaptation and internal integration, which has worked well enough to be considered valid and, therefore, to be taught to new members as the correct way to perceive, think, and feel in relation to those problems"

Anmerkungen. Chronologische Anordnung der Autoren (Quelle: Eigene Darstellung).

Für diese Arbeit wird die Definition von Sackmann (2007, S. 25) zugrunde gelegt, da sie die zentralen Parameter der anderen genannten UK-Definitionen konkret zusammenfasst: Die UK besteht aus den „(...) von einer *Gruppe gemeinsam gehaltenen grundlegenden Überzeugungen*, die für die Gruppe insgesamt typisch sind".

Das Konzept der UK erlangte in den 1980er-Jahren große Aufmerksamkeit in der Forschung (Alvesson, 1990; Sackmann, 1983). Der Kultur-Begriff stammt aus der Anthropologie (Hofstede, 1980). Geertz (1973) beschrieb Kultur als sozial konstruierte Wirklichkeit, die subjektiv existiert. Das bedeutet, UK ist von Menschen geprägt (Sackmann, 2007) und kann bei verschiedenen Individuen unterschiedliche Bedeutungen haben (Sackmann & Phillips, 2004). Das Konzept der Kultur als ungeschriebene Regeln der sozialen Interaktion existiert schon lange (Hofstede, 1980, 2011). Kultur bezieht sich nach Hofstede (1991) auf das kollektive „Programmieren" des Denkens, welches die Mitglieder einer Gruppe von Menschen von einer anderen unterscheidet. Die Kultur eines Unternehmens kann als ein holistisches Konstrukt angesehen werden (Hofstede, Neuijen, Ohayv & Sanders, 1990). Kultur ist multidimensional und fördert Stabilität in der Gegenwart, wobei sie das Ergebnis effektiver Entscheidungen einer Gruppe in der Vergangenheit ist (Schein & Schein, 2017). Kultur lenkt die Aufmerksamkeit und hat einen Einfluss auf die Informationsverarbeitung.

Jedes Unternehmensmitglied ist Kulturträger und -präger (Sackmann, 2007). So führte bereits Schein (1996) aus, dass die UK keinesfalls unterschätzt werden sollte, da sie zum Unternehmenserfolg führt (Alvesson, 1993, 2002; Peters & Waterman, 1982; Sackmann, 2006). Es besteht ein großer Zusammenhang zwischen UK und wirtschaftlichen Zielgrößen (Sackmann, 2008, 2017). Die Kultur beeinflusst die Unternehmensleistung (Hatch, 1993). Es ist daher wichtig, dass Augenmerk zunächst darauf zu richten, wie diese Leistung verbessert werden kann (Schein & Schein, 2017). Bereits Barney (1986) sowie Schreyögg und Koch (2015) plädierten dafür, dass die UK als strategische Ressource des Unternehmens angesehen wird. Kaiser und Ringlstetter (2011) betonten zudem, dass HRM und UK wichtig für einen Wettbewerbsvorteil sind, welcher Ziel eines jeden Wirtschaftsunternehmens ist. Dies trifft insbesondere auf Dienstleistungs-Unternehmen zu, da diese keine Produkte verkaufen (Kaiser, Kozica, Swart & Werr, 2015).

Die UK richtet sich auf die Innenperspektive eines Unternehmens auf Gruppenebene (Sackmann, 2007). Peters und Waterman (1982) verstanden unter UK geteilte Werte. Werte sind der

Ausgangspunkt der UK (Abbate, 2014), die nur erfahrbar sind, wenn sie gelebt werden (Sackmann, 1983). Werte sollten die Unternehmensidentität, die Ziele und die Kultur widerspiegeln. Werte sollten ferner mit der Alltagspraxis im Unternehmen verknüpft sein (Painter-Morland, 2006). Die gemeinsamen Glaubenssätze, Werte, Normen und die Philosophie bestimmen das kollektive Verhalten und Empfinden der Unternehmensmitglieder und stellen einen Verhaltensstandard her (Flamholtz, 2001; Sackmann, 2004, 2007; Schwartz & Davis, 1981; Smircich, 1983). Die meisten Forscher stimmen überein, dass UK ein dynamisches, sozial gelerntes und auf die Gruppenebene transferiertes Phänomen ist (Ashkanasy, Wilderom & Peterson, 2011; Martin, 1992, 2002). Die UK wird auch als sozialer Kontrollmechanismus angesehen (Costanza, Blacksmith, Coats, Severt & DeCostanza, 2016; O'Reilly & Chatman, 1996), in dem die UK den Aufmerksamkeitsfokus und das Mitarbeiterverhalten beeinflusst.

Das Wesentliche an der UK ist ihre kognitive Natur; sie bietet Mitarbeitern eine Art „kognitive Landkarte" im Unternehmen (Sackmann, 2007, S. 41). Grundlegende Überzeugungen entwickeln sich aus der Erfahrung, einerseits aufgrund interner Integration in Unternehmen und andererseits aufgrund externer Anpassung (Sackmann, 2007, 2017). UK ist für die Rekrutierung und langfristige Bindung von Mitarbeitern bedeutend (Kucherov & Zavyalova, 2012). Um die UK zu „leben", ist glaubwürdige Kommunikation wichtig (Sackmann, 2007). Da die UK häufig mit dem Organisationsklima gleichgesetzt wird, erfolgt eine Begriffsabgrenzung.

2.2.2 Abgrenzung zum Organisationsklima

Während die UK ein langfristig entwickeltes und kollektives Phänomen ist, fokussiert Organisationsklima hingegen individuelle, kurzfristige Stimmungen (Denison, 1996; Sackmann, 2007; Van den Berg & Wilderom, 2004; Von Rosenstiel, 2007). Das Organisationsklima umfasst die geteilte Überzeugung, die Unternehmensmitglieder von Ereignissen, Praktiken und Abläufen haben sowie die Verhaltensweisen, die belohnt und erwartet werden (Ehrhart, Schneider & Macey, 2014). Die UK stammt zudem aus der anthropologischen Forschungstradition, das Organisationsklima hingegen aus der Organisationspsychologie (Ashkanasy & Jackson, 2001). Zusammengefasst unterscheiden sich Organisationsklima und UK hauptsächlich aufgrund der individuellen gegenüber der kollektivistischen Orientierung (James, Choi, Ko, McNeil, Minton, Wright & Kim, 2008). Für die vorliegende Arbeit wurde das Konzept der UK gewählt, da das Unternehmen als Kollektiv betrachtet wird.

2.2.3 Zugrunde liegender theoretischer Ansatz: Drei-Ebenen-Modell und kulturelles Eisberg-Modell

Der fehlende Konsens bezüglich einer allgemeingültigen Definition der UK wird von der Tatsache begleitet, dass ebenfalls kein Konsens bezüglich einer allgemeingültigen Theorie besteht (Chatman & O'Reilly, 2016; Sørensen, 2002). Sackmann (1992) argumentierte, dass die theoretischen Begründungen bezüglich der UK überarbeitet werden müssen, denn es handelt sich bei der Kultur um eine hochkomplexe Thematik (Sackmann, 1997). Neben zwei konkurrierenden Kulturperspektiven, der objektivistischen und der subjektivistischen (Allaire & Firsirotu, 1984), wurde eine dritte Perspektive eingeführt, die die erstgenannten verknüpft: Die sog. integrative Kulturperspektive (Sackmann & Phillips, 2004). Tabelle 11 präsentiert eine Übersicht der Kulturperspektiven mit einer kurzen Beschreibung.

Tabelle 11: Kulturperspektiven im Überblick

Kulturperspektive	**Beschreibung**
Subjektivistisch	Unternehmen ist Kultur (Basismetapher)
Objektivistisch	Unternehmen hat Kultur (Variable)
Integrativ	Unternehmen ist Kultur und hat zudem kulturelle Aspekte (Dynamisches Konstrukt)

Anmerkungen. Quelle: Eigene Darstellung in Anlehnung an Sackmann (1989, 1990) sowie Smircich (1983).

Sackmann (1989) nannte drei Perspektiven der Kultur: Kultur als Metapher, als Variable und als dynamisches Konstrukt. Um eine Verbindung zwischen UK und Unternehmensleistung herzustellen, sollte Kultur als ein dynamisches Konstrukt definiert sein, das auf dem *state of the art*-Wissen beruht (Sackmann, 2006). Für diese Arbeit wird UK als dynamisches Konstrukt angesehen, da im Konstrukt-Ansatz eine kulturelle Sensibilität erreicht werden soll. Diese soll zu tatsächlichen Handlungen führen, z. B. im Rahmen der Sozialisation im Unternehmen (Sackmann, 1990, 2017). Eine ausführliche Darstellung aller drei Perspektiven lieferte Sackmann (1989, 1990).

Eine häufige theoretische Grundlage von Kulturanalysen im Organisationskontext ist das „Drei-Ebenen-Modell" nach Schein (1985). In diesem Modell bildet die erste Ebene die beobachtbaren Artefakte und Schöpfungen, wie z. B. beobachtbares Verhalten und Prozesse, danach folgen auf der zweiten Ebene die Werte und Normen, wie z. B. Ideologien und Ziele. Den Kern der UK bilden auf der dritten Ebene die intersubjektiv geteilten Grundannahmen.

Das sind implizite, unbewusste Annahmen, die das Verhalten, die Wahrnehmung und die Gedanken bestimmen (Schein, 1995, 2004).

In Übereinstimmung mit Scheins Modell (1985) stellte das „kulturelle Eisberg-Modell" nach Sackmann (2002, 2007) die beobachtbaren Manifestationen von Kultur und die latenten, indirekten grundlegenden Überzeugungen dar. Abbildung 6 zeigt das UK-Modell nach Sackmann (2002, 2007).

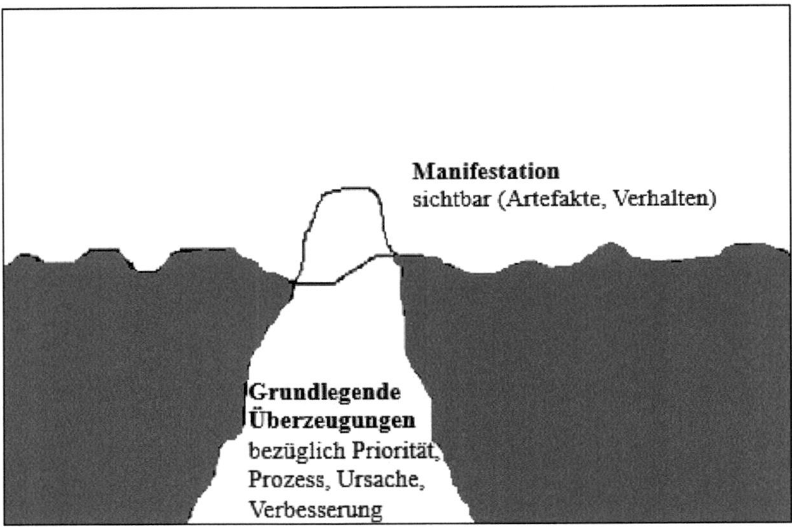

Abbildung 6: Das Unternehmenskultur-Modell nach Sackmann (2002, 2007) als „kultureller Eisberg" (Quelle: Eigene Darstellung in Anlehnung an Sackmann, 2007, S. 27).

Die Manifestationen zeigen sich im Verhalten, was sich verbal und nonverbal äußern kann. Sie beinhalten die beobachtbare Art und Weise, wie Dinge im Unternehmen getan werden (Deal & Kennedy, 1982). Die grundlegenden Überzeugungen können hinsichtlich Prioritäten, Prozessen, Ursachen und Verbesserungen klassifiziert werden. Sie sind kollektiv, überdauernd und beruhen auf Erfahrungen, die zu Gewohnheiten wurden, weshalb sie als Kulturkern bezeichnet werden (Sackmann, 2004, 2007). Prioritäten stellen lexikalisches Wissen dar, d. h. worauf besonders geachtet werden muss. Prozesse beinhalten, wie etwas gemacht wird und sind daher als Handlungswissen charakterisiert. Ursachen sind axiomatisches Wissen, das die Entstehung von

Problemen fokussiert. Verbesserungen sind Rezeptwissen, d. h. normative Verbesserungsvorschläge. Es ist jeweils ratsam zu hinterfragen, ob ein Kulturmodell auf die Daten passt oder eine Kombination mehrerer Modelle nötig ist (Sackmann, 2007).

Sackmann (2017, S. 44) liefert eine ergänzte Darstellung des Eisberg-Modells, wobei sich die vorliegende Arbeit auf Sackmanns (2002, 2007) ursprüngliches kulturelles Eisberg-Modell bezieht (s. Abbildung 6). Da die wahrgenommene UK der Mitarbeiter erfragt wird, liegt der Fokus dieser Arbeit auf dem Teilaspekt der Manifestationen.

2.2.4 Bezug zum Forschungsmodell dieser Arbeit

Die UK hängt mit der Branding-Diskrepanz und der OID zusammen, wobei sie diesen Zusammenhang mediiert (vgl. Homburg, 2017).

2.2.4.1 Zusammenhang der Unternehmenskultur mit der Branding-Diskrepanz und der organisationalen Identifikation

Marken existieren als kulturelle Objekte (Schroeder et al., 2015). Zur Verknüpfung mit dem Thema Branding, als Ausgangsvariable des Forschungsmodells, ist eine Einteilung allgemeiner, kultureller Manifestationen nach Martin (2002) interessant. Martin (2002) identifizierte vier Arten dieser Manifestationen:

- Kulturelle Formen
- Formelle Praktiken
- Informelle Praktiken
- Inhaltsthemen.

Vor allem die kulturellen Formen sind für das Branding relevant. Kulturelle Formen sind Manifestationen der UK, die Mitarbeitern übermittelt werden. Zu diesem Zweck können Symbole, Geschichten und Sprache verwendet werden (Alvesson & Berg, 1992).

Aus einem kulturellen Blickwinkel kann die allgemeine Markenorientierung auch als Teil der UK angesehen werden (O'Cass & Ngo, 2007; Urde, Baumgarth & Merrilees, 2013). Beispielsweise nutzte Baumgarth (2010) Scheins Modell (1985), um die Markenorientierung strukturell zu erklären. Markenorientierung ist eine Form der UK, die gewährleistet, dass die Marke in der

Unternehmensstrategie verankert ist (Baumgarth, 2010; Wong & Merrilees, 2007). Auch Noble, Sinha und Kumar (2002) bezeichneten die Markenorientierung als eine neue Strategie, die auf der UK basiert.

Diese Orientierung dient der Abgrenzung von Wettbewerbern, indem ein Markenwert etabliert wird (Urde et al., 2013). Bereits Hankinson und Hankinson (1999) konnten zeigen, dass die UK von Top-100-Marken-Unternehmen „besser" eingeschätzt wird. Die besonderen Charakteristika der UK definieren den Markenerfolg (Hankinson & Hankinson, 1999).

Backhaus und Tikoo (2004) sowie Leekha Chhabra und Sharma (2014) bestätigten, dass sich der Markenaufbau positiv auf die UK und Produktivität auswirkt. Kowalczyk und Pawlish (2002) gingen der Frage nach, wie externe Beobachter das interne Phänomen der UK wahrnehmen. Sie stellten fest, dass es eine Beziehung zwischen der externen Wahrnehmung der UK und des Corporate Brandings gibt. Das Corporate Branding wurde dabei anhand der Unternehmensreputation gemessen. Die Unternehmensreputation war nach Fombrun (1996) eine Repräsentation der vergangenen und zukünftig zu erwartenden Unternehmensaktivitäten, die ein Unternehmen beschreiben und von Wettbewerbern unterscheiden. Für Highhouse, Broadfoot, Yugo und Devendorf (2009) war die Unternehmensreputation hingegen ein globales, zeitlich stabiles Urteil über ein Unternehmen, das von verschiedenen Stakeholdern geteilt wird. Es existieren mehrere Studien, welche die Unternehmensreputation und deren Anziehungskraft auf Bewerber untersucht haben (Collins & Han, 2004; Makarius et al., 2017).

Cable und Turban (2003) sowie Rindova, Pollock und Hayward (2006) konnten zeigen, dass Unternehmen mit einem besseren Image mehr und höher qualifizierte Bewerber anziehen. Erfolgreiche Reputation ermöglicht eine Erweiterung der Markenleistung (Hem, De Chernatony & Iversen, 2003). Allerdings führt eine Diskrepanz zwischen externer und interner Perspektive im Branding zu einer deutlich negativer wahrgenommenen UK (Davies & Chun, 2002; Hatch & Schultz, 2003). Darüber hinaus besteht weiterhin großes, multidisziplinäres Interesse am Konzept der UK (Alvesson, 2002; Carmeli & Tishler, 2004; Denison, Nieminen & Kotrba, 2014; Hartnell, Ou & Kinicki, 2011; Jung, Scott, Davies, Bower, Whalley, McNally & Mannion, 2009; MacIntosh & Doherty, 2007; Sackmann, 2004, 2011, 2017).

Individuen modifizieren ihre Glaubenssätze als eine Konsequenz der Sozialisierung im Unternehmen, um von *outsidern* zu *insidern* zu werden und Unsicherheit zu reduzieren (Hajro, 2009;

Zhu, Tatachari & Chattopadhyay, 2017). Hatch und Schultz (1997, 2003) gingen davon aus, dass die UK für die Entwicklung eines Images gegenüber externen Stakeholdern wichtig ist. Mosley (2007) betonte, dass die gemeinsame Steuerung von Marken und Kultur wesentlich ist. Die UK kann einen Wettbewerbsvorteil bedeuten, jedoch nur dann, wenn die Markenwerte die Kultur berücksichtigen und diese als Teil der Marke miteinbeziehen (Barney, 1986; Hatch & Schultz, 2003).

Auch De Chernatony und Cottam (2008) erachteten es für Führungskräfte als wichtig, eine Synergie zwischen Marke und UK herzustellen, um das Mitarbeiterverhalten hinsichtlich des Services zu steuern. Eine Marke baut auf den gelebten, kulturellen Werten des Unternehmens auf (Hatch & Schultz, 2003). Die UK wird im Rahmen dieser Arbeit als „positiv wahrgenommen" bezeichnet, wenn die Unternehmenswerte mit den Mitarbeiterwerten übereinstimmen. Entsprechend bedeutet dies, dass die UK „negativ wahrgenommen" wird, wenn die genannten Werte nicht übereinstimmen.

Das Branding überstrahlt die positiv wahrgenommene UK und umgekehrt. Der sog. „Halo-Effekt" des Überstrahlens wurde von Thorndike (1920) entdeckt. Dieses Phänomen beschreibt die Tendenz, bestimmte Inferenzen aufgrund eines generellen Eindrucks zu ziehen. Beispielsweise überstrahlt die Leistung eines Unternehmens die Wahrnehmung von dessen Strategie, Führungskräften und Kultur (Rosenzweig, 2007). Auch die Forschung zur Unternehmensreputation ist stark vom Halo-Effekt des finanziellen Erfolgs beeinflusst (Kowalczyk & Pawlish, 2002). Der Halo-Effekt ist also eine dissonanztheoretische Wahrnehmungsverzerrung. Ein gutes Markenimage führt dazu, dass auch einzelne Produkt- oder Unternehmenseigenschaften positiver eingeschätzt werden. Aufgrund einer hohen Markenstärke können bei den Zielgruppen Halo-Effekte entstehen (Kroeber-Riel & Weinberg, 2003). Weiterhin lässt sich dieser Aspekt durch den Generalisierungseffekt aus der Lerntheorie nach Pawlow (1927) erklären: Die gelernte Reizassoziation überträgt sich auf neue, ähnliche Reize. Das bedeutet, ein positiv wahrgenommenes EB und IB können sich positiv auf die UK auswirken oder umgekehrt (vgl. Davies & Chun, 2002; De Chernatony & Cottam, 2008).

Wong und Merrilees (2007) haben herausgefunden, dass der Zusammenhang zwischen Marketingstrategie und Markenleistung durch die Markenorientierung moderiert wird. Auch Baumgarth (2010) sah Markenorientierung als eine Vorbedingung für eine starke Markenleistung an.

Eine wichtige Unternehmensaktivität ist das klassische Werben, um den Markenwert eines Unternehmens zu steuern (Aaker, 1996). Vogel, Evanschitzky und Ramaseshan (2008) argumentierten auf der Grundlage früherer Forschung, dass Markenwert und -orientierung wichtige Ursachen für loyales Verhalten im Unternehmen sind. Folgt man Baumgarth (2010), so steht die Forschung zur Markenorientierung jedoch noch am Anfang.

Einige Forscher vermuteten, dass die UK den internen Markenaufbauprozess beeinflusst (Flamholtz, 2001; Mosley, 2007). Eine markenorientierte Kultur fördert das markenunterstützende Verhalten der internen Mitarbeiter, welches konsistente Markenwerte sicherstellt (Baumgarth & Schmidt, 2010). Zudem konnte belegt werden, dass erfolgreichere Marken kongruent mit der UK sind und Mitarbeiter ein konsistentes Verständnis ihrer Marke haben (De Chernatony & Cottam, 2008). Das Etablieren einer Markenkultur ist für Unternehmen unerlässlich. Die Markenkultur entwickelt sich aus Vision und Leitbild des Unternehmens (Aaker & Joachimsthaler, 2000).

Die UK formt die Werte von Mitarbeitern (Miles & Mangold, 2004) und sollte daher hinsichtlich der Markenwerte bei Bedarf neu ausgerichtet werden (Mitchell, 2002). Die Markenorientierung ist konsequenterweise eng mit der UK verbunden (Hankinson, 2001). Die UK kann einen Wettbewerbsvorteil bedeuten, wenn die Markenwerte mit der Vision, der Kultur und dem Image in Einklang stehen (Hatch & Schultz, 2003). Eine mangelnde Verknüpfung zwischen Vision (Führungskraft), Kultur (Mitarbeiter) und Image (Stakeholder) führte nach Hatch und Schultz (2008) zu drei Lücken:

- Vision-Kultur Lücke: Strategische Orientierung wird von den Mitarbeitern nicht verstanden oder unterstützt. Es besteht eine Diskrepanz zwischen Rhetorik und Realität.
- Image-Kultur Lücke: Verwirrung der Stakeholder darüber, wofür das Unternehmen steht.
- Image-Vision Lücke: Die strategische Vision widerspricht den Erwartungen der Stakeholder an das Unternehmen.

Unternehmen mit einer markenorientierten Kultur haben den Vorteil, effektiv mit internen und externen Stakeholdern kommunizieren zu können (Wong & Merrilees, 2007). Wenn Markenwerte und UK konsistent sind, ermöglichen sie eine hohe Glaubwürdigkeit bei den Stakeholdern (Aaker, 1996). Glaubwürdigkeit und Konsistenz sind vor allem im Employer Branding wichtige Komponenten. Eine Markenbotschaft verliert an Glaubwürdigkeit, wenn sie nicht durch das Mitarbeiterverhalten unterstützt wird (Edwards, 2010).

Zum Zusammenhang zwischen Markenidentität und UK formulierte Baumgarth (2014) in seinem identitätsbasierten Markenführungsansatz, dass eine Marke aus der kongruenten Identität und dem Image entsteht. Die UK beeinflusst die Markenidentität, als kollektives Selbstbild der Marke, da sie ebenfalls ein kollektives Phänomen ist (Baumgarth, 2014). De Chernatony und Cottam (2006) schränkten dies jedoch ein: Ein positiver Einfluss liegt nur dann vor, wenn die Werte der Mitarbeiter auf diejenigen der Marke ausgerichtet sind. Die Markenbotschaft sollte durch Verhalten und vor allem Emotionen widergespiegelt werden (Batey, 2016; Rampl & Kenning, 2014). Sackmann (2002, 2007) definierte die grundlegenden Überzeugungen der UK ebenfalls als emotional verankert. In einem Branding-Kontext plädierten Aaker (1996) und Zaltman (1997) dafür, dass Emotionen vor allem wichtig sind, um die Kundenmotivation zu verstehen. Unternehmen profitieren von Mitarbeitern, die sich mit diesem identifizieren und sich auf gemeinsame Ziele berufen (Peters & Waterman, 1982; Rockmann & Ballinger, 2017).

Die UK wird an neue Mitarbeiter weitergegeben, wobei dies zur Entwicklung von Subkulturen führen kann (Sackmann, 1992, 2007). Sackmann (1992) untersuchte die Existenz und Bildung von Subkulturen anhand von Interviews in drei unterschiedlichen Abteilungen des gleichen Unternehmens. Dadurch konnte die Komplexität der Kultur in Unternehmen belegt werden. Eine Subkultur ist eine Gruppe, die eine eigene Identifikation herausgebildet hat und sich von anderen Gruppen abgrenzt (Sackmann, 1992). Subkulturen bilden sich z. B. bezüglich Unternehmenszugehörigkeit, Profession, hierarchischer Ebene heraus (Sackmann, 1992; Sackmann & Phillips, 2004). Je größer das Unternehmen, desto wahrscheinlicher entwickeln sich Subkulturen (Sackmann, 1992, 2004). Die UK – einschließlich der einzelnen Subkulturen – fungiert als vermittelnde Variable im Kontext organisationalen Verhaltens (vgl. Homburg, 2017).

2.2.4.2 Unternehmenskultur als Mediator

Die UK beeinflusst das Verhalten und die Entscheidungsfindung in Unternehmen, beispielsweise wie Kunden und Mitarbeiter behandelt werden (Flamholtz, 2001). Die UK zeigt Mitarbeitern, welche Ziele sie anstreben und wie sie sich zu diesem Zweck verhalten sollten (Flamholtz, 2001). Eine positiv wahrgenommene UK führt zu stärker identifizierten und zufriedeneren Mitarbeitern (Belias & Koustelios, 2015; Lok & Crawford, 1999; Schein, 1985). Die UK wird daher als erste MV in das Forschungsmodell aufgenommen und der OID sowie der AZ zeitlich vorgeschaltet.

Die UK hat ebenfalls einen Einfluss auf die Identifikation der Mitarbeiter mit ihrer Arbeitsgruppe und dem gesamten Unternehmen (Millward & Haslam, 2013; Sackmann, 2004). Aus diesen Gründen wird die UK als MV im Forschungsmodell mit der OID verknüpft. Die OID ist Gegenstand des nächsten Teilkapitels.

2.3 Organisationale Identifikation

Die Relevanz der OID für die Praxis zeigt sich vor allem darin, dass OID auch unter sich verändernden Rahmenbedingungen von wirtschaftlicher Relevanz ist (Kraus & Woschée, 2009; Miscenko & Day, 2016) und mit ihrer Hilfe Verhalten am Arbeitsplatz vorhergesagt werden kann (Meleady & Crisp, 2017).

Auch in der organisationspsychologischen und betriebswirtschaftlichen Forschung hat OID große Bedeutung erlangt hat (z. B. Brown, 2017; Conroy, Henle, Shore & Stelman, 2017; Schuh, Van Quaquebeke, Göritz, Xin, De Cremer & Van Dick, 2016; Smith, Gillespie, Callan, Fitzsimmons & Paulsen, 2017; Van Gils, Hogg, Van Quaquebeke & Van Knippenberg, 2017).

2.3.1 Definition und Erläuterung

In Tabelle 12 sind Definitionen der OID aufgeführt. Für diese Arbeit wird die vielfach publizierte Definition der OID nach Mael und Ashforth (1992, p. 103) zugrunde gelegt: "Organizational identification is defined as a perceived oneness with an organization and the experience of the organization's successes and failures as one's own", da diese Definition die verschiedenen Entitäten (Individuum, Unternehmen) berücksichtigt (Lee, Park & Koo, 2015).

Es existieren zwei mögliche Konzeptualisierungen der OID: Zum einen wird Identifikation als kognitiver Prozess gesehen, der das Selbstkonzept der Unternehmensmitglieder und deren Wahrnehmung des Unternehmens verknüpft (Cheney, 1983; Cooper & Thatcher, 2010). Zum andren kann OID als motivationaler Begriff verstanden werden (O'Reilly & Chatman, 1986; Rockmann & Ballinger, 2017).

Tabelle 12: Übersicht: Definitionen der organisationalen Identifikation

Autor	Definition
Hall, Schneider & Nygren (1970, p. 176 f.)	"The process by which the goals of the organization and those of the individual become increasingly integrated and congruent"
Dutton, Dukerich & Harquail (1994, p. 239)	"Organizational identification is the degree to which a member defines him- or herself by the same attributes that he or she believes define the organization"
Pratt (1998, p. 172)	"Organizational identification occurs when an individual's beliefs about his or her organization become self-referential or self-defining"
Evans, Davis & Frink (2011, p. 944)	"(…) when an employee defines himself or herself to some degree in terms of what he or she believes the organization represents"

Anmerkungen. Chronologische Anordnung der Autoren (Quelle: Eigene Darstellung).

Kritik gegenüber dem eigenen Unternehmen empfinden stark identifizierte Unternehmensmitglieder eher als persönliche Bedrohung, denn OID fördert die psychologische Bindung zwischen Individuum und Unternehmen (Rho et al., 2015; Tavares, Van Knippenberg & Van Dick, 2016). OID ist ein zentrales Konstrukt im Bereich des organisationalen Verhaltens geworden und gilt auch als psychologisches Schlüsselkonzept, das viele wesentliche Einstellungen und individuelle Verhaltensweisen in Unternehmen erklären kann (Edwards, 2005; Lee et al., 2015).

Das steigende Interesse am Konstrukt der OID zeigt sich auch an der Existenz zahlreicher Veröffentlichungen (Ashforth & Mael, 1989; Dutton et al., 1994; Pratt, 1998; Riketta & Van Dick, 2005; Van Dick, Wagner, Stellmacher & Christ, 2004). OID ist zudem eine relevante Größe im Hinblick auf den Unternehmenserfolg (Pratt, 1998). Es handelt sich beim OID um ein kognitives Konstrukt, das die Kongruenz von individuellen und Unternehmenswerten spezifiziert (Pratt, 2000). Je mehr ein Individuum die eigenen Werte mit denen des Unternehmens assoziiert, desto stärker wird es sich von diesem Unternehmen „angezogen“ fühlen (Giessner, Ullrich & Van Dick, 2011; Judge & Cable, 1997).

Postmes, Tanis und De Wit (2001) sowie Rockmann und Ballinger (2017) betonten, dass das Ausmaß der OID und die Arbeitsmotivation direkt mit der Kommunikation im Unternehmen verknüpft sind. Dutton und Kollegen (1994) zeigten auf, dass die Mitarbeiteridentifikation mit dem Unternehmen die Stärke der kognitiven Bindung an das Unternehmen bestimmt. Mitarbeiter identifizieren sich eher mit ihrem Unternehmen, wenn sich dieses von anderen hinsichtlich der Werte, Ziele und Identität unterscheidet (Ashforth & Mael, 1989, 1996), ferner identifizieren sich Menschen allgemein eher mit prestigeträchtigen Unternehmen (Dutton et al., 1994; Haslam, 2004).

Je stärker diese Identifikation mit dem Unternehmen ist, desto positiver denken Mitarbeiter über das Unternehmen (Van Dick et al., 2004a) und engagieren sich folglich auch mehr im Interesse des Unternehmens (Dutton et al., 1994; He & Brown, 2013). Nicht zu verwechseln ist das OID mit der sozialen Identifikation und dem organisationalen Commitment.

2.3.2 Abgrenzung zur sozialen Identifikation und zum organisationalen Commitment

Nach Ashforth und Mael (1989) umfasste die soziale Identifikation die Wahrnehmung eines Zugehörigkeitsgefühls zu einer Gruppe von Menschen. OID ist eine spezifische Form der sozialen Identifikation (Ashforth & Mael, 1989; Astakhova & Porter, 2015; Gautam, Van Dick & Wagner, 2004), die eine Gruppenmitgliedschaft widerspiegelt (Ashforth et al., 2016). OID tritt auf, wenn Mitarbeiter sich im Einklang mit ihrem Unternehmen fühlen und Zugehörigkeit zu ihrem Unternehmen empfinden (Ashforth & Mael, 1989). Sie ist zudem vom Kontext abhängig (Tajfel & Turner, 1986; Turner, Hogg, Oakes, Reicher & Wetherell, 1987).

Die Abgrenzung der OID zum organisationalen Commitment ist von großer Relevanz, da die Konzepte fälschlicherweise häufig synonym verwendet werden, denn beide fokussieren eine psychologische Bindung zwischen Arbeitgeber und Arbeitnehmer (Böhm, 2008; Van Knippenberg & Sleebos, 2006). Faktorenanalysen konnten jedoch eine zweifaktorielle Struktur für OID und Commitment belegen (Gautam et al., 2004; Wegge & Van Dick, 2006). Judge und Kammeyer-Mueller (2012) definierten organisationales Commitment als psychologisches Band zwischen Individuum und Unternehmen, das sich durch eine affektive Bindung und Loyalität bemerkbar macht. Organisationales Commitment beschrieben Mowday, Steers und Porter (1979) als relative Stärke der Identifikation mit und Partizipation in einem Unternehmen. Daraus wird in Anlehnung an Edwards (2005) geschlussfolgert, dass OID als wesentliche Subkomponente des Commitments angesehen werden kann. Commitment ist vorwiegend einstellungsbezogen, OCB bezieht sich hingegen auf Verhalten (Edwards, 2005). Für diese Arbeit genügt der Fokus auf die OID, da hier primär der verhaltensbezogene Identifikations-Aspekt von Interesse ist.

2.3.3 Zugrunde liegender theoretischer Ansatz: Soziale Identitätstheorie

Die Soziale Identitätstheorie wurde vor allem von Sozialpsychologen auf den Unternehmenskontext angewandt (Ashforth & Mael, 1989; Dutton et al., 1994; Haslam, Steffens, Peters, Boyce, Mallett & Fransen, 2017; Hogg & Abrams, 2001; Tyler & Blader, 2000; Van Knippenberg & Van Schie, 2000). Sie ist die bedeutendste Theorie, um Intergruppen-Beziehungen zu analysieren (Farooq, Rupp & Farooq, 2017; Tajfel & Turner, 1986; White, Stackhouse & Argo, 2018). Die Soziale Identitätstheorie (Tajfel & Turner, 1979, 1986) kann ferner herangezogen werden, um die Bindung von Individuen an ein Unternehmen (Van Dick, Grojean, Christ & Wieseke, 2006) sowie die Arbeitgebermarken-Attraktivität (Maxwell & Knox, 2009) und das IB zu erklären (He & Brown, 2013; Love & Singh, 2011). Menschen definieren sich als Mitglied eines Unternehmens und achten besonders darauf, wie sich Charakteristika des Unternehmens auf sie selbst übertragen (Dutton et al., 1994; Highhouse, Thornbury & Little, 2007). Kurz gefasst beinhaltete soziale Identität nach Tajfel (1978) die Wahrnehmung, ein Gruppenmitglied zu sein und dieser Gruppe eine bestimmte Bedeutung zukommen zu lassen.

Die Theorie besagt, dass Menschen ihr Selbstkonzept durch die Mitgliedschaft in bestimmten sozialen Gruppen erhalten, wie beispielsweise in einem Unternehmen (Ashforth & Mael, 1989; Tajfel, 1982; Tajfel & Turner, 1986; White et al., 2018). Das Selbstkonzept widerspiegelt, wie Individuen sich selbst sehen und dient dazu, Handlungen zu initiieren (Cooper & Thatcher, 2010). Mitarbeiter haben im Laufe ihres (Berufs-)Lebens verschiedene Selbstkonzepte (Low, Bordia & Bordia, 2016). Das Selbstkonzept umfasst alle Selbstwahrnehmungen und -beurteilungen eines Individuums (Mummendey, 2006).

OID wird durch unabhängige menschliche Bedürfnisse motiviert: Durch Unsicherheitsreduktion (Cooper & Thatcher, 2010) sowie Selbstkategorisierung und -aufwertung (Hogg & Terry, 2000; Pratt, 1998). Vor allem in Krisensituationen werden die Unternehmensmitglieder gezwungen zu hinterfragen, was ihr Unternehmen repräsentiert und wie es um ihre Identifikation mit dem Unternehmen steht (Brown, 2017; Farooq et al., 2017; O'Reilly & Chatman, 1986). Das menschliche Verhalten und das Treffen von Entscheidungen werden von der Identifikation mit einer Gruppe geleitet (Tajfel & Turner, 1979). Individuen tendieren dazu, sich selbst und andere in verschiedene soziale Gruppen zu kategorisieren, zu denen auch die Unternehmenszugehörigkeit zählt (Mael & Ashforth, 1992).

Böhm (2008) beschrieb die Entstehung der OID als Ablauf von drei mentalen Prozessen: Auf die soziale Kategorisierung folgt ein sozialer Vergleich. Aus diesem resultiert die soziale Identifikation, welche zur OID führt. Tajfel und Turner (1979) nahmen an, dass die Bewertung Anderer in eine *in-group* und eine *out-group* erfolgt. Sackmann (2007) formulierte ebenfalls, dass die gemeinsam gehaltenen, grundlegenden Überzeugungen einer Gruppe bestimmen, wer zur *in-* bzw. zur *out-group* gehört. Menschen bewerten Gruppen, denen sie angehören positiver, dadurch wird ihr Selbstwertgefühl erhöht (Tajfel & Turner, 1986; White et al., 2018). Jackson (2002) zeigte allerdings, dass eine starke Identifikation auch eine übertrieben positive Bewertung der eigenen Gruppe nach sich ziehen kann. Die Bewertung ist die Konsequenz aus dem Vergleich mit anderen Gruppen. Je geringer das Ansehen einer Gruppe, desto weniger trägt diese zur sozialen Identität bei (Van Dick, Wagner, Stellmacher & Christ, 2005).

In Bezug auf die Forschungsfragen der vorliegenden Arbeit ist festzuhalten, dass das Konzept der OID aus der Sozialen Identitätstheorie abgeleitet wurde (Pratt, 1998; Tajfel & Turner, 1986).

2.3.4 Bezug zum Forschungsmodell dieser Arbeit

Die OID hängt mit dem OCB und der Branding-Diskrepanz zusammen, wobei die OID diesen Zusammenhang vermittelt.

2.3.4.1 Zusammenhang der organisationalen Identifikation mit dem Organizational Citizenship Behavior und der Branding-Diskrepanz

Als Identifikationsziel wurde überwiegend das Kollektiv, d. h. das Unternehmen, erforscht (Ashforth, Harrison & Corley, 2008) – wie auch in der vorliegenden Arbeit. Zum Verständnis der Verbindung zwischen OID und der AV OCB, liefert die Soziale Identitätstheorie den theoretischen Bezugsrahmen (Van Dick et al., 2006). Die Verknüpfung zwischen OID und OCB ist wichtig, da OCB ein zentraler Prädiktor der Arbeitsleistung eines Mitarbeiters ist (Robbins & Judge, 2013).

Ein positiver Zusammenhang zwischen OID und erwünschtem Verhalten für das Unternehmen, d. h. OCB, konnte mehrfach belegt werden (Blader & Tyler, 2009; Dukerich, Golden & Shortell, 2002; Dutton et al., 1994; Mael & Ashforth, 1995; Meleady & Crisp, 2017; Riketta, 2005; Schuh et al., 2016; Van Dick et al., 2006). OID hilft Menschen, einen Sinn aus ihren Erfahrungen zu ziehen und das Selbst zu verankern (Ashforth et al., 2008). Sie reflektiert das Ausmaß der wahrgenommenen Überschneidung zwischen dem Selbstkonzept eines Mitarbeiters und den Zielen des Unternehmens (Haslam, 2011; Van Dick, Christ, Stellmacher, Wagner, Ahlswede, Grubba, Hauptmeier, Höhfeld, Moltzen & Tissington, 2004). Eine starke Identifikation bedeutet, dass ein Mitarbeiter die Charakteristika des Unternehmens in sein Selbstkonzept integriert (Carmeli & Freund, 2002) und sich als Konsequenz verstärkt in OCB engagiert (Lee et al., 2015).

Löhndorf und Diamantopoulos (2014) haben herausgefunden, dass IB OID hervorruft. Die OID der Mitarbeiter wird ebenfalls gestärkt, wenn das Unternehmen über eine einflussreiche Arbeitgebermarke verfügt (Lievens et al., 2007). Mitarbeiter mit einer höheren OID verhielten sich laut Morhart und Kollegen (2009) „markenkongruenter". Ein Mitarbeiter, der sich nicht mit seinem Unternehmen identifiziert, denkt negativer über die $D_{(EB,IB)}$ im Vergleich zu jemandem, der sich mit diesem identifiziert (Kuenzel & Vaux Halliday, 2010). De Roeck, El Akremi und Swaen (2016) betonten, dass externe und interne Stakeholder berücksichtigt werden müssen, wobei dies insbesondere dann gilt, wenn OID erfasst wird. Wird das Unternehmens-Branding durch eine hohe Platzierung in Rankings ausgezeichnet, stärkt dies ebenfalls die OID von Mitarbeitern (Dineen & Allen, 2016).

Robertson und Reicher (1997) verknüpften die Theorie der kognitiven Dissonanz mit der Sozialen Identitätstheorie, um OID mit der Branding-Diskrepanz zu verbinden: Sie sehen soziale Identität als Kernelement des kognitiven Dissonanz-Phänomens an. Robertson (2006) lieferte weitere Belege, dass die soziale Identitäts-Perspektive im Rahmen der Dissonanz wichtig ist. Die beiden Theorien hängen inhaltlich miteinander zusammen, da die soziale Identität von der kognitiven Dissonanz beeinflusst wird (Glasford, Dovidio & Pratto, 2009). Riketta (2005) hat in seiner Meta-Analyse einen positiven Zusammenhang zwischen OID und dem Alter sowie der Betriebszugehörigkeitsdauer herausgefunden.

Bereits Hinrichs (1964) hat gezeigt, dass es eine positive Verknüpfung zwischen Betriebszugehörigkeitsdauer und OID gibt, da sich die Individuen – mit zunehmender Dauer im Unternehmen – an die Unternehmenswerte anpassen. Aus diesem Grund wird die Betriebszugehörigkeitsdauer als Kontrollvariable in dieser Arbeit berücksichtigt.

OID ist auch ein wesentlicher Prädiktor von Leistung und Kündigungsabsicht (Haslam, 2004; Pratt, 1998; Riketta, 2005). In früherer Forschung wurde OID stets als etwas inhärent Positives bezeichnet (Pierce, Kostova & Dirks, 2001). Eine aktuelle Studie von Hekman, Van Knippenberg und Pratt (2016) hat allerdings gezeigt, dass OID auch negativ mit bestimmten Mitarbeiterverhaltensweisen zusammenhängen kann. Nach einem negativen Ereignis werden Mitarbeiter mit neuen Informationen konfrontiert, die ihre OID und damit ihr Verhalten gegenüber dem Unternehmen verändern (Zavyalova, Pfarrer, Reger & Hubbard, 2016) und die mediierende Funktion der OID nahelegen.

2.3.4.2 Organisationale Identifikation als Mediator

Die organisationswissenschaftliche Forschung hat überwiegend Konsequenzen statt Antezedenzien der OID beleuchtet (Cornelissen, Haslam & Balmer, 2007; Wieseke, Ahearne, Lam & Van Dick, 2009). OID kann allerdings auch als Mediator fungieren (Ngo, Loi, Foley, Zheng & Zhang, 2013), weshalb dieses Konstrukt als MV in das Forschungsmodell integriert wird.

Employer Branding steigert ebenfalls die OID der Mitarbeiter (Schlager et al., 2011). Die OID wurde als MV in das Forschungsmodell aufgenommen, da diese als bedeutende intervenierende Variable zwischen Employer Branding und Mitarbeiterverhalten angesehen wird (Maxwell & Knox, 2009) und insbesondere OCB bei Mitarbeitern auslöst (Ahearne, Bhattacharya & Gruen, 2005).

OID unterstützt auch die Entwicklung eines Zugehörigkeitsgefühls und die Kontrolle bei der Arbeit (Ashforth, 2001; Haslam, 2011). Li, Fan und Zhao (2015) sowie Van Knippenberg und Van Schie (2000) stellten fest, dass OID positiv mit AZ zusammenhängt, weil Menschen dazu tendieren, positiv über etwas nachzudenken, dass mit ihnen verbunden ist. Carmeli, Gilat und Waldman (2007), Knight und Haslam (2010) sowie Lee und Kollegen (2015) konnten ebenfalls nachweisen, dass OID zu einer höheren AZ führt.

Das Empfinden von OID ist eine wichtige Vorbedingung für ein Zufriedenheitsgefühl bezüglich der Arbeit (Van Knippenberg & Van Schie, 2000), weshalb die OID als zweite MV vor der

AZ im Forschungsmodell berücksichtigt wird. Auf die AZ wird nachfolgend ausführlich eingegangen.

2.4 Arbeitszufriedenheit

Die Existenz zahlreicher Publikationen zur AZ belegt deren Relevanz für Forschung und Praxis (Knapp, Smith & Sprinkle, 2017; Liebig, 2006; Whitman et al., 2010). Das Forschungsmodell der vorliegenden Studie beinhaltet AZ, da dies eine der meist beforschten Konzepte des subjektiven Wohlbefindens von Mitarbeitern ist (Judge, Thoresen, Bono & Patton, 2001; Weikamp & Göritz, 2016). Bereits Ostroff (1992) sowie Newman, Joseph und Hulin (2010) untermauerten, dass Unternehmen mit zufriedenen Mitarbeitern effektiver sind als diejenigen mit unzufriedenen.

2.4.1 Definition und Erläuterung

Tabelle 13 zeigt Definitionen der AZ.

Tabelle 13: Übersicht: Definitionen der Arbeitszufriedenheit

Autor	Definition
Locke (1969, p. 316)	"Job satisfaction is the pleasurable emotional state resulting from the appraisal of one's job as achieving or facilitating the achievement of one's job values"
Spector (1997, p. 2)	"Job satisfaction can be considered as a global feeling about the job or as a related constellation of attitudes about various aspects or facets of the job"
Brief (1998, p. 10)	"(...) an attitude toward one's job"
Weiss (2002, p. 175)	"(...) a positive (or negative) evaluative judgement one makes about one's job or job situation"
Judge & Kammeyer-Mueller (2012, p. 343)	"(...) an evaluative state that expresses contentment with and positive feelings about one's job"

Anmerkungen. Chronologische Anordnung der Autoren (Quelle: Eigene Darstellung).

Für die vorliegende Arbeit wird die zentrale Definition von Locke (1976, p. 1304) zugrunde gelegt, da sie AZ als globales Konzept beschreibt: "(...) a pleasurable or emotional state resulting from the appraisal of one's job or job experiences".

AZ ist eine multidimensionale, psychologische Reaktion auf die eigene Tätigkeit. Diese Reaktionen haben eine kognitive, affektive und eine Verhaltenskomponente (Hulin & Judge, 2003). Die AZ bezieht sich auf das Ausmaß, mit dem Menschen Zufriedenheit mit intrinsischen und extrinsischen Merkmalen ihrer Tätigkeit berichten (Smith, Kendall & Hulin, 1969; Spector, 1997; Warr, Cook & Wall, 1979). Die AZ ist für Unternehmen von großer Bedeutung (Westover, 2011), da sie ein wichtiges Attribut darstellt, das sich Unternehmen für ihre Mitarbeiter wünschen (Oshagbemi, 2003). AZ ist ferner ein Indikator der psychischen Gesundheit eines Individuums, aber auch des organisationalen Erfolgs (Spector, 1997).
Um über zufriedene Kunden zu verfügen, muss ein Unternehmen zunächst einmal zufriedene Mitarbeiter haben. Die Zufriedenheit mit der Kommunikation und das Organisationsklima haben ebenfalls eine Auswirkung auf die Arbeitsleistung (Goris, 2007). Um häufige Verwechslungen auszuschließen, wird AZ vom Organisationsklima abgegrenzt.

2.4.2 Abgrenzung zum Organisationsklima

Zur Unterscheidung zwischen AZ und Organisationsklima formulierten Von Rosenstiel und Bögel (2014), dass AZ den Fokus auf das Individuum und die Arbeit legt. Das Organisationsklima betrachtet das soziale Aggregat und die gesamte Organisation und wird durch Beschreibung erfasst.

In der vorliegenden Arbeit steht das Individuum im Erkenntnisinteresse, da Mitarbeiter nach ihrer individuellen Einschätzung gefragt werden und AZ somit als das angemessene Konstrukt für diese Arbeit rechtfertigen.

2.4.3 Zugrunde liegender theoretischer Ansatz: Bedürfnispyramide und Zwei-Faktoren-Theorie der Motivation

Fast alle Theorien zur AZ sind motivationale Theorien oder basieren auf motivationalen Konzepten (Kanfer, 1992; Kanfer & Chen, 2016; Six & Kleinbeck, 1989). Die Forschung zeigte, dass Mitarbeiter, die ihre Motive erfüllen können, zufrieden sind (Schuster & Finkelstein, 2006). Zentral sind die Motivationsmodelle von Maslow (1954) sowie Herzberg, Mausner, Snyderman und Bloch (1959). Maslow (1954) kategorisierte fünf Bedürfnisklassen, bei denen jeweils das vorangegangene Bedürfnis befriedigt sein muss, bevor das Bedürfnis einer übergeordneten Stufe erfüllt werden kann. Die Bedürfnispyramide umfasst von unten nach oben aufgezählt folgende Bedürfnisse:

- Physiologische Bedürfnisse
- Sicherheitsbedürfnisse
- Soziale Bedürfnisse
- Geltungsbedürfnisse
- Bedürfnis nach Selbstverwirklichung.

Dieser Ansatz ist auch in der Praxis weitverbreitet. Er wurde jedoch auch kritisiert, da es keine konsistenten Belege dafür gibt, dass die Zufriedenheit eines Bedürfnisses an Bedeutung verliert und die Bedeutung der nächsten Bedürfnisebene erhöht (Wahba & Bridwell, 1976).

In ihrer Zwei-Faktoren-Theorie der Motivation nahmen Herzberg und Kollegen (1959) an, dass AZ und Arbeitsunzufriedenheit durch verschiedene Faktoren ausgelöst werden. Herzberg et al. (1959) waren die ersten Forscher, die AZ und Arbeitsunzufriedenheit als zwei voneinander unabhängige Dimensionen betrachtet haben. Sie benannten die mit Unzufriedenheit assoziierten Arbeitsbedingungen als „Hygienefaktoren“. Hierzu zählen der Kontext, die Qualität des Führungsverhaltens, das Gehalt, die Firmenpolitik, die Qualität sozialer Beziehungen sowie die Sicherheit des Arbeitsplatzes (French et al., 2008). Der Theorie zufolge kann durch Verbesserung der Hygienefaktoren Unzufriedenheit zwar abgebaut, Zufriedenheit jedoch nicht gleichzeitig aufgebaut werden. Den Hygienefaktoren stehen die mit Zufriedenheit assoziierten „Motivationsfaktoren“ gegenüber. Hierzu zählen Möglichkeiten zur persönlichen Weiterentwicklung, Anerkennung, Verantwortung sowie interessante Aufgaben (French et al., 2008), welche im Rahmen der vorliegenden Forschungsfragen hinsichtlich des OCB relevant sind. Zur empirischen Bewährung der Zwei-Faktoren-Theorie liegen widersprüchliche Ergebnisse vor. Der Nachweis zweier unabhängiger Zufriedenheitsdimensionen gelang insbesondere dann nicht zuverlässig, wenn mit anderen Erhebungsverfahren als der von Herzberg und Kollegen (1959) verwendeten Interview-Methode gearbeitet wurde (French et al., 2008).

Parallelen zwischen den Modellen von Maslow (1954) und Herzberg et al. (1959) bestehen darin, dass die unteren Ebenen in der Bedürfnispyramide den Hygienefaktoren entsprechen, die beiden oberen Ebenen den Motivationsfaktoren (Six & Kleinbeck, 1989). Die beiden Modelle haben zahlreiche Forschungsarbeiten zur AZ angeregt (Six & Kleinbeck, 1989). Über die adäquate Messung der AZ herrscht jedoch immer noch Unklarheit (French et al., 2008; Oliver, 1997).

Ein aktuelleres Modell ist beispielsweise das sog. „Zürcher Modell“ der Arbeitszufriedenheit (Baumgartner & Udris, 2006; vgl. Bruggemann, 1976). In diesem Modell wurde die AZ erstmals qualitativ – anhand von AZ-Typen – statt quantitativ erfasst, um dem dynamischen Charakter der AZ gerecht zu werden. Da im Rahmen der vorliegenden Arbeit jedoch eine quantitative Online-Befragung durchgeführt wurde, wurden die klassischen theoretischen Ansätze der Bedürfnispyramide und der Zwei-Faktoren-Theorie der Motivation zugrunde gelegt.

2.4.4 Bezug zum Forschungsmodell dieser Arbeit

Die AZ hängt mit allen zentralen Variablen des Modells zusammen und mediiert diese Zusammenhänge.

2.4.4.1 Zusammenhang der Arbeitszufriedenheit mit soziodemografischen Angaben, Branding und Organizational Citizenship Behavior

Die AZ wurde sowohl quantitativ als auch qualitativ erforscht (Bruggemann, 1976; Büssing, 1992). In zahlreichen Studien konnte belegt werden, dass AZ mit Alter, Bildung und Betriebszugehörigkeitsdauer zusammenhängt (Bos, Donders, Bouwman-Brouwer & Van der Gulden, 2009; Rhodes, 1983). In Bezug auf das Alter kann dies einerseits daran liegen, dass sich ältere Menschen generell positiver einschätzen als jüngere (Williams & Harter, 2010) oder andererseits, dass ältere Mitarbeiter eine kürzere zeitliche Perspektive einnehmen, da sie näher am Eintritt in den Ruhestand sind (Kooij, Jansen, Dikkers & De Lange, 2010). Folgt man Oshagbemi (2003), so war allerdings immer noch unklar, ob es sich zwischen AZ und Alter um einen linearen oder einen kurvenlinearen Zusammenhang handelt. Die genannten soziodemografischen Variablen wurden als Kontrollvariablen in das Forschungsmodell integriert.

Bereits Love und Singh (2011) haben die Durchführung einer Studie empfohlen, welche die Effekte des Brandings auf die AZ erforscht. Erste Hinweise auf einen negativen Zusammenhang zwischen einer wahrgenommenen Branding-Diskrepanz und der AZ lieferte Gounaris (2008). Du Preez und Bendixen (2015) zeigten hingegen, dass es sich dabei um einen positiven Zusammenhang handelt, wenn das IB positiv wahrgenommen wird.

Untersucht wurden darüber hinaus auch Zusammenhänge zwischen AZ und Arbeitsleistung (Alessandri, Borgogni & Latham, 2017; Judge et al., 2001; Riketta, 2008; Schleicher, Watt & Greguras, 2004), Qualität der Arbeitsergebnisse (Ferreira, 2009), Unternehmensverdiensten (Tenney, Poole & Diener, 2016), Arbeitsmotivation (Locke & Latham, 1990), Engagement (Yalabik, Popaitoon, Chowne & Rayton, 2013), Fehlzeiten und Kündigung (Clark, Peters & Tomlinson, 2005) sowie Mitarbeitergesundheit (Podsakoff, LePine & LePine, 2007). Die AZ hat auf alle genannten Variablen einen positiven Effekt. Ausnahmen bilden jedoch Fehlzeiten und Kündigung, hier ist der Effekt jeweils negativ (Rasch & Harrell, 1990).

Des Weiteren wird die AZ immer wichtiger, da Arbeitsplätze zunehmend transparenter werden (Hoeffler, Bloom & Keller, 2010). Diese Transparenz ergibt sich auch aufgrund von jährlichen Befragungen und Rankings, wie z. B. „Great Place To Work“ und „trendence Young Professional Barometer“.

Chiu und Chen (2005) sowie Lee und Allen (2002) wiesen bereits positive Korrelationen zwischen AZ und OCB nach. Huang, Wright, Chiu und Wang (2008) konnten allerdings keine signifikante Korrelation zwischen AZ und OCB zeigen. Ein weiteres Konzept, das im Zusammenhang mit AZ und OCB wichtig ist, ist die sog. *work centrality*. Diese beschreibt die Bedeutung, die Individuen dem Stellenwert der Arbeit in ihrem Leben beimessen (Paullay, Alliger & Stone-Romero, 1994). Ziegler und Schlett (2016) haben herausgefunden, dass *work centrality* sowohl mit AZ als auch mit OCB zusammenhängt. Whitman et al. (2010) forderten, dass die AZ verstärkt als Mediator in Bezug auf Unternehmensvariablen wie OCB untersucht werden sollte. Diese umfangreichen Forschungsbemühungen belegen die herausragende Relevanz der AZ als MV.

2.4.4.2 Arbeitszufriedenheit als Mediator

Hinsichtlich des Zusammenhangs der AZ und des Brandings beschrieben Miles und Mangold (2004), dass AZ als Konsequenz des internen Markenaufbauprozesses angesehen wird. Ein positives Branding kann eine Quelle zufriedener Mitarbeiter sein, daher wird die AZ als Mediator in das Forschungsmodell miteinbezogen (Sengupta et al., 2015). Unternehmen, die sich z. B. mehr in Employer Branding engagieren, haben motiviertere Mitarbeiter (Biswas & Suar, 2016), was letztlich zu einem größeren Unternehmenserfolg führt (Schlager et al., 2011).

Ilies, Scott und Judge (2006) vermuteten, dass AZ ein Mediator zwischen individuellen Eigenschaften und OCB sein könnte. Dies stellt einen weiteren Grund dar, weshalb die AZ als Mediator im vorliegenden Forschungsmodell fungiert. Studien zum Zusammenhang zwischen AZ und OCB haben neben Bateman und Organ (1983) auch Moorman, Deshpandé und Zaltman (1993), Spector (1997) sowie Williams und Anderson (1991) durchgeführt und eine positive Korrelation bestätigt. Aktuelle Studien von Bryson, Forth und Stokes (2017) sowie Meneghel, Borgogni, Miraglia, Salanova und Martínez (2016) stützten diese Ergebnisse, da sie jeweils belegen konnten, dass zufriedene Mitarbeiter sich mehr für ihr Unternehmen einsetzen als von ihnen verlangt wird. Riketta (2008) konnte darüber hinaus zeigen, dass AZ zu OCB führt, OCB allerdings nicht zwangsläufig zu AZ. Es wird angenommen, dass zufriedenere Mitarbeiter leichter OCB entwickeln, was auf einer Reziprozitätsbeziehung basiert (Vigoda-Gadot & Cohen, 2004). Auch Smith, Organ und Near (1983) bestätigten die mediierende Wirkung der AZ in Bezug auf die AV OCB.

Die zeitliche Reihenfolge der drei Mediatoren kommt in der vorliegenden Arbeit dadurch zustande, dass zunächst eine positiv wahrgenommene UK existieren muss, die zu einer Identifikation mit dem Unternehmen führt (Millward & Haslam, 2013). Identifizieren sich die Mitarbeiter in der Folge mit dem Unternehmen, so sind sie mit ihrer Arbeit zufriedener (Van Knippenberg & Van Schie, 2000). Aus diesen Gründen wird die AZ als dritte MV im Forschungsmodell berücksichtigt, die zu OCB führt. Das nächste Teilkapitel setzt sich mit dem OCB auseinander.

2.5 Organizational Citizenship Behavior

OCB beschreibt ein Verhalten, sich freiwillig und aus eigener Initiative heraus für das Wohlergehen des Unternehmens zu engagieren (Borman & Motowidlo, 1993, 1997; Rich, LePine & Crawford, 2010; Steffen & Externbrink, 2017).

OCB bietet zahlreiche positive Aspekte für ein Unternehmen (Bolino & Grant, 2016; Podsakoff, Podsakoff, MacKenzie, Maynes & Spoelma, 2014). Es sorgt für das Funktionieren eines Unternehmens und fördert die dafür notwendigen Verhaltensweisen der Mitarbeiter (Methot et al., 2017; Ong et al., 2018; Peng & Chiu, 2010). Die Relevanz des OCB für die Forschung belegen umfassende, aktuelle Studien (z. B. Li, Chiaburu & Kirkman, 2017; Liu,

Chen & Holley, 2017; Newman, Schwarz, Cooper & Sendjaya, 2017; Shin, Kim, Choi, Kim & Oh, 2017; Tosti-Kharas, Lamm & Thomas, 2017).

2.5.1 Definition und Erläuterung

Zur Begriffsbestimmung liefert Tabelle 14 Definitionen des OCB.

Tabelle 14: Übersicht: Definitionen des Organizational Citizenship Behaviors

Autor	Definition
Organ (1988, p. 4)	"(…) individual behavior that is discretionary, not directly or explicitly recognized by the formal reward system, and that in the aggregate promotes the effective functioning of the organization"
Schnake, Dumler & Cochran (1993, p. 352)	"(…) a type of discretionary job performance in which employees go beyond formal job descriptions and engage in helping behaviors aimed at individuals or the overall organization"
Schultz, Bagraim, Potgieter, Viedge & Werner (2003, p. 221)	"(…) behaviors of employees which are outside the scope of approved organizational norms"

Anmerkungen. Chronologische Anordnung der Autoren (Quelle: Eigene Darstellung).

Für die vorliegende Arbeit wird die zentrale Definition von Organ (1997, p. 92) zugrunde gelegt, da es sich bei dieser um die ergänzte Version der ursprünglichen Definition von Organ (1988) handelt: "(…) people's willingness to help colleagues and work associates and their disposition to cooperate in varied and mundane forms to maintain organized structures that govern work".

Das Standardwerk zum OCB von Organ (1988) trägt den Titel *Organizational Citizenship Behavior: The Good Soldier Syndrome.* Das Konzept des OCB wurde früher im militärischen Kontext verwendet, um die Rolle des „guten Soldaten" zu beschreiben (Borman, Motowidlo, Rose & Hanser, 1983). OCB beschreibt Mitarbeiter, die sich – über ihre vertraglichen Pflichten hinaus – für ihre Kollegen und ihr Unternehmen engagieren. Für dieses Engagement in OCB wird dem Mitarbeiter kein expliziter Anreiz und auch keine direkte Belohnung gewährt (Van Dick, 2004). Li, Zhao, Walter, Zhang und Yu (2015, p. 1026) sprachen von "*extra milers*", d. h. Mitarbeitern, die die „Extra-Meile gehen".

OCB zeigt die allgemeinen Charakteristika von proaktivem Verhalten (Parker & Bindl, 2017), welches einen lang andauernden Prozess darstellt (Sonnentag & Starzyk, 2015). OCB wird als

Prototyp prosozialer, organisationaler Verhaltensweisen angesehen (Batson & Shaw, 1991; Bolino & Grant, 2016; Dutton & Glynn, 2008; Michel, 2017; Rösner, 2016). Unter prosozialem Verhalten werden freiwillige Handlungen verstanden, die zum Wohlergehen Anderer beitragen und einen Nutzen für diese haben (Michel, 2017; Rösner, 2016). Zu prosozialem Verhalten können Unterstützung, das Aushalten von Inkonsistenzen im Unternehmen, das Tätigen konstruktiver Veränderungsvorschläge oder ein herausragendes, kooperatives Verhalten gezählt werden (Hogg & Vaughan, 2013; Organ et al., 2006). OCB führt zu reziproken Bindungen zwischen Kollegen im Unternehmen (Halbesleben & Wheeler, 2015) und umfasst freiwilliges Arbeitsengagement, wie beispielsweise

- spontane Hilfe am Arbeitsplatz,
- unaufgeforderte Mehrarbeit,
- tolerantes Verhalten gegenüber arbeitsbedingten Unannehmlichkeiten,
- Eigeninitiative bei der beruflichen Weiterbildung,
- Auftreten als positiver Imageträger,
- keine Zeitverschwendung bei der Arbeit sowie
- Bewahrung des Unternehmens vor Schaden (Bailey et al., 2017; Schnake, 1991).

Das Konzept OCB besteht aus fünf Dimensionen: Altruismus, Gewissenhaftigkeit, Sportsgeist, Höflichkeit und organisationales Interesse (Organ, 1988; Podsakoff, MacKenzie, Moorman & Fetter, 1990). Altruismus und Gewissenhaftigkeit sind enger gefasst als von Smith und Kollegen (1983) definiert. Sportsgeist bedeutet, dass ein Mitarbeiter unter weniger optimalen Umständen dennoch in der Lage ist, Leistung zu erbringen. Höflichkeit beinhaltet Mitarbeiterverhalten, das eine Problementstehung zu vermeiden versucht. Organisationales Interesse umschreibt das generelle Interesse des Mitarbeiters an Unternehmensprozessen mitzuwirken. Podsakoff und MacKenzie (1997) haben weitere Dimensionen des OCB erarbeitet. LePine et al. (2002) haben diese in Untergruppen eingeordnet. Die fünf ursprünglichen Dimensionen (Organ, 1988) wurden mehrfach empirisch untersucht. LePine und Kollegen (2002) sahen allerdings immer noch großen Forschungsbedarf bezüglich der Identifikation von OCB-Dimensionen, da sich diese nicht stark voneinander unterscheiden.

In einer Meta-Analyse haben Podsakoff und Kollegen (2000) Determinanten für das Entstehen von OCB zusammengetragen. Sie leiteten vier Kategorien ab, die besondere Berücksichtigung gefunden haben:

- Eigenschaften der Mitarbeiter,

- der Tätigkeit,
- der Organisation sowie
- Führungsverhalten.

Mitarbeitereigenschaften beziehen sich auf einen affektiven Faktor, wie z. B. Mitarbeiterzufriedenheit und Wahrnehmung von Unterstützung durch den Vorgesetzten (Organ & Ryan, 1995). Tätigkeitseigenschaften beinhalten insbesondere Feedback und intrinsische Zufriedenstellung. Hinzu kommt das Führungsverhalten, welches auf die vorgenannten Aspekte einen Einfluss hat. Ein Engagement in OCB wird wahrscheinlicher, wenn sich Mitarbeiter in einer vertrauensvollen Führungssituation befinden (Podsakoff et al., 2000). Podsakoff und Mac Kenzie (1997) schlussfolgerten aus der Analyse mehrerer Studien, dass OCB mit organisationaler Effektivität zusammenhängt. Altruismus und Höflichkeit verbessern die Qualität der Leistung und erhöhen den Sportsgeist, organisationales Interesse hingegen die Quantität der Leistung. Podsakoff und MacKenzie (1997) führten außerdem mehrere Gründe an, wie die Leistung von Mitarbeitern durch OCB beeinflusst wird. OCB korreliert darüber hinaus mit organisationaler Effizienz (Podsakoff et al., 2009).

Vor allem für die Nachhaltigkeit von Unternehmen ist es wichtig, dass Mitarbeiter ihre Aufgaben nicht nur im Kontext ihrer Tätigkeitsbeschreibung erfüllen (Katz, 1964). OCB ist für die Entwicklung von Humankapital im Unternehmen relevant (Bolino et al., 2002). Allgemein wird OCB mit organisationaler Effektivität verknüpft (Coldwell et al., 2014). Borman (2004) und Sevi (2010) zeigten jedoch, dass dies nicht immer der Fall sein muss. Es wurde argumentiert, dass die Motivation von Mitarbeitern auch davon abhängt, wie sich Mitarbeiter im organisationalen Leben definieren und bewerten (De Cremer & Tyler, 2005).

Eine wichtige Konzeptualisierung des OCB stammte von Williams und Anderson (1991). Diese differenzierten OCB in Kategorien anhand des jeweiligen Ziels: Verhaltensweisen für den Nutzen anderer Individuen (I) bezeichnen sie als OCBI, während Verhaltensweisen für den Organisationsnutzen (O) mit OCBO abgekürzt werden. Anhand dieses Schemas können alle OCB-Dimensionen von Organ (1988, 1990) abgedeckt werden. OCBI umfasst Aktivitäten wie spontanes Aushelfen bei schwierigen Aufgaben, freundliches Eingehen auf tätigkeitsbezogene Fragen sowie freiwillige Mehrarbeit, wenn andere Unternehmensmitglieder ausfallen oder in Verzug geraten (Bourdage, Lee, Lee & Shin, 2012; Liu et al., 2017). Beispiele für OCBO sind hingegen, das Unternehmen nach außen hin in gutem Licht erscheinen zu lassen, auch in schwierigen Zeiten zum Unternehmen zu stehen sowie innerhalb des Unternehmens Aufgaben zu übernehmen, die nicht Teil vertraglicher Vereinbarungen sind (Bourdage et al., 2012; Liu et al., 2017). Für die vorliegende Arbeit ist besonders das OCBO von Interesse, da das Mitarbeiterverhalten gegenüber dem Unternehmen betrachtet wird.

Rioux und Penner (2001) haben motivationale Ursachen identifiziert, die OCB bedingen: Zu diesen zählen prosoziale Werte und organisationale Anliegen. Katz (1964) führte die Unterscheidung in *extra role-* und *in role-*Verhaltensweisen ein. Extra-Rollen-Verhalten, OCB und prosoziales Verhalten sind ähnliche Konzeptualisierungen, die sich auf Arbeitsanforderungen beziehen und für das Unternehmen nützlich sind (Lee, 1971; Michel, 2017; Parker, Williams & Turner, 2006; Schnake, 1991).

Citizenship umfasst eine Vielzahl an Extra-Rollen-Verhaltensweisen, die zur organisationalen Effektivität beitragen und nicht explizit eingefordert werden (Lavelle, Rupp & Brockner, 2007; LePine et al., 2002; Organ, 1997; Truxillo, Cadiz & Rineer, 2012). Donia, Johns und Raja (2016) regten in diesem Kontext an, die prosozialen und organisationalen Motive für OCB noch detaillierter zu erforschen.

Um gerade im Branding-Kontext dieser Arbeit Missverständnissen zwischen OCB und den verwandten Begriffen des *Brand Citizenship Behaviors* sowie des allgemeinen Arbeitsengagements vorzubeugen, werden diese drei Begriffe voneinander abgegrenzt.

2.5.2 Abgrenzung zum Brand Citizenship Behavior und Arbeitsengagement

In der wissenschaftlichen Auseinandersetzung mit dem OCB im Branding-Kontext stößt man unweigerlich auf das Konzept des *Brand Citizenship Behaviors (BCB)*. BCB wurde aus der Forschung zum OCB abgeleitet (Zeplin, 2006). Dieses bezeichnet markenkonformes Mitarbeiterverhalten, welches ein Verständnis der Marke sowie eine Identifikation mit dieser voraussetzt (Piehler et al., 2016). Zur Verknüpfung des OCB mit dem Branding definierten Burmann und Zeplin (2005) das BCB wie folgt: BCB ist nicht nur der markenorientierte Teil des OCB, sondern geht über das OCB hinaus. BCB beinhaltet ferner auch externe Stakeholder, OCB ist hingegen ein intraorganisational verortetes Konstrukt. Nach Piehler (2011, S. 303) war BCB darauf aufbauend ein „(…) *globales Konzept, welches alle Verhaltensweisen eines Mitarbeiters umfasst, die im Einklang mit der Markenidentität und dem Markennutzenversprechen stehen und in Summe die Marke stärken* (…)“.

Abbildung 7 veranschaulicht den Zusammenhang zwischen den Konstrukten des OCB und BCB mit dem jeweiligen Fokusbereich auf das Unternehmen bzw. auf die Marke sowie die entsprechenden Zielgruppen.

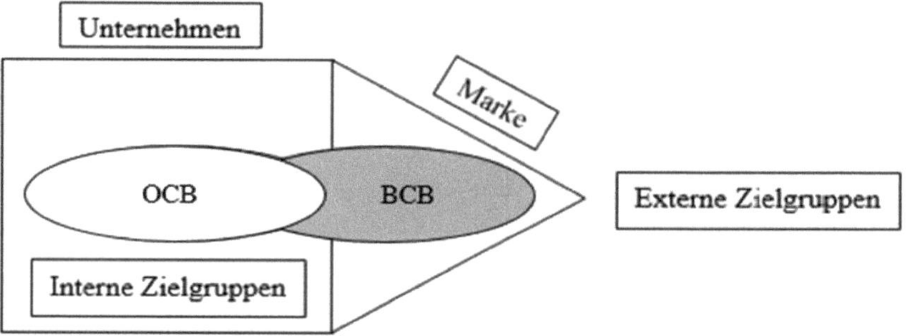

Abbildung 7: Zusammenhang zwischen OCB: Organizational Citizenship Behavior und BCB: Brand Citizenship Behavior (Quelle: Eigene Darstellung in Anlehnung an Zeplin, 2006, S. 77).

Die angeführten Definitionen zeigen, dass OCB als intraorganisationale Komponente angesehen wird, wohingegen BCB auch nach außen gerichtete Verhaltensweisen miteinbezieht. Für die vorliegende Arbeit liegt der Fokus auf dem intraorganisationalen Aspekt, d. h. auf dem OCB.

Des Weiteren soll OCB vom Konzept des allgemeinen Arbeitsengagements abgegrenzt werden. Saks (2006, 2017) definierte Arbeitsengagement als einzigartiges Konzept, das kognitive, emotionale und Verhaltenskomponenten umfasst, die mit individuellem Rollenverhalten in Verbindung stehen. Für Schaufeli, Salanova, González-Romá und Bakker (2002) war Arbeitsengagement ein positiver, arbeitsbezogener Zustand, der von Energie und Hingabe lebt. OCB geht jedoch über das Arbeitsengagement hinaus, da es freiwillige, nicht belohnte Verhaltensweisen beinhaltet und auf dem sozialen Austausch-Prinzip basiert (vgl. Bakker, 2017).

2.5.3 Zugrunde liegender theoretischer Ansatz: Soziale Austauschtheorie

Die Soziale Austauschtheorie wird häufig herangezogen, um das Phänomen des OCB zu erklären (Blau, 1964; Cohen, Ben-Tura & Vashdi, 2012; Konovsky & Pugh, 1994; Philippaers, De Cuyper & Forrier, 2017) und das Verhalten am Arbeitsplatz zu verstehen (Cropanzano &

Mitchell, 2005). Die Soziale Austauschtheorie verbindet Forschungsdisziplinen der Anthropologie (Sahlins, 1972), der Sozialpsychologie (Homans, 1958) und der Soziologie (Blau, 1964). Trotz der zahlreichen Perspektiven aus denen ein sozialer Austausch betrachtet werden kann, stimmen Forscher überein, dass sozialer Austausch immer Interaktionen beinhaltet, die Verpflichtungen nach sich ziehen (Emerson, 1976). Akteure tauschen in einem reziprozitätsbasierten Prozess Ressourcen aus, um Vorteile zu generieren, die sie alleine nicht erreichen können (Cropanzano, Anthony, Daniels & Hall, 2017).

Viele soziale Beziehungen – auch Arbeitsbeziehungen – werden als Austauschbeziehungen angesehen. Diese Austauschbeziehungen wurden nach Blau (1964) in wirtschaftliche und soziale Beziehungen kategorisiert. In wirtschaftlichen Austauschbeziehungen wird der Austausch durch einen formalen Vertrag eindeutig festgelegt. In sozialen Austauschbeziehungen bleibt eine Gegenleistung erst einmal unspezifisch. Es besteht keine Gewissheit, dass diese grundsätzlich eingehalten wird (Blau, 1964). An dieser Stelle kann eine Verknüpfung zum psychologischen Vertrag hergestellt werden (Guest, 2017; Rousseau, 1998), da es sich hierbei um die unausgesprochene Verpflichtung in einer sozialen Interaktionsbeziehung handelt (Coyle-Shapiro, 2002; Moser, 2002).

Die Theorie konstatiert, dass der direkte Austausch von Belohnungen in sozialen Interaktionen im Sinne einer ausgleichenden Gerechtigkeit zentral ist (Blau, 1964; Homans, 1958). Reziprozität zählt als wichtigste Grundregel des Austauschs (Gouldner, 1960). Laut der Theorie zeigen zufriedene Mitarbeiter als Gegenleistung positive Verhaltensweisen, von denen das Unternehmen profitiert (Organ & Ryan, 1995).

Die soziale Austauschbeziehung erfordert Vertrauen statt Belohnung (Blau, 1964). In Bezug auf die vorliegenden Forschungsfragen bedeutet dies entsprechend, dass Mitarbeiter für das Engagement in OCB keine direkte, unmittelbare Belohnung erwarten (Organ, 1988).

2.5.4 Bezug zum Forschungsmodell dieser Arbeit

Der Bezug zum Forschungsmodell ergibt sich durch die Darstellung des Zusammenhangs des OCB mit den zentralen Konstrukten des Modells und der Begründung, weshalb OCB darin als AV fungiert.

2.5.4.1 Zusammenhang des Organizational Citizenship Behaviors mit Arbeitszufriedenheit, organisationaler Identifikation, Unternehmenskultur und Branding

Das individuelle OCB wird durch intraindividuelle Konstrukte, wie z. B. AZ (Ilies, Fulmer, Spitzmuller & Johnson, 2009), Vertrauen oder Fairness verursacht (Chen, Lam, Schaubroeck & Naumann, 2002). Organ (1990) beobachtete, dass zufriedene Individuen eher OCB zeigen als unzufriedene. Ein positiver Zusammenhang zwischen OCB und AZ wurde bereits mehrfach belegt (Chiu & Chen, 2005; Lee & Allen, 2002; LePine et al., 2002; Organ & Ryan, 1995; Podsakoff et al., 2000; Wilkin, 2013), weshalb im Forschungsmodell von einem Einfluss des dritten Mediators AZ auf das OCB ausgegangen wird. AZ wird als wichtigste Variable angesehen, um das Auftreten von OCB zu erklären (Organ & Ryan, 1995).

Weitere Hauptprädiktoren des OCB sind eine proaktive Persönlichkeit (Li, Liang & Crant, 2010) sowie Gewissenhaftigkeit (Chiaburu, Oh, Berry, Li & Gardner, 2011). Das Engagement in OCB verbessert sich auch durch das Vorhandensein von OID (Dukerich et al., 2002; Meleady & Crisp, 2017; Tyler & Blader, 2000). Jo und Joo (2011) haben den positiven Zusammenhang zwischen UK und OCB belegt. Sowohl UK als auch OCB sind nach innen gerichtete Konstrukte, wobei sich das OCB von Mitarbeitern je nach UK unterschiedlich äußert (Connelly et al., 2011b). Asha und Jyothi (2013) berichteten zudem einen positiven Zusammenhang zwischen Branding und OCB.

Es bestehen allerdings auch negative Effekte des OCB (Bolino & Grant, 2016; Koopman, Lanaj & Scott, 2016). Einen ausführlichen Überblick lieferten Bolino, Klotz, Turnley und Harvey (2013). Auch Rotundo und Sackett (2002) vertieften das Verständnis zum sog. *counterproductive behavior*. Die Thematik OCB und Mitarbeiterfehlverhalten wird aktuell von Yam, Klotz, He und Reynolds (2017) diskutiert. Ferner erläuterten Glaser, Stam und Takeuchi (2016) allgemeine Risiken der Proaktivität. Das bisherige theoretische Verständnis im Hinblick auf positive und negative Aspekte des OCB ist jedoch noch unvollständig (Bolino et al., 2015).

Kim, Liu und Diefendorff (2015) haben eine Untersuchung empfohlen, ob länger zugehörige Mitarbeiter eines Unternehmens bessere Leistungen zeigen, wenn sie sich in OCB engagieren. Das sich ältere Mitarbeiter allgemein mehr in OCB engagieren, wurde von bisheriger Forschung bestätigt (Ng & Feldman, 2008, 2010). Die Studienergebnisse sind allerdings inkonsistent (Weikamp & Göritz, 2016).

Bierhoff, Müller und Küpper (2000) haben eine deutsche Version des Fragebogens zur Erfassung des prosozialen Arbeitsverhaltens (GOCBQ) entwickelt. Der Fokus liegt hierbei lediglich auf der Altruismus-Dimension. Der GOCBQ lässt sich in verschiedenen Berufsbereichen anwenden, da sich OCB als AV im organisationalen Kontext eignet.

2.5.4.2 Organizational Citizenship Behavior als abhängige Variable

Für das Forschungsmodell kommt OCB eine Besonderheit zu, da es die AV ist, die erklärt werden soll. OCB ist eine der bedeutendsten Variablen im Unternehmenskontext (Organ et al., 2006; Weikamp & Göritz, 2016), denn es fördert die organisationale Effizienz und Effektivität (Organ et al., 2006).

Podsakoff und MacKenzie (1997) sowie Weikamp und Göritz (2016) legten dar, dass zukünftige Forschung auf diesem Gebiet nötig ist. Sie betonen darüber hinaus, dass mögliche Mediatoren untersucht werden sollten, die den Zusammenhang zwischen OCB und organisationaler Leistung vermitteln. Lücken in der OCB-Forschung bestehen darin, dass eine Vielzahl an Dimensionen identifiziert wurden (Podsakoff & MacKenzie, 1997), welche jedoch nicht eindeutig voneinander abgegrenzt sind (Podsakoff et al., 2000). Außerdem wurden neben OCB auch ähnliche Verhaltenskonstrukte ermittelt, die nicht klar differenziert sind. Ein systematischer Literaturüberblick wurde letztmals von LePine und Kollegen (2002) erstellt, sodass hier ebenfalls ein Bedarf gegeben ist, sich detaillierter mit dem Konstrukt des OCB auseinanderzusetzen.

Parker, Wall und Cordery (2001) sowie Grant (2007) regten an, dass zukünftige Forschungsarbeiten Job-Charakteristika mit OCB verknüpfen sollten, da diese laut einer Studie von Podsakoff und Kollegen (2000) bislang ignoriert wurden. Unternehmen sollten Mitarbeiter rekrutieren, die sich eher in OCB engagieren, obgleich die Beziehung zwischen dispositionalen Charakteristika und OCB eher schwach ist (Organ et al., 2006). Es wurde jedoch aufgezeigt, dass Persönlichkeitseigenschaften wie Gewissenhaftigkeit und Verträglichkeit (Ilies et al., 2006) sowie ein Zukunftsfokus (Strobel, Tumasjan, Spörrle & Welpe, 2013) das Engagement in OCB steigern.

Die Mediatoren, die in diesem Zusammenhang bislang erforscht wurden, bilden das Wirkgefüge im Unternehmen noch nicht vollständig ab (Chen, Boucher & Tapias, 2006). Bei den drei

Variablen UK, OID und AZ handelt es sich um Mediatoren, die den Zusammenhang zwischen der Branding-Diskrepanz und dem OCB vermitteln. Feather und Rauter (2004) lieferten bereits Studienergebnisse dafür, dass sowohl der Zusammenhang zwischen UK und OCB durch OID vermittelt wird als auch dafür, dass der Zusammenhang zwischen OID und OCB durch AZ mediiert wird. Nach Hart, Gilstrap und Bolino (2016) stellten die angeführten Einflussfaktoren in Bezug auf das OCB ebenfalls keine Moderatorvariablen dar, sondern MV. Eine Moderatorwirkung wird somit im Rahmen dieser Arbeit aufgrund der existierenden Literatur nicht angenommen (Knight & Haslam, 2010; Steffen & Externbrink, 2017; Yalabik et al., 2013).

Die Entscheidung für die drei zu untersuchenden Mediatoren UK, OID und AZ liegt darin begründet, dass frühere Forschungsarbeiten auf die Notwendigkeit ihrer Untersuchung im vorliegenden Wirkgefüge hinweisen (Hoeffler et al., 2010; Ngo et al., 2013; Whitman et al., 2010). Ursachen, die das OCB erklären, wurden bislang nicht ausreichend beleuchtet (Hart et al., 2016). Die vorliegende Studie schafft durch das Forschungsmodell mit drei Mediatoren Abhilfe. OCB ist ein Konstrukt, das vertieft als AV erforscht werden sollte (Vough, Bindl & Parker, 2017). In Anlehnung an die Empfehlung von Mo und Shi (2017) wird die Analyse des OCB in einem seriellen multiplen Mediationsmodell realisiert. Wie ausführlich dargelegt, existieren in Bezug auf Branding und OCB jedoch einige Forschungslücken, die nachfolgend skizziert werden.

2.6 Forschungslücken

Die vorliegende Arbeit trägt zur aktuellen Forschung auf den Gebieten des Brandings und des OCB durch Thematisierung der folgenden drei Forschungslücken bei:

1. Die $D_{(EB,IB)}$ wird erstmals analysiert und auf das OCB angewandt (Davies & Chun, 2002; Price & Gioia, 2008).
2. Die Vorzeichen dieser Diskrepanz werden hinsichtlich des OCB explizit berücksichtigt (Keon, Latack & Wanous, 1982; Kressmann, Sirgy, Herrmann, Huber, Huber & Lee, 2006; Sirgy, Grewal, Mangleburg, Park, Chon, Claiborne, Johar & Berkman, 1997).
3. Multiple Markenkonzepte (Employer, Corporate und internes Branding) werden zum ersten Mal in dieser Form als EB und IB kombiniert untersucht (Burmann & Piehler, 2013; Foster et al., 2010; Schmidt & Kilian, 2012).

2.6.1 Diskrepanz zwischen externem und internem Branding und deren Einfluss auf Organizational Citizenship Behavior

Einen Schwerpunkt der vorliegenden Arbeit stellt die Diskrepanz zwischen der markenbezogenen Außen- und Innenperspektive eines Unternehmens in Bezug auf das OCB der Mitarbeiter dar. In Unternehmen besteht eine Diskrepanz zwischen der Wahrnehmung der tatsächlichen und der versprochenen Markenperspektive. Wallace und Kollegen (2014) berichteten ebenfalls von Inkonsistenzen zwischen der internen Kommunikationsbotschaft und der öffentlich wahrgenommenen Botschaft. Mitarbeiter, die eine Diskrepanz in Kommunikationsbotschaften wahrnehmen, beteiligen sich weniger an der Erreichung der Unternehmensziele und zeigen weniger OCB (Balmer, 2012; Kiriakidou & Millward, 2000; Meffert et al., 2013). Wie Piehler et al. (2016) gezeigt haben, hängt die $D_{(EB,IB)}$ mit dem BCB zusammen. Vogel und Kollegen (2016) führten eine Studie durch, welche die Wahrnehmung einer Werte-Inkongruenz und deren Einfluss auf das OCB untersuchte. Eine empirische Studie, die den Einfluss einer Branding-Diskrepanz hinsichtlich des OCB von Mitarbeitern thematisiert, liegt allerdings noch nicht vor (Rho et al., 2015).

Die identitätsorientierte Markenführung stellt ein weitverbreitetes, theoretisches Fundament in der Branding-Forschung dar. Diese Form der Markenführung wird definiert als „(…) ein außen- *und* innengerichteter Managementprozeß mit dem Ziel der funktionsübergreifenden Vernetzung aller mit der Markierung von Leistungen zusammenhängenden Entscheidungen und Maßnahmen zum Aufbau einer starken Markenidentität“ (Meffert & Burmann, 2002, S. 30). Dieser Ansatz bezieht neben den Kunden alle weiteren Stakeholder mit ein (Schmidt, 2007).

Die Markenidentität beschrieb Aaker (1996) als Ansammlung von Markenassoziationen, die entwickelt oder aufrechterhalten werden. Diese Assoziationen widerspiegeln, für was das Unternehmen steht und welches Versprechen gegenüber allen Stakeholdern gegeben wird. Die Markenidentität ist in Anlehnung an Becker und Schnetzer (2006) somit die Summe aller zeitlich überdauernden Merkmale, welche die Marke aus interner Perspektive prägen und welche sich aus dem wechselseitigen Zusammenspiel externer und interner Zielgruppen entwickelt (Meffert, Burmann & Kirchgeorg, 2015).

Die Diskrepanz zwischen externer und interner Unternehmensperspektive wurde auch bei Hatch und Schultz (2009) deutlich.

Sie formulierten, wie eine Marke einer Gruppe von Individuen etwas vermitteln kann und einer anderen Gruppe etwas vollkommen Gegensätzliches. Im 21. Jahrhundert wurde diese Markeninkongruenz zu einer zentralen Problematik in Unternehmen, da sie das Auftreten von OCB verhindert (Hatch & Schultz, 2009). Boxall und Purcell (2016) berichteten ebenfalls, dass die strategische Passung zwischen interner und externer Unternehmensperspektive für das OCB immer wichtiger wird.

Negativ wirken sich zwei Aspekte auf den Aufbau von Markenwerten im Hinblick auf das OCB aus (Tomczak & Brexendorf, 2005):

- Widersprüchliche Kommunikation: (Offizielle) Werbung vs. Mitarbeiterverhalten sowie
- Demotivation, Unsicherheit und Desorientierung nach innen; als Folge der widersprüchlichen Kommunikation.

Sowohl die externe Kommunikation gegenüber Kunden als auch die interne Mitarbeiterkommunikation wird von Mitarbeitern wahrgenommen (Henkel et al., 2012). Beide Kommunikationsformen sind für den Unternehmenserfolg und das Auftreten von OCB relevant (Blanz, 2014). Zwischen diesen besteht allerdings häufig eine Diskrepanz bezüglich der Kommunikationsbotschaften (Mitchell, 2002). De Chernatony und Segal-Horn (2001) erachteten die Konsistenz zwischen interner und externer Kommunikation ebenfalls als wesentlichen Fokusbereich. Botschaften, die externen Stakeholdern gesendet werden, müssen mit denjenigen für interne Stakeholder konsistent sein (Miles & Mangold, 2004).

Die Instrumente der internen und externen Markenkommunikation werden idealerweise aufeinander abgestimmt, um ein kongruentes Bild bei allen Stakeholdern zu generieren. Interne und externe Markenverknüpfung wird erreicht, wenn interaktive Beziehungen zwischen Management, Mitarbeitern und externen Stakeholdern unterstützt werden (Barrow & Mosley, 2005).

Eine Identitätsdiskrepanz betont den Unterschied oder die Lücke zwischen dem, was war und was ist und kann somit eine neue Reaktion auslösen – wie z. B. verstärktes Engagement in OCB (Petriglieri, 2011). Je größer die Diskrepanz, desto leichter ist es, sich psychologisch von vorherigen Erfahrungen oder Rollen zu distanzieren (Methot et al., 2017). Um als guter Arbeitgeber wahrgenommen zu werden, müssen Unternehmen ihr Potential strategisch steuern – sowohl intern als auch extern (Dineen & Allen, 2016).

Die $D_{(EB,IB)}$ kann auch als informelles Gütemaß des Unternehmens gesehen werden. De Chernatony und Cottam (2006) benannten die externe Perspektive mit dem Markenimage, die interne mit der Markenidentität. Das Markenimage ist – gegenüber der Markenidentität – ein statisches Konzept, das die Marke aus Sicht der externen Stakeholder fokussiert (Esch, 2012). Das Markenimage ist somit stets subjektiv (Schmidt, 2007). Wichtig ist, dass sich einzelne Aspekte des Markenimages nicht widersprechen, sondern ergänzen (Haedrich et al., 2003). Die Markenidentität analysiert hingegen die Rolle interner Stakeholdergruppen (Burmann et al., 2009).

Die Literatur zum IB zeigt, dass sich Mitarbeiter markenkonform verhalten sollten, wenn sie mit externen Stakeholdern interagieren, um ein konsistentes Markenimage herzustellen (Baumgarth & Schmidt, 2010; Henkel et al., 2012; Morhart et al., 2009). Wenn Mitarbeiter das Markenimage der externen Stakeholder verinnerlichen, werden sie zu Markenbotschaftern – auch im Privatleben (Müller, 2017). Wenn ein Unternehmen sein externes Image verbessern möchte, sollte es sich zudem auf die OID der Mitarbeiter fokussieren (Harris & De Chernatony, 2001; Hatch & Schultz, 2003). Laut Löhndorf und Diamantopoulos (2014) führte OID dazu, dass Mitarbeiter zu „Marken-Champions“ werden. Auch Morhart und Kollegen (2009) plädierten dafür, dass Unternehmen ihre Mitarbeiter zu „Marken-Champions“ machen. Dies sollte dadurch geschehen, dass Mitarbeiter zur Entwicklung und Bestärkung des Markenimages ihres Unternehmens motiviert werden. Dadurch wird implizit das Engagement in OCB forciert.

Nach Balmer und Gray (2003) waren Mitarbeiter sehr wichtig, um die Markenwerte intern und extern zu übermitteln. Je weniger die Außendarstellung mit den intern gelebten Werten übereinstimmt, desto unzufriedener sind die Mitarbeiter und desto weniger OCB wird gezeigt (Kristof-Brown et al., 2005; Vogel et al., 2016). Schneider (1987) erklärte die Beständigkeit der Unternehmenswerte anhand des ASA-Modells (***a**ttraction, **s**election, **a**ttrition*): Individuen werden von bestimmten Unternehmen angezogen, die ähnliche Werte zu ihren eigenen haben. Die UK festigt sich damit von selbst. Je höher die Kongruenz der Mitarbeiter- und Unternehmenswerte, desto einfacher kann eine Unternehmensmarke aufgebaut werden (Abimbola & Vallaster, 2007).

Marken leisten generell einen entscheidenden Beitrag hinsichtlich der Unternehmenswerte (Tavassoli et al., 2014). Davies und Chun (2002) argumentierten in diesem Zusammenhang für die neue Position eines Reputationsmanagers im Unternehmen. Dieser ist für die Koordination von EB und IB sowie die Einhaltung des Markenversprechens und der Markenwerte gegenüber allen Stakeholdern verantwortlich und fördert dadurch das OCB der Mitarbeiter.

Externe Marken erleichtern das Erreichen von kundenbezogenen Marketingzielen, interne hingegen mitarbeiterbezogene Ziele (Aydon Simmons, 2009). Für das Markenmanagement im 21. Jahrhundert gewinnt damit die Schnittstelle zwischen externer und interner Perspektive an Bedeutung (Kitchin, 2005). Aus der Abhängigkeit von externen und internen Markenerfahrungen ist zu schlussfolgern, dass diese holistisch gesteuert werden sollten (Aydon Simmons, 2009). Ein ganzheitlicher Ansatz für das Marketing, der externes und internes Marketing miteinschließt, ist vor allem für Servicemarken wichtig (De Chernatony & Cottam, 2006; Homburg, 2017). Knox und Freeman (2006) haben sich dieser Meinung angeschlossen, indem sie sich für einen integrierten Ansatz zwischen externem und internem Marketing aussprachen, welcher zur Entwicklung einer kongruenteren Arbeitgebermarke führt und die Wahrscheinlichkeit von OCB erhöht.

Adler und Ghiselli (2015) wiesen auf die Notwendigkeit hin, die Wahrnehmung des Markenimages aktueller Mitarbeiter zu untersuchen, um einen Vergleich zwischen der Unternehmenswahrnehmung und der Wahrnehmung potentieller Mitarbeiter hinsichtlich der Marke – und daraus folgend des Engagements in OCB – zu ermöglichen. Das Markenimage wurde traditionell eher qualitativ untersucht (Hanby, 1999). Rho und Kollegen (2015) schlugen eine Untersuchung des Interaktionseffekts zwischen wahrgenommener organisationaler Identität und konstruiertem externen Image vor.

Dutton und Kollegen (1994) haben herausgefunden, dass die wahrgenommene organisationale Identität (d. h. die Wahrnehmung Interner wofür das Unternehmen steht) und das konstruierte externe Image (d. h. die Wahrnehmung Interner dessen, was Externe denken wofür das Unternehmen steht) eines Unternehmens die OID und das OCB der Mitarbeiter bedeutend beeinflusst (Dukerich et al., 2002; Gioia et al., 2000). Es gibt demnach Bedarf an einer koordinativen Verknüpfung externer und interner Branding-Programme sowie externer und interner Unternehmenskommunikation hinsichtlich des OCB (Hatch & Schultz, 2003).

Die $D_{(EB,IB)}$ wird erstmals in Bezug auf das OCB von Mitarbeitern untersucht (Davies & Chun, 2002). Die Wahrnehmung einer solchen Diskrepanz sollte zu einer Verringerung des OCB führen (Carr et al., 2010; Price & Gioia, 2008). Neben der Berücksichtigung dieser Diskrepanz stellt die fehlende Beachtung der Diskrepanz-Vorzeichen bezüglich des OCB eine weitere Forschungslücke dar.

2.6.2 Mangelnde Berücksichtigung der Diskrepanz-Vorzeichen bezüglich des Organizational Citizenship Behaviors

Die Vorzeichen der Diskrepanz wurden bislang nicht beachtet (vgl. Reif & Brodbeck, 2017). Mit Vorzeichen der Diskrepanz sind zwei mögliche Kombinationen gemeint (vgl. Keon et al., 1982; Kressmann et al., 2006; Sirgy et al., 1997):

1. EB wird positiv wahrgenommen, IB hingegen negativ, d. h. $D_{(EB+,IB-)}$.
2. EB wird negativ wahrgenommen, IB hingegen positiv, d. h. $D_{(EB-, IB+)}$.

Die Antwortskalierung für die Konstrukte EB und IB hatte im Fragebogen folgende Abstufungen:

1 = „trifft überhaupt nicht zu“
2 = „trifft eher nicht zu“
3 = „trifft eher zu“
4 = „trifft voll und ganz zu“.

In Kapitel 3.2.4 erfolgt eine ausführliche Beschreibung der verwendeten Skalen. Für diese Arbeit wird festgelegt, dass EB (gilt entsprechend für IB) positiv wahrgenommen wird, wenn der Mittelwert der EB-Items (gilt entsprechend für IB-Items) ≥ 2.5 ist. Zudem wird festgelegt, dass EB (gilt entsprechend für IB) negativ wahrgenommen wird, wenn der Mittelwert der EB-Items (gilt entsprechend für IB-Items) < 2.5 ist. Die Vorzeichen einer Branding-Diskrepanz (Keon et al., 1982; Kressmann et al., 2006; Sirgy et al., 1997) wurden bislang anhand einer Image-Kongruenz in Unternehmen untersucht, jedoch nicht auf das OCB bezogen. Eine Anwendung erfolgte lediglich im Hinblick auf das BCB (Piehler, 2011). Müller (2017) betont, den Blick vor allem auf negativ wahrgenommene Marken und dahingehend auf die Diskrepanz zu richten. Ferner existiert eine dritte Forschungslücke, da verschiedene Markenkonzepte wie Employer, Corporate und internes Branding bislang noch nicht kombiniert untersucht wurden (Müller, 2017).

2.6.3 Fehlende Verknüpfung der Markenkonzepte

Für diese Arbeit wird unter EB das Employer und Corporate Branding subsumiert und dem IB gegenübergestellt. Die bisherige Forschung hat multiple Markenkonzepte – wie z. B. Unternehmens- und Arbeitgebermarken – bislang nur separat analysiert (Foster et al., 2010; Müller, 2017). Die alleinstehende Betrachtung der verschiedenen Markenkonzepte ist nicht ausreichend (Brexendorf & Kernstock, 2007; Burmann & Piehler, 2013). Es bestehen nur wenige Ausnahmen (z. B. Lievens et al., 2007; Mosley, 2007), die den internen Markenaufbau mit externem kombinieren. Eine Verknüpfung dieser Konzepte in einem gemeinsamen Forschungsmodell wurde bislang nicht realisiert (Burmann & Piehler, 2013; Foster et al., 2010; Schmidt & Kilian, 2012). Dies sollte nach Wallace und Kollegen (2014) jedoch forciert werden.

Eine Markenkonsistenz und -kohärenz zwischen Arbeitgeber-, Unternehmens- und Kundenmarke ist wünschenswert (Barrow & Mosley, 2005; Minchington, 2010), da diese Markenkonzepte ähnliche Eigenschaften besitzen: Eine Marke muss bemerkbar und einzigartig sein sowie einen Wiedererkennungswert besitzen (Moroko & Uncles, 2008). Daraus ist zu schließen, dass die Marke eine holistische Erfahrung ist (De Chernatony & Cottam, 2006), bei der das Bemühen für einen integrierten Markenaufbau in der Verantwortung jedes einzelnen Unternehmensmitglieds liegt (LePla & Parker, 2002). Holistisches Branding umschreibt einen ganzheitlichen Markenführungsprozess. Ziel ist dabei, eine glaubwürdige Markenwahrnehmung zu erreichen (Staub, 2013). De Chernatony und Cottam (2006) haben herausgefunden, dass es bei weniger erfolgreichen Marken weniger oder keine Verknüpfungen zwischen internen und externen Markenaktivitäten gab.

Die drei bestehenden Forschungslücken aus den vorangegangenen Teilkapiteln sollen durch die vorliegende Arbeit geschlossen bzw. ausreichend angenähert werden. Auf der Basis des theoretischen Hintergrunds wurden Hypothesen abgeleitet und das Forschungsmodell dieser Studie entwickelt.

2.7 Hypothesen und Forschungsmodell

Die allgemeine Definition der Diskrepanzvariable zwischen EB und IB ist in Abbildung 8 dargestellt (vgl. Diskrepanz-Index nach Sirgy et al., 1997).

$$D_{(EB,IB)} = |\,(\text{Mittelwert der EB-Items}) - (\text{Mittelwert der IB-Items})\,|$$

Abbildung 8: Darstellung der Diskrepanzvariable zwischen externem und internem Branding als Betrag. $D_{(EB,IB)} = 0$ bedeutet, dass keine Diskrepanz vorliegt. $D_{(EB,\,IB)} > 0$ hingegen, dass eine Diskrepanz vorliegt (Quelle: Eigene Darstellung in Anlehnung an den Diskrepanz-Index nach Sirgy et al., 1997).

In der vorliegenden Arbeit wurde die Diskrepanz anhand von sechs Items direkt gemessen (vgl. Kapitel 3.2.4 und Anhang A). Dies liegt darin begründet, dass eine unmittelbare Befragung zur Diskrepanz genauer ist als eine Befragung getrennt nach EB und IB (vgl. Reif & Brodbeck, 2017).

Des Weiteren wurden die Vorzeichen der Diskrepanz bei der Ableitung der Hypothesen miteinbezogen (vgl. Kapitel 2.6.2):

1. $D_{(EB-,IB+)}$, d. h. EB negativ wahrgenommen und IB positiv.
2. $D_{(EB+,IB-)}$, d. h. EB positiv wahrgenommen und IB negativ.

Die Stärke der positiven und negativen Wahrnehmungen wurde bei diesen Variablen jedoch nicht berücksichtigt.

Die anhand der theoretischen Grundlage und des dargelegten Forschungsstands abgeleiteten Hypothesen werden nachfolgend präsentiert[2].

Wird das EB positiv wahrgenommen und das IB negativ, so besteht ein negativer Zusammenhang mit der UK, da diese eine interne Unternehmensvariable ist und positiv mit der internen Marke zusammenhängt (Davies & Chun, 2002; Hatch & Schultz, 2003).

Hypothese *H1a* lautet daher: *Eine $D_{(EB+,IB-)}$ korreliert negativ mit der UK.*

Wird das EB negativ wahrgenommen und das IB positiv, so besteht ein positiver Zusammenhang mit der UK, da diese eine interne Unternehmensvariable ist und positiv vom IB beeinflusst wird (Adler & Ghiselli, 2015; Hatch & Schultz, 1997).

Hypothese *H1b* lautet daher: *Eine $D_{(EB-,IB+)}$ korreliert positiv mit der UK.*

---

[2] Bei den einzelnen Konstrukten handelt es sich jeweils um die wahrgenommene Einschätzung durch die Studienteilnehmer, d. h. beispielsweise die wahrgenommene $D_{(EB,IB)}$ oder die wahrgenommene UK.

Es besteht ein positiver Zusammenhang zwischen einer positiv wahrgenommenen UK und der OID (Millward & Haslam, 2013).

Hypothese *H1c* lautet daher: *Eine positiv wahrgenommene UK korreliert positiv mit der OID.*

Wird das IB negativ wahrgenommen und das EB positiv, so besteht ein negativer Zusammenhang mit der OID, da das EB negativ mit der internen Identifikations-Variable zusammenhängt (Dineen & Allen, 2016; Morhart et al., 2009).

Hypothese *H1d* lautet daher: *Eine $D_{(EB+,IB-)}$ korreliert negativ mit der OID.*

Wird das IB positiv wahrgenommen und das EB negativ, so besteht ein positiver Zusammenhang mit der OID, da das IB positiv mit der internen Identifikations-Variable zusammenhängt (Rho et al., 2015).

Hypothese *H1e* lautet daher: *Eine $D_{(EB-,IB+)}$ korreliert positiv mit der OID.*

Die UK hat einen Einfluss auf den Zusammenhang zwischen der Branding-Diskrepanz und der OID, wenn das IB positiv und das EB negativ wahrgenommen werden, da die Identifikation eine interne Unternehmensvariable ist und somit positiv mit dem IB zusammenhängt (Millward & Haslam, 2013).

Hypothese *H1f* lautet daher: *Der Zusammenhang zwischen der $D_{(EB-,IB+)}$ und der OID wird teilweise durch die wahrgenommene UK vermittelt.*

Es besteht ein positiver Zusammenhang zwischen einer positiv wahrgenommenen UK und dem OCB (Jo & Joo, 2011).

Hypothese *H2a* lautet daher: *Eine positiv wahrgenommene UK korreliert positiv mit dem OCB.*

Wird das EB positiv und das IB negativ wahrgenommen, so besteht ein negativer Zusammenhang mit dem OCB, da dieses positiv mit dem IB zusammenhängt (Piehler et al., 2016).

Hypothese *H2b* lautet daher: *Eine $D_{(EB+,IB-)}$ korreliert negativ mit dem OCB.*

Wird das EB negativ und das IB positiv wahrgenommen, so besteht ein positiver Zusammenhang mit dem OCB, da dieses positiv mit dem IB zusammenhängt (Asha & Jyothi, 2013).

Hypothese *H2c* lautet daher: *Eine $D_{(EB-,IB+)}$ korreliert positiv mit dem OCB.*

Die UK hat einen Einfluss auf den Zusammenhang zwischen der Branding-Diskrepanz und dem OCB, wenn das IB positiv und das EB negativ wahrgenommen werden, da das OCB eine interne Unternehmensvariable ist und somit positiv mit dem IB zusammenhängt (De Chernatony & Cottam, 2008).

Hypothese *H2d* lautet daher: *Der Zusammenhang zwischen der $D_{(EB-,IB+)}$ und dem OCB wird teilweise durch die UK vermittelt.*

Es besteht ein positiver Zusammenhang zwischen der OID und dem OCB (Blader & Tyler, 2009; Riketta, 2005; Schuh et al., 2016).

Hypothese *H3a* lautet daher: *OID korreliert positiv mit dem OCB.*

Die OID hat einen Einfluss auf den Zusammenhang zwischen der UK und dem OCB, da Mitarbeiter, die sich mit dem Unternehmen identifizieren in einer positiv wahrgenommenen UK eher OCB zeigen (Dukerich et al., 2002; Feather & Rauter, 2004).

Hypothese *H3b* lautet daher: *Der Zusammenhang zwischen der UK und dem OCB wird teilweise durch die OID vermittelt.*

Wird das EB positiv und das IB negativ wahrgenommen, so besteht ein negativer Zusammenhang mit der AZ, da diese eine interne Unternehmensvariable ist (Gounaris, 2008).

Hypothese *H4a* lautet daher: *Eine $D_{(EB+,IB-)}$ korreliert negativ mit der AZ.*

Wird das EB negativ und das IB positiv wahrgenommen, so besteht ein positiver Zusammenhang mit der AZ, da diese eine interne Unternehmensvariable ist (Davies & Chun, 2002; Du Preez & Bendixen, 2015).

Hypothese *H4b* lautet daher: *Eine $D_{(EB-,IB+)}$ korreliert positiv mit der AZ.*

Es besteht ein positiver Zusammenhang zwischen der AZ und dem OCB (Chiu & Chen, 2005; LePine et al., 2002).

Hypothese *H4c* lautet daher: *AZ korreliert positiv mit dem OCB.*

Die AZ hat einen Einfluss auf den Zusammenhang zwischen der Branding-Diskrepanz und dem OCB, da Mitarbeiter bei einer wahrgenommenen Branding-Diskrepanz unzufriedener werden und dadurch weniger OCB zeigen (Ilies et al., 2009).

Hypothese *H4d* lautet daher: *Der Zusammenhang zwischen der $D_{(EB-,IB+)}$ und dem OCB wird teilweise durch die AZ vermittelt.*

Es besteht ein positiver Zusammenhang zwischen einer positiv wahrgenommenen UK und der AZ (Belias & Koustelios, 2015; Lok & Crawford, 1999).

Hypothese *H5a* lautet daher: *Eine positiv wahrgenommene UK korreliert positiv mit der AZ.*

Die AZ hat einen Einfluss auf den Zusammenhang zwischen der UK und dem OCB, da Mitarbeiter bei einer positiv wahrgenommenen UK zufriedener sind und somit eher OCB zeigen (Chiu & Chen, 2005).

Hypothese *H5b* lautet daher: *Der Zusammenhang zwischen der UK und dem OCB wird teilweise durch die AZ vermittelt.*

Es besteht ein positiver Zusammenhang zwischen der OID und der AZ (Carmeli et al., 2007; Knight & Haslam, 2010; Lee et al., 2015).

Hypothese *H6a* lautet daher: *OID korreliert positiv mit der AZ.*

Die AZ hat einen Einfluss auf den Zusammenhang zwischen der OID und dem OCB, da Mitarbeiter, die sich mit dem Unternehmen identifizieren, zufriedener sind und somit eher OCB zeigen (Feather & Rauter, 2004).

Hypothese *H6b* lautet daher: *Der Zusammenhang zwischen der OID und dem OCB wird teilweise durch die AZ vermittelt.*

UK, OID und AZ haben einen Einfluss auf den Zusammenhang zwischen der $D_{(EB,IB)}$ und dem OCB, da Mitarbeiter, die eine positive UK wahrnehmen, sich eher mit dem Unternehmen identifizieren und somit zufriedener sind. Dies führt dazu, dass sie weniger OCB zeigen, wenn sie eine Branding-Diskrepanz im Unternehmen wahrnehmen (Price & Gioia, 2008; Weikamp & Göritz, 2016; Whitman et al., 2010).

Hypothese *H7a* lautet daher: *Der Zusammenhang zwischen der $D_{(EB,IB)}$ und dem OCB wird teilweise durch die drei Mediatoren UK, OID und AZ seriell vermittelt.*

UK, OID und AZ haben einen Einfluss auf den Zusammenhang zwischen der $D_{(EB-,IB+)}$ und dem OCB, da Mitarbeiter, die eine positive UK wahrnehmen, sich eher mit dem Unternehmen identifizieren und somit zufriedener sind. Dies führt dazu, dass sie weniger OCB zeigen, wenn sie eine extern negative und intern positive Branding-Diskrepanz im Unternehmen wahrnehmen (Asha & Jyothi, 2013; Keon et al., 1982; Kressmann et al., 2006; Sirgy et al., 1997).

Hypothese *H7b* lautet daher: *Der Zusammenhang zwischen der $D_{(EB-,IB+)}$ wird teilweise durch die drei Mediatoren UK, OID und AZ seriell vermittelt.*

UK, OID und AZ haben einen Einfluss auf den Zusammenhang zwischen der $D_{(EB+,IB-)}$ und dem OCB, da Mitarbeiter, die eine positive UK wahrnehmen, sich eher mit dem Unternehmen identifizieren und somit zufriedener sind. Dies führt dazu, dass sie weniger OCB zeigen, wenn sie eine extern positive und intern negative Branding-Diskrepanz im Unternehmen wahrnehmen (Asha & Jyothi, 2013; Keon et al., 1982; Kressmann et al., 2006; Sirgy et al., 1997).

Hypothese *H7c* lautet daher: *Der Zusammenhang zwischen der $D_{(EB+,IB-)}$ wird teilweise durch die drei Mediatoren UK, OID und AZ seriell vermittelt.*

In Abbildung 9 wird das Forschungsmodell dieser Arbeit präsentiert. Es wird angenommen, dass der Zusammenhang zwischen der $D_{(EB,IB)}$ und dem OCB durch die drei seriellen Mediatoren UK, OID und AZ vermittelt wird. Es werden lediglich partielle Mediationen erwartet, da es andere Einflüsse geben könnte, die in der vorliegenden Studie nicht berücksichtigt wurden.

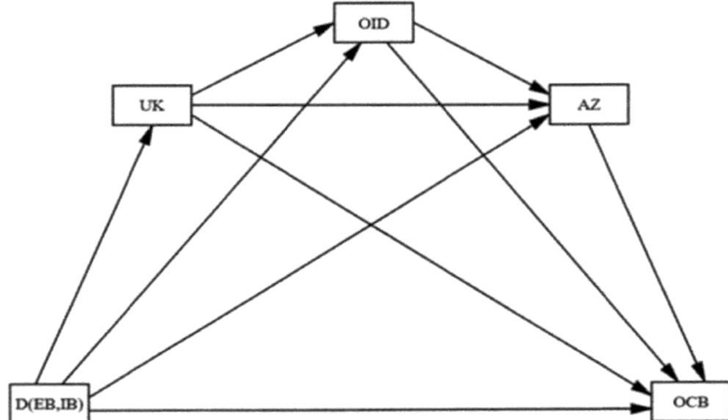

Abbildung 9: Darstellung des Forschungsmodells. Einfluss der Diskrepanz zwischen externem und internem Branding [$D_{(EB,IB)}$] auf das Organizational Citizenship Behavior (OCB) unter Berücksichtigung der drei seriellen Mediatorvariablen Unternehmenskultur (UK), organisationale Identifikation (OID) und Arbeitszufriedenheit (AZ). Nicht dargestellt sind die einzelnen Messfehler sowie die Kontrollvariablen (Quelle: Eigene Darstellung).

Das Forschungsmodell wurde in drei Varianten getestet: Zunächst wie in Abbildung 9 dargestellt, d. h. ohne Berücksichtigung der Diskrepanz-Vorzeichen. Anschließend in zwei weiteren Varianten, d. h. mit Berücksichtigung der Diskrepanz-Vorzeichen: $D_{(EB-,IB+)}$ und $D_{(EB+,IB-)}$.

Nachdem die wissenschaftstheoretische Einordnung sowie der theoretische Hintergrund mit Ableitung der Hypothesen und Präsentation des Forschungsmodells aufgezeigt wurden, folgt nun die empirische Überprüfung der formulierten Hypothesen. Im nächsten Kapitel werden Datenerhebung und -auswertung beleuchtet.

3 Forschungsmethode

Bevor in diesem Kapitel auf die Untersuchungsdurchführung und die Datenauswertung eingegangen wird, werden Untersuchungsdesign, Datenerhebungsinstrument und Stichprobe beschrieben.

3.1 Untersuchungsdesign

Dieser Studie liegt ein quantitativer Forschungsansatz zugrunde (Döring & Bortz, 2016). Konkret handelte es sich dabei um eine quantitative Online-Befragung. Es wurde eine nicht-experimentelle Querschnittstudie durchgeführt. Diese bildet eine Momentaufnahme der Befragten ab, da die Einschätzung der befragten Mitarbeiter zu einem bestimmten Zeitpunkt von Interesse war (Atteslander, 2010; Diekmann, 2007). Die Entscheidung für den quantitativen Ansatz liegt darin begründet, dass die zu untersuchenden Forschungsfragen (vgl. Kapitel 1.2) an vielen Fällen getestet und danach einer strukturierten statistischen Datenauswertung unterzogen werden sollen (Eid et al., 2015). Da es sich um bereits bekannte organisationale Konstrukte (Branding, UK, OID, AZ und OCB) handelt, bietet sich hierfür ein quantitativer Ansatz an.

Der qualitative Forschungsansatz zielt hingegen primär auf die Erforschung neuer Phänomene ab (Eisenhardt, 1989; Flick, 2017; Gummesson, 2003; Mayring, 2002, 2015). Zudem werden dem qualitativen Forschungsansatz einige Nachteile, wie hohe Subjektivität, Schwierigkeit der Replikation, Mangel an Transparenz sowie Probleme der Generalisierbarkeit vorgeworfen (Aguinis & Bradley, 2014; Bolger, Davis & Rafaeli, 2003; Bryman, 2008), die ebenfalls für die Wahl des quantitativen Ansatzes sprechen. Daneben gibt es weitere Herangehensweisen (Gibson, 2017; Molina-Azorin, 2011; Senior, Lee & Butler, 2011), die in Kapitel 5.3 aufgegriffen werden.

Unerlässlich für die Studienplanung sind Überlegungen zur Teststärke (*power*; Erdfelder, Buchner, Faul & Brandt, 2004). Um Hypothesen zu überprüfen wurde der optimale Stichprobenumfang N mit dem Programm *G*POWER, Version 3.1.9.2* mittels der Effektstärke *a-priori* ermittelt (Faul, Erdfelder, Buchner & Lang, 2009). *G*POWER* ist ein Programm zur Teststärkenanalyse statistischer Tests (Erdfelder et al., 2004; Faul et al., 2009). Laut Empfehlung von Cohen (1988) ist eine Teststärke von .8 mit einem entsprechenden β-Fehler von .2 anzustreben.

Mit der Stichprobe von $N = 256$ liegt eine ausreichende Teststärke vor, um mittlere bis große mediierende Effekte aufzudecken (MacKinnon, Coxe & Baraldi, 2012). Das verwendete Datenerhebungsinstrument wird nachfolgend vorgestellt.

3.2 Datenerhebungsinstrument

Die schriftliche Befragung wurde mittels eines Online-Fragebogens durchgeführt. Dieser Fragebogen wurde mit der Online-Umfrage-Software *EFS Survey* („Unipark“) der Firma Questback, Version 10.9 erstellt.

3.2.1 Chancen und Herausforderungen einer Online-Befragung

Eine Online-Befragung zählt zu den reaktiv-korrelativen Methoden (Schmidt, 1997). Die schriftliche Befragung erfolgt strukturiert und standardisiert, dies gilt ebenso für die Online-Datenerhebung (Gollwitzer & Schmitt, 2006).

Chancen der Online-Befragung liegen vor allem in der Zeit- und Kostenersparnis. Zudem bieten Online-Befragungen ein asynchrones und alokales Ausfüllen (Reips, 2006). Online-Befragungen ermöglichen darüber hinaus die Datenerhebung an einer großen Stichprobe und erfreuen sich einer hohen Akzeptanz bei Probanden. Zudem können neben Texten und Bildern, auch Audio- und Videosequenzen dargeboten werden (Thielsch & Weltzin, 2012).

Herausforderungen stellen neben dem Programmier-Aufwand, auch die Unkontrollierbarkeit in der Datengewinnungssituation, die Erreichbarkeit verschiedener Zielgruppen, die Repräsentativität der Stichprobe sowie eine teilweise geringe Rücklaufquote dar (Döring & Bortz, 2016). Insgesamt überwiegen jedoch die Vorteile und sprechen für die Durchführung einer Online-Befragung.

3.2.2 Vor- und Nachteile einer Fragebogenstudie

Fragebögen weisen gegenüber mündlichen Befragungen standardisierte Items und Antwortformate auf (Gollwitzer & Schmitt, 2006).

Für die vorliegenden Fragestellungen, bei denen Meinungen und Einstellungen einer großen Probandenzahl abgefragt werden, ist die Erhebung mittels Fragebogen daher am besten geeignet (Hardy & Ford, 2014). Weitere Vorteile eines (Online-)Fragebogens sind minimale Kosten und ein geringerer Erhebungsaufwand sowie eine hohe Durchführungs- und Auswertungsobjektivität, da Fragebögen standardisiert und ökonomisch anzuwenden sind (Borkenau, 2006).

Nachteile von Fragebögen, die eine Form von Selbstberichten darstellen, sind Antwortstile. Das bedeutet, Fragebögen sind leicht zu verfälschen (Eid et al., 2015). Hierbei wird zwischen formalen (Akquieszenz: Zustimmungstendenz sowie Präferenz für Antwortkategorien) und inhaltlichen (Soziale Erwünschtheit; SozErw) Antwortstilen unterschieden (Dillman, 2007). Böckenholt (2017) hat eine Studie durchgeführt, um Antwortstile in Likert-Items zu erfassen. Die Studie hat gezeigt, dass vor allem der Verzerrung durch die Tendenz zur Mitte und durch SozErw entgegengewirkt werden sollte.

In der vorliegenden Untersuchung wurde der Tendenz zur Mitte durch das Fehlen einer neutralen Mittelkategorie sowie einer „kann ich nicht beurteilen"-Kategorie vorgebeugt (Moosbrugger & Kelava, 2012). Dolnicar und Grün (2014) fanden heraus, dass die Darbietung einer solchen Kategorie die Datenqualität – speziell in Befragungen zur Marke – erhöht. Zur Erfassung der SozErw gibt es eine Reihe von empirischen Skalen (Borkenau, 2006). Der Einfluss der SozErw kann anschließend statistisch auspartialisiert werden (Gollwitzer & Jäger, 2007).

Spector (1994) merkte an, dass die Selbstbericht-Methode eines Querschnitt-Fragebogens neben den erwähnten Nachteilen dennoch nützlich ist, um zu untersuchen, wie Menschen ihre Arbeit wahrnehmen und wie sie sich bei ihrer Arbeit fühlen. Carpenter, Berry und Houston (2014) zeigten in ihrer Meta-Analyse, dass Selbstbericht-Daten für Variablen wie OCB gerechtfertigt sind. Zur Erfassung der UK wird die Verwendung eines Fragebogens ebenfalls befürwortet (Van den Berg & Wilderom, 2004) und daher im Rahmen dieser Arbeit eingesetzt.

3.2.3 Aufbau des Fragebogens

Für die Erstellung des Fragebogens wurden existierende Skalen herangezogen, die teilweise leicht modifiziert wurden (Hardy & Ford, 2014; Spector, 1997). Hardy und Ford (2014) haben empfohlen, Items inhaltlich zusammen zu gruppieren. Dies ist im vorliegenden Fragebogen erfolgt.

Zu den inhaltlichen Themenblöcken des Fragebogens wurden jeweils kurze Einleitungssätze präsentiert (Schnell, Hill & Esser, 2008). Screenshots des Online-Fragebogens können in Anhang A eingesehen werden. Der Fragebogen umfasste insgesamt 69 Items. Der Aufbau gliederte sich wie folgt:

- Einführung mit Instruktion und Kontaktdaten der Autorin
- Fragen zum wahrgenommenen externen Branding
- Fragen zum wahrgenommenen internen Branding
- Fragen zur wahrgenommenen $D_{(EB,IB)}$
- Fragen zur wahrgenommenen UK
- Fragen zur OID
- Kontrollfragen
- Fragen zur AZ
- Fragen zum OCB
- Fragen zur SozErw
- Soziodemografische Angaben
- E-Mail-Adresse der Studienteilnehmer (optional, bei Interesse an den Ergebnissen der Studie)
- Anmerkungen zur Studie (optional)
- Dank an die Teilnehmer und erneut Kontaktdaten der Autorin.

3.2.4 Beschreibung der verwendeten Skalen

Für die vorliegende Studie wurden etablierte Skalen verwendet, um eine Vergleichbarkeit zu gewährleisten (Haslam, 2004). Es handelt sich um Multi-Item-Skalen, deren Anwendung von Spector (1997) empfohlen wird. Vorteile liegen in der einfachen Konstruktion und darin, dass hohe Werte für die interne Konsistenz erzielt werden können (Petersen, 2014; Wright, Quick, Hannah & Blake Hargrove, 2017).

Die Antwortskalen waren bei den Hauptkonstrukten (EB, IB, $D_{(EB,IB)}$, UK, OID, AZ und OCB) sowie bei der SozErw jeweils 5-stufige Likert-Skalen mit den Abstufungen:

1 = „trifft überhaupt nicht zu",

2 = „trifft eher nicht zu",

3 = „trifft eher zu",

4 = „trifft voll und ganz zu" sowie

5 = „kann ich nicht beurteilen" (Moosbrugger & Kelava, 2012).

Kategorie 5 wurde für die Datenauswertung jedoch nicht berücksichtigt. Eine neutrale Mittelkategorie wird aufgrund existierender Studien nicht empfohlen (Moosbrugger & Kelava, 2012). Es wurden sowohl offene als auch geschlossene Fragen gestellt (Woo et al., 2017).

Das Antwortformat innerhalb des Fragebogens war – mit Ausnahme der soziodemografischen Angaben – einheitlich als Ratingskala gehalten, um die Befragten kognitiv nicht zu überfordern (Rammstedt, 2006). Auch Dillman (2007) hat empfohlen, die gleiche Antwortstruktur beizubehalten, um die Studienteilnehmer nicht unnötig zu verwirren. Die Skalen waren bipolare (d. h. positiver und negativer Pol), diskret gestufte (d. h. konkrete Angabe von abgestuften Skalenpunkten) Ratingskalen (Moosbrugger & Kelava, 2012). Für die Verwendung von Likert-Skalen sprechen eine leichte Verständlichkeit, eine einfache Durchführ- und Auswertbarkeit sowie eine kurze Lösungszeit (Lienert & Raatz, 1998). Böckenholt (2017) bestätigt ebenfalls, dass Likert-Skalen die vorrangige Methode zur Messung von Einstellungen sind; daher fiel die Wahl auf diese Antwortskalierung. Die Operationalisierung erfolgte anhand – größtenteils leicht modifizierter und in eigener Übersetzung verwendeter – Skalen. Die Äquivalenz der Übersetzung der englischsprachigen Items wurde durch einen weiteren Experten abgesichert (Ellis, 1989; Usunier, 2007).

Zur Anpassung und leichten Umformulierung einiger Items wurden die Hinweise zur Formulierung von Fragebogen-Fragen nach Mummendey (2006), Porst (2014) sowie Schnell et al. (2008) beachtet. Die Auswahl der Items orientierte sich an der induktiven Konstruktionsmethode zur Erstellung eines Fragebogens (Rammstedt, 2006). Bei dieser Methode werden bereits existierende Items verwendet, die hoch miteinander korrelieren. Bei diesen Items wird davon ausgegangen, dass diese eine gemeinsame Dimension abbilden.

Die Güte der Operationalisierung ist anhand der folgenden drei diagnostischen Kriterien erkennbar (Bühner, 2005; Gollwitzer & Schmitt, 2006):

- Objektivität: Die Operationalisierung sollte nicht von der Person abhängen, die sie vornimmt.
- Reliabilität: Grad der Genauigkeit bzw. Zuverlässigkeit, mit der anhand eines Tests tatsächlich das gemessen wird, was gemessen werden soll.
- Validität: Gültigkeit, d. h. Operationalisierung als möglichst passender Indikator eines Merkmals.

Die drei Gütekriterien stehen in einem Abhängigkeitsverhältnis: Objektivität bedingt Reliabilität, diese wiederum die Validität (Diekmann, 2007). Nachfolgend werden die einzelnen Skalen detailliert beschrieben. Die Reihenfolge entspricht derjenigen des Online-Fragebogens. Eine Übersicht zu Beispiel-Items der einzelnen Skalen liefert Tabelle 15.

Tabelle 15: Dimensionen des Fragebogens mit Beispiel-Item

Dimension	**Beispiel-Item**
EB	„Die Marke meines Unternehmens hat insbesondere bei unserer Zielgruppe einen guten Ruf“
IB	„In meinem Unternehmen finden sich die Markenwerte in der internen mündlichen Kommunikation wieder“
$D_{(EB,IB)}$	„Ich nehme eine Diskrepanz wahr zwischen unserer Unternehmensrealität und der Wahrnehmung unseres Unternehmens auf dem Markt“
UK	„Die Erwartungen, die in meinem Unternehmen an einen „guten Mitarbeiter“ gestellt werden, sind klar“
OID	„Ich identifiziere mich als Mitglied meines Unternehmens“
AZ	„Ich bin zufrieden mit meiner Arbeit“
OCB	„Ich helfe Anderen bei Überlastung“
SozErw	„Ich akzeptiere alle anderen Meinungen, auch wenn sie mit meiner eigenen nicht übereinstimmen“

Anmerkungen. Quelle: Eigene Darstellung.

Alle umgekehrt codierten Items wurden jeweils umformuliert, um den *reversed item bias* zu vermeiden (Weijters, Baumgartner & Schillewaert, 2013). Es konnte mehrfach gezeigt werden, dass negativ formulierte Items zu einer Verzerrung führen. Diese Verzerrung beeinträchtigt die Ergebnisvalidität (DeVellis, 2012), da die Items Probanden verwirren (Swain, Weathers & Niedrich, 2008). Da invers formulierte Items zu einer artifiziellen Über- oder Unterschätzung der Reliabilität führen können, wurde auf eine Umkehrung verzichtet. Eine faktorenanalytische Studie von Podsakoff, MacKenzie, Lee und Podsakoff (2003) konnte belegen, dass invers formulierte Items einen eigenen Faktor bilden, unabhängig vom Inhalt des Items. Bei der Itemkonstruktion ist eine Negation zu vermeiden, um die Itemqualität zu erhöhen (Swain et al., 2008).

Die einzelnen Skalen wurden ausgewählt, da sie jeweils Teil der am häufigsten verwendeten Fragebögen für die entsprechenden Konstrukte sind (vgl. Riketta, 2005). Die Skalen wurden gekürzt übernommen, um den Fragebogen insgesamt nicht zu lang werden zu lassen (vgl. Vey & Campbell, 2004). Die Items können dem Fragebogen in Anhang A entnommen werden. Alle Werte für Cronbachs α beziehen sich auf die vorliegende Stichprobe. Nachfolgend werden die verwendeten Skalen in der Reihenfolge des Fragebogens beschrieben.

Wahrgenommenes externes Branding

Das wahrgenommene EB (6 Items) wurde in Anlehnung an Mann und Ghuman (2013) sowie Wong und Merrilees (2007) erfasst. Alle Items wurden gemittelt, um einen Einzelwert für die Wahrnehmung des EB zu erhalten (Cronbachs $\alpha = .70$).

Wahrgenommenes internes Branding

Das wahrgenommene IB (6 Items) wurde in Anlehnung an Aurand et al. (2005) sowie Punjaisri et al. (2009) erfasst. Alle Items wurden gemittelt, um einen Einzelwert für die Wahrnehmung des IB zu erhalten (Cronbachs $\alpha = .77$).

Wahrgenommene Diskrepanz zwischen externem und internem Branding

Die wahrgenommene $D_{(EB,IB)}$ (6 Items) wurde in Anlehnung an Davies und Chun (2002), Kreiner und Ashforth (2004) sowie Kressmann et al. (2006) erfasst. Alle Items wurden gemittelt, um einen Einzelwert für die Wahrnehmung der genannten Diskrepanz zu erhalten (Cronbachs $\alpha = .85$).

Wahrgenommene Unternehmenskultur

Die wahrgenommene UK (6 Items) wurde in Anlehnung an Kobi und Wüthrich (1986) sowie Sackmann (2002, 2007) erfasst. Alle Items wurden gemittelt, um einen Einzelwert für die Wahrnehmung der UK zu erhalten (Cronbachs $\alpha = .73$).

Organisationale Identifikation

Die OID (6 Items) wurde in Anlehnung an Mael und Ashforth (1992) erfasst. Alle Items wurden gemittelt, um einen Einzelwert für die OID zu erhalten (Cronbachs $\alpha = .79$).

Kontrollfragen (manipulation checks)

Eigen formulierte Aussagen (2 Items):

- „Ich habe innerlich bereits gekündigt.“
- „Ich sehe mich bereits auf dem Arbeitsmarkt um.“

Die Kontrollfragen gingen nicht in die statistische Datenauswertung ein. Anhand dieser Kontrollfragen wurde lediglich überprüft, ob der Fragebogen gewissenhaft beantwortet wurde.

Arbeitszufriedenheit

Die AZ (6 Items) wurde in Anlehnung an Fischer und Lück (1972) erfasst. Alle Items wurden gemittelt, um einen Einzelwert für die AZ zu erhalten (Cronbachs $\alpha = .72$).

Organizational Citizenship Behavior

Das OCB (6 Items) wurde in Anlehnung an Staufenbiel und Hartz (2000) erfasst. Alle Items wurden gemittelt, um einen Einzelwert für das OCB zu erhalten (Cronbachs $\alpha = .86$).

Die Thematik der SozErw weist bei der Beantwortung von Fragebogen-Items noch einige Besonderheiten auf.

3.2.4.1 Soziale Erwünschtheit

Unter SozErw wird die Tendenz von Probanden verstanden, sich an derjenigen Antwort zu orientieren, bei der sie einen möglichst guten Eindruck machen (Borkenau, 2006). Die SozErw basiert auf dem Motiv der sozialen Anerkennung (Crowne & Marlowe, 1960). Schnake (1991) hat empfohlen, speziell für SozErw zu kontrollieren, wenn OCB als AV gemessen wird. Bernerth und Aguinis (2016) argumentierten, stets für SozErw zu kontrollieren. Van den Berg, Lance und Taylor (2005) haben gezeigt, dass Selbstberichte jedoch eine akzeptable Datenerhebungsform für die Erfassung von OCB sind. Eine Skala zur Erfassung der SozErw ermöglicht es, Probanden mit einer ausgeprägten Tendenz eher vorsichtig zu interpretieren – wenn nicht ganz auszuschließen – um eine Datenverzerrung zu vermeiden (Eid et al., 2015).

Die SozErw wurde mit sechs Items der SES-17 (Soziale Erwünschtheits-Skala) von Stöber (1999) erfasst (s. Anhang A). Laut Stöber (1999) waren Vorteile der SES-17 gegenüber der etablierten SDS (*social desirability scale*; Lück & Timaeus, 1969) eine höhere Ökonomie, Augenscheinvalidität und soziale Akzeptanz. Aus diesen Gründen wurde die Skala von Stöber (1999) für die vorliegende Studie verwendet.

3.2.4.2 Soziodemografische Angaben

Als soziodemografische Angaben wurden gemäß der Empfehlungen von Chen und Chiu (2009), Li und Kollegen (2010), Kim und Kollegen (2015) sowie Raffiee und Coff (2016) folgende Variablen erhoben: Geschlecht, Alter, Betriebszugehörigkeitsdauer, Abteilungszugehörigkeitsdauer, Praxiserfahrung, Award-Prämierung, Arbeitgeber-Ranking, Schulabschluss, Bildungsabschluss, Branche, Unternehmensexistenz, Unternehmensgröße (insgesamt und standortbezogen), Tätigkeitsbereich, Führungsposition, Führungspositions-Dauer sowie unterstellte Mitarbeiteranzahl. Die detaillierte Stichprobenbeschreibung erfolgt im nächsten Teilkapitel.

3.3 Stichprobe

Die Stichprobe setzte sich aus Mitarbeitern verschiedener deutscher Unternehmen und Organisationen zusammen. Mitarbeiter für diese Studie zu befragen hat drei Gründe:

1. Mitarbeitern kommt eine bedeutende Rolle im Markenaufbauprozess und im Hinblick auf das OCB zu (Nguyen & Leblanc, 2002).
2. Jeder Mitarbeiter repräsentiert sein Unternehmen (Cascio, 2014).
3. Aktuell wurden Mitarbeiter als Zielgruppe des Brandings noch nicht erschöpfend untersucht (Bruhn & Batt, 2015).

Die Unternehmen wurden für die vorliegende Studie anhand des „trendence Young Professional Barometers 2015“ des Trendence Instituts (2015a) ausgewählt, das eines der bekanntesten Arbeitgeber-Rankings in Deutschland ist. Ein weiterer Grund für die Wahl dieses Rankings besteht darin, dass explizit nach dem Employer Branding gefragt wurde und weitere relevante Variablen – wie z. B. die AZ – beinhaltete.

Bei dieser Stichprobe handelte es sich um eine Quotenstichprobe, da die Unternehmen als Teil des Rankings bereits „geclustert“ sind (Döring & Bortz, 2016; Yavuz, 2012). Dieses Vorgehen erfolgte in Anlehnung an Einwiller und Will (2002), Guiso, Sapienza und Zingales (2015) sowie Huang und Tsai (2013), welche die Unternehmen für ihre Studien ebenfalls anhand eines Rankings ausgewählt haben. Wang, Wezel und Forgues (2016) befürworteten, Ranking-Listen als Grundlage für Forschungsarbeiten zu verwenden, in denen externe und interne Unternehmensperspektiven gegenübergestellt werden – wie es in der vorliegenden Arbeit der Fall ist. Love und Singh (2011) bestätigten, dass „Arbeitsplatz-Branding“ anhand von Ranking-Listen viel mehr Aufmerksamkeit bei Führungskräften als bei Forschern erlangt hat. Laut Dineen und Allen (2016) waren beste Arbeitsplätze “(...) companies that demonstrate superlative employee relations practices“ (p. 91).

Zur Verdeutlichung werden im Folgenden einige Hintergrundinformationen über das Trendence Institut und dessen Ranking gegeben: „trendence ist Europas führendes Forschungsinstitut im Bereich Employer Branding, Personalmarketing und Recruiting (…). Die Ergebnisse unserer Studien unterstützen Personalabteilungen in Unternehmen bei wichtigen Entscheidungen bezüglich ihrer Recruiting- und Marketingstrategien“ (Trendence Institut, 2017). „Das trendence Young Professional Barometer ist eine Online-Studie zu den Karrierevorstellungen und Erwartungen von Young Professionals aller Fachrichtungen mit 1 bis 8 Jahren Berufserfahrung“ (Trendence Institut, 2015a). Zentrale Ergebnisse der Befragung aus dem Jahr 2015 waren Folgende: An der Befragung nahmen $N = 7297$ Young Professionals (4368 Männer, 2929 Frauen, übrige Angaben fehlend) teil. Abgefragte Inhalte waren die beliebtesten Arbeitgebermarken Deutschlands. Diese wurden jeweils getrennt für Männer und Frauen analysiert. Ferner waren folgende Inhalte Gegenstand der Befragung (Trendence Institut, 2015b):

- Wochenarbeitszeit der Teilnehmer
- Gehalt
- Mobilitätsbereitschaft
- Berufserfahrung
- Anzahl Arbeitgeber bei denen die Teilnehmer tätig waren
- Aktueller beruflicher Status
- Soft Skills
- Höchster Bildungsabschluss
- Selbsteingeschätzter Marktwert
- Anzahl Kontaktaufnahmen mit Arbeitgeber oder Headhunter

- Bevorzugte Bewerbungsform
- Dauer des Bewerbungsprozesses
- Arbeitszufriedenheit
- Gründe für Unzufriedenheit mit aktuellem Job
- Wechselbereitschaft
- Informationswege zur gezielten Suche nach einem Arbeitgeber
- Nutzung von Social-Media-Kanälen.

Das vollständige „trendence Young Professional Barometer 2015“ kann Anhang B entnommen werden. Die Anwerbung der Untersuchungsteilnehmer erfolgte durch persönliche Ansprache per E-Mail (s. Anhang C und D).

Zum erforderlichen Stichprobenumfang haben Fritz und MacKinnon (2007) mindestens N = 200 Teilnehmer für die Testung eines Modells mit multiplen Mediatoren empfohlen. Neben großen Konzernen liegt der Fokus der vorliegenden Arbeit auch auf KMU, denn diese weisen im Hinblick auf das Branding einige Besonderheiten auf (Berthon, Ewing & Napoli, 2008). Laut Immerschmitt und Stumpf (2014) umfassten KMU mindestens 50 Mitarbeiter. Sowohl große Unternehmen als auch KMU sind sich der Bedeutung des Brandings bewusst (Wong & Merrilees, 2008). Allerdings implementieren KMU ihre Markenaktivitäten überwiegend in einem unstrukturierten Prozess. KMU unterliegen Ressourcenbeschränkungen, die den Markenaufbau entsprechend schwieriger gestalten. Gerade im KMU-Bereich ist die Forschung zum Branding noch unzureichend (Agostini & Nosella, 2017). Nachfolgend wird die Untersuchungsdurchführung dargelegt.

3.4 Untersuchungsdurchführung

Zur Erläuterung der Untersuchungsdurchführung wird jeweils der Ablauf der Pilot- und der Hauptstudie skizziert.

3.4.1 Durchführung der Pilotstudie

Die Durchführung einer Pilotstudie zur Sicherung der Fragebogengüte wird von Schnell und Kollegen (2008) empfohlen. Im Dezember 2015 und Januar 2016 wurde zunächst eine solche

Pilotstudie mit einigen Mitarbeitern verschiedener deutscher Unternehmen und Organisationen aus dem persönlichen Bekanntenkreis der Autorin sowie wissenschaftlichen Mitarbeitern einer Universität in Bayern durchgeführt ($N = 14$). Diese Pilotstudien-Stichprobe war repräsentativ für die Zielgruppe der Hauptstudie. Der Link zur Umfrage wurde den Probanden per E-Mail zugesandt (s. Anhang C und D). In dieser E-Mail wurde betont, dass die Studienteilnahme anonym erfolgt und freiwillig ist. Die Probanden sollten beim Ausfüllen darauf achten, ob die Items verständlich sind und der Fragebogen klar strukturiert ist (Döring & Bortz, 2016). Ziel dieser Pilotstudie war das Sicherstellen des Verständnisses der Instruktion, der Fragebogen-Items, des Antwortformats und der Dauer des Ausfüllens. Es erfolgte daher keine statistische Datenauswertung der Pilotstudie (Bell, 2005).

Abgefragt wurde u. a., wie das EB und IB im eigenen Unternehmen wahrgenommen sowie das eigene freiwillige, proaktive Verhalten am Arbeitsplatz (OCB) eingeschätzt wird. Die Probanden konnten ihre Rückmeldung entweder per E-Mail an die Autorin senden oder direkt in die Kommentarfelder des Online-Fragebogens eintragen. Im nächsten Schritt wurde der Online-Fragebogen gemäß der Rückmeldungen für die Durchführung der Hauptstudie überarbeitet.

3.4.2 Durchführung der Hauptstudie

Die Hauptstudie fand im Anschluss an die Pilotstudie von 15. Februar bis 15. August 2016 mittels Online-Befragung statt. Hierfür wurden – analog zur Pilotstudie – Mitarbeiter per E-Mail eingeladen, an der Studie teilzunehmen (s. Anhang C und D). Dies erfolgte durch individuelle Ansprache per E-Mail an die jeweilige HRM-, Unternehmenskommunikations- bzw. Public-Relations-Abteilung der Unternehmen. Es wurden hauptsächlich die jeweiligen Personalmanager kontaktiert, wie Easterby-Smith, Thorpe und Lowe (1991) empfohlen haben. Dies lag darin begründet, dass Personalmanager Kontakte im gesamten Unternehmen haben und somit den Zugang erleichtern.

Aus dem „trendence Young Professional Barometer 2015" (Trendence Institut, 2015a) wurden zunächst die Unternehmen der Plätze 1 bis 25 sowie 75 bis 94 (94 = letzter Platz im Ranking) angeschrieben, um erfolgreiche von weniger erfolgreichen Unternehmen zu differenzieren. Einige Plätze wurden im Ranking von mehreren Unternehmen gleichzeitig belegt. Da sich von den zunächst 44 angeschriebenen Unternehmen lediglich sechs mit einer Zusage zurückmeldeten, wurden zusätzlich alle anderen Unternehmen aus dem Ranking angeschrieben. Ausnahmen bildeten hierbei Institute und Rundfunkanstalten (z. B. Fraunhofer Institut oder ARD und ZDF etc.), die thematisch nicht zum Gegenstand der vorliegenden Arbeit passen.

Die Ansprechpartner wurden um Teilnahme an der Studie gebeten und zusätzlich darum, den Link des Online-Fragebogens – falls möglich – über einen internen Unternehmensverteiler zu senden. In der Instruktion wurde auf Anonymität und Freiwilligkeit der Teilnahme hingewiesen. Das Ausfüllen des Fragebogens dauerte maximal 10 Minuten, um den zeitlichen Aufwand für die Mitarbeiter so gering wie möglich zu halten (Easterby-Smith et al., 2002). Die Unternehmen wurden nach zwei Wochen erneut an die Teilnahme erinnert.

Zudem wurde ein Anschreiben mit dem Link zum Online-Fragebogen in verschiedenen Gruppen der *XING*-Website (https://www.xing.com/) bekannt gemacht. „XING ist das soziale Netzwerk für berufliche Kontakte (...). Auf XING vernetzen sich Berufstätige aller Branchen, suchen und finden Jobs, Mitarbeiter, Aufträge, Kooperationspartner, fachlichen Rat oder Geschäftsideen und informieren sich über die neuesten Themen in ihrer Branche" (XING AG, 2016). Eine Liste der genutzten *XING*-Gruppen findet sich in Anhang E. Diejenigen Gruppen, die mehr als 1000 Mitglieder haben, wurden ein zweites Mal an die Befragungsteilnahme erinnert.

Um eine ausreichend große Stichprobe zu erhalten, wurde zusätzlich zu den Studienteilnehmern der Unternehmen aus dem Trendence-Ranking auf das sog. „Schneeball"-Verfahren (Gabler, 1992; Goodman, 1961, Miller & Brewer, 2003) zurückgegriffen. Dieses Verfahren führt zu „geklumpten" Stichproben, weil Personen innerhalb des Bekanntenkreises benannt werden (Döring & Bortz, 2016). Nachteil dieses Vorgehens ist, dass es sich bei der Schneeball-Stichprobe um eine nicht-probabilistische Stichprobe handelt (Diekmann, 2007). Für das Verfahren wurden Mitarbeiter aus dem persönlichen Bekanntenkreis der Autorin angeschrieben. Die Kontakte wurden gebeten, das Anschreiben mit dem Link zum Online-Fragebogen an Kollegen (vorrangig Mitarbeiter des mittleren und Top Managements aus den Bereichen Public Relations und Marketing sowie Personalmanagement) weiterzuleiten und um Studienteilnahme zu bitten. Auch hier erfolgte eine Erinnerung an die Teilnahme nach zwei Wochen. Nach Abschluss der Datenauswertung wurden diejenigen Studienteilnehmer, die Interesse an den Ergebnissen bekundet hatten, per E-Mail über die zentralen Erkenntnisse informiert (s. Anhang F). Die Auswertungsmethoden werden im nächsten Teilkapitel erörtert.

3.5 Auswertungsmethoden

Bei den Auswertungsmethoden handelt es sich um eine Kurzbeschreibung der statistischen Verfahren, die zur Datenanalyse herangezogen wurden. Für alle angewandten Verfahren wurden die jeweils erforderlichen Voraussetzungen nach Döring und Bortz (2016) geprüft.

Die Eingabe, Kodierung und Auswertung der Daten erfolgte anhand der Statistiksoftware *IBM SPSS Statistics für Windows*, Version 23. Es wurden deskriptive Statistiken, Häufigkeiten und Korrelationen für alle zentralen Variablen berechnet. Außerdem wurde die Reliabilität der einzelnen Skalen ermittelt und Signifikanztests (*t*-Tests sowie einfaktorielle Varianzanalysen) durchgeführt (Sedlmeier & Renkewitz, 2011).

Die vorliegende Arbeit bedient sich hauptsächlich der Mediationsanalyse, die auf multiplen Regressionen basiert (Cohen, Cohen, West & Aiken, 2003). Für die Hypothesentestung wurden einfache, wie auch serielle multiple Mediationsanalysen anhand des PROCESS-Ansatzes durchgeführt (Hayes, 2013), die im Verlauf dieses Teilkapitels noch genauer beschrieben werden.

PROCESS ist ein neues *tool*, das von Hayes (2013) speziell entwickelt wurde, um neben dem klassischen Strukturgleichungsmodell (SGM) auch Pfadanalysen-basierte, einfache und serielle multiple Mediationsanalysen sowie Moderationsanalysen zu berechnen. Nach Preacher und Hayes (2008) hat vor allem die Testung multipler Mediatoren bislang wenig Aufmerksamkeit in der Forschung erhalten.

Nachfolgend wird eine kurze allgemeine Einführung zur Idee von Mediationseffekten gegeben, da die Mediationsanalyse das zentrale Verfahren der vorliegenden Arbeit ist. Die Grundlage für Mediationseffekte bildete das klassische Mediationsmodell nach Baron und Kenny (1986), das in Abbildung 10 veranschaulicht ist.

Mediationsanalysen untersuchen den Mechanismus zwischen dem Zusammenhang einer UV und einer AV. Sie berechnen, inwiefern dieser mit einer dritten, vermittelnden Variable zusammenhängt (Baron & Kenny, 1986; Hayes, 2013; Valeri & VanderWeele, 2013).

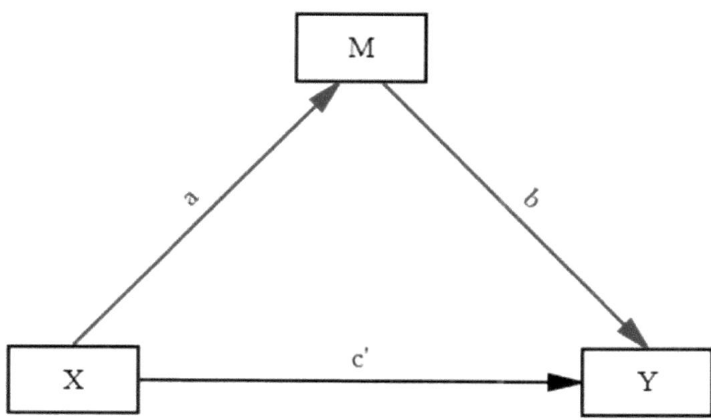

Abbildung 10: Darstellung des einfachen Mediationsmodells. X bezeichnet die UV, Y ist die AV und M stellt die Mediatorvariable dar. X und Y korrelieren nur miteinander, weil M als vermittelnde Variable zwischen diesen Variablen steht. **Graue Pfeile:** Indirekter Effekt (a b). **Schwarzer Pfeil:** Direkter Effekt (c'). Nicht eingezeichnet sind die jeweiligen Fehlervariablen (Quelle: Eigene Darstellung in Anlehnung an das Modell von Baron und Kenny, 1986 sowie Hayes 2013, p. 91).

Eine Mediation kann den Effekt einer UV auf eine AV entweder teilweise oder vollständig vermitteln (Baron & Kenny, 1986; MacKinnon, 2017). Wichtig ist die Unterscheidung einer tatsächlichen Mediation von einem indirekten Effekt (MacKinnon, 2017). Tabelle 16 stellt die entsprechenden Unterschiede gegenüber.

Tabelle 16: Gegenüberstellung von Mediation und indirektem Effekt

Mediation	**Indirekter Effekt**
• UV korreliert signifikant mit AV	• UV korreliert nicht signifikant mit AV
• UV korreliert signifikant mit Mediator	• UV korreliert signifikant mit Mediator
• Mediator korreliert signifikant mit AV	• Mediator korreliert signifikant mit AV
• Korrelation zwischen UV und AV verringert sich signifikant, wenn der Mediator in einem multiplen Regressionsmodell berücksichtigt wird	

Anmerkungen. Quelle: Eigene Darstellung in Anlehnung an MacKinnon (2017).

Der indirekte Effekt repräsentiert den Teil des Effekts von X auf Y, der durch M vermittelt wird. c‘ bezeichnet den direkten Effekt von X auf Y (Hayes, 2013). Die indirekten Effekte werden als Produkte der Regressionskoeffizienten geschätzt. Die Summe des direkten und des indirekten Effekts ergibt den totalen Effekt c, wobei c = c‘ + a b (Hayes, 2013). Die Größe dieses Effekts wird durch das Produkt der Pfade a und b angezeigt. Eine totale Mediation ist ein Modell, in dem a b ≠ 0 und c‘ = 0, wohingegen eine teilweise Mediation existiert, wenn a b ≠ 0 und c‘ ≠ 0 (Aguinis, Edwards & Bradley, 2016; vgl. Abbildung 10).

Es handelt sich um einen partiellen Effekt, wenn M von X sowie gleichzeitig Y von M beeinflusst werden. Zudem muss ein direkter Effekt von X auf Y vorliegen, der nicht durch M vermittelt wird. Der Zusammenhang zwischen X und Y ist signifikant kleiner, wenn M in der Gleichung vorkommt, Pfad c‘ dabei aber immer noch signifikant größer als 0 ist. c‘ ist signifikant, aber der Betrag von c‘ ist kleiner als derjenige von c (Frazier, Tix & Barron, 2004). Um einen totalen Effekt handelt es sich hingegen, wenn der Zusammenhang zwischen X und Y vollständig durch M interveniert wird und kein direkter Zusammenhang zwischen X und Y besteht. Der Zusammenhang zwischen X und Y, kontrolliert für M, ist gleich 0. Sofern sich c’ nicht signifikant von 0 unterscheidet, wird bei einem totalen Effekt der Einfluss von X auf Y – unter Kontrolle von M – nicht signifikant. Wird der Effekt geringer, bleibt aber dennoch signifikant, so liegt ein partieller Effekt vor (Frazier et al., 2004; MacKinnon, 2017).

Das Mediationsmodell ist ursprünglich ein Längsschnitt-Kausalmodell, in dem X den Mediator M vorhersagt und M wiederum Y vorhersagt. Allerdings ist es in der Forschung mittlerweile auch geläufig, Mediationsanalysen anhand von Querschnittdaten durchzuführen (MacKinnon et al., 2012).

Bei allen aufgeführten Mediationsanalysen wurde jeweils der Einfluss der nachfolgend genannten Variablen statistisch kontrolliert, da diese einen Einfluss auf die Mediatoren sowie die AV OCB haben (Johnson & Ashforth, 2008; Kanfer, Wanberg & Kantrowitz, 2001; Wang & Rafiq, 2014): Alter, Geschlecht, Betriebszugehörigkeitsdauer, Award, Ranking, Praxiserfahrung, Unternehmensgröße, Schul- und Bildungsabschluss, Führungsposition. Durch dieses Vorgehen kann gewährleistet werden, dass Alternativerklärungen für den Zusammenhang zwischen UV und AV ausgeschlossen werden können (Bernerth & Aguinis, 2016). Dennoch können in einem Mediationsmodell weitere Variablen existieren, die für den Zusammenhang verantwortlich sind und nicht berücksichtigt wurden (Zhao, Lynch & Chen, 2010).

Außerdem wurde statistisch für die SozErw kontrolliert und deren Einfluss aus dem Zusammenhang zwischen der UV und der AV auspartialisiert. SozErw kann eine Ursache des *common method bias* sein (Söhnchen, 2007).

Daher wird im Folgenden in einem kurzen Exkurs ein grober Überblick zur Problematik dieser Verzerrung gegeben: Wenn sowohl UV als auch AV über Items bei demselben Probanden abgefragt werden, besteht die Gefahr des *common method bias* (Podsakoff & Organ, 1986; Podsakoff et al., 2003). Dieser wird synonym mit dem Begriff der *common method variance* verwendet (Greve, 2006). Dieser Messfehler (*single source bias*) kommt aufgrund der Datenerhebung aus lediglich einer Quelle zustande und ist nicht auf den Zusammenhang zwischen den Variablen zurückzuführen (Campbell & Fiske, 1959; Williams & McGonagle, 2016). Diese systematische Methodenvarianz ist ein Messfehler, der die Schätzung der Konstruktvalidität und Reliabilität verzerrt (Podsakoff et al., 2003; Podsakoff, MacKenzie & Podsakoff, 2016), da die Korrelationen durch die gemeinsame Methodenvarianz künstlich erhöht werden (Ernst, 2003; Söhnchen, 2007; Williams & McGonagle, 2016).

Ein *single source design* hat allerdings seine Berechtigung, wenn zu bestimmten Fragestellungen nur eine Datenquelle vorhanden ist, was bei der Abfrage persönlicher Einstellungen in der vorliegenden Studie der Fall ist (Söhnchen, 2007). Der Harman-One-Factor Test ist eine Möglichkeit, die Daten diesbezüglich zu überprüfen (Podsakoff et al., 2003). Dies wird von Spector (2006) ausdrücklich empfohlen.

Für die vorliegende Studie wurde der Harman-One-Factor Test anhand einer exploratorischen Faktorenanalyse (keine Rotation, 1 zu extrahierender Faktor) durchgeführt. Dieser Test zeigt die erforderliche Anzahl an Faktoren an, um die Variablen-Varianz vollständig erklären zu können (Harman, 1976). Eine Gefahr des *common method bias* liegt erst dann vor, wenn ein eigener Faktor existiert oder dieser mehr als 50% der Kovarianz zweier Variablen vorhersagt (Podsakoff et al., 2003). Der Harman-One-Factor Test ergab für die vorliegende Studie eine Erklärung von 33% der Varianz durch einen Faktor, d. h. der *common method bias* hat im vorliegenden Datensatz keinen Einfluss.

Maßnahmen zur Verringerung des *common method bias* sind die Zusicherung von Anonymität und die Ankündigung, dass Antworten weder richtig noch falsch sein können (Söhnchen, 2007). Beides ist in der vorliegenden Studie mehrfach erfolgt. Um das Vorhandensein des *common method bias* – ergänzend zum Harman-One-Factor Test – relativ einfach zu erfassen, hat Greve (2006) empfohlen, die gesamte erklärte Varianz der AV durch die UV zu beachten. Ist dieser Anteil sehr gering, so ist keine oder wenig *common method variance* vorhanden.

Um den Einfluss möglicher Ursachen der *common method variance* zu eliminieren, bietet es sich an, diese als Kovariate mit zu erheben, um dann den Zusammenhang von UV und AV um deren Einfluss zu „bereinigen". Dies erfolgt durch die Berechnung einer sog. Partialkorrelation (Jex & Spector, 1996). Die Ergebnisse der Partialkorrelation werden mit der Korrelation ohne Kovariate hinsichtlich der Signifikanz verglichen (Podsakoff et al., 2003). Laut Crampton und Wagner (1994) war der *common method bias* allerdings per se kein Problem von *single source designs*, sondern tritt nur bei einer bestimmten Variablenkombination auf. Es sind sowohl Methode als auch Inhalte wichtig, sodass nicht davon ausgegangen werden kann, dass allein die Methode zum *common method bias* führt (Spector, 2006).

Söhnchen (2007) legte nahe, dass vor der Datenerhebung immer bedacht werden sollte, wo Ursachen für *common method variance* bestehen könnten, um diese ggf. zu kontrollieren. Für die vorliegende Studie wurden aus diesem Grund Items zur SozErw einer existierenden Skala (Stöber, 1999) miterhoben. Der Einfluss der SozErw wurde aus dem Zusammenhang zwischen $D_{(EB,IB)}$ und OCB mittels einer Partialkorrelation herausgerechnet (jeweils zweiseitige Testung). Die Korrelation zwischen $D_{(EB,IB)}$ und OCB betrug ohne SozErw: $r = -.58$, $p < .01$ und mit Berücksichtigung der SozErw: $r = -.50$, $p < .01$. Nach Herauspartialisieren des Einflusses der SozErw hat sich die Korrelation zwar verringert, ist aber immer noch hoch, d. h. der Zusammenhang zwischen $D_{(EB,IB)}$ und OCB kann nicht alleine durch die SozErw erklärt werden. Die SozErw ist somit nicht für den Zusammenhang zwischen $D_{(EB,IB)}$ und OCB verantwortlich.

Nachfolgend werden die statistischen Verfahren zur Überprüfung der einzelnen Hypothesen dargelegt. Für die Hypothesen *H1f*, *H2d*, *H3b*, *H4d*, *H5b* sowie *H6b* wurden einfache Mediationsanalysen mit nur einer MV berechnet. Diese Mediationsanalysen wurden, wie bereits erwähnt, mit Hilfe des SPSS-Makros PROCESS von Hayes (2013) durchgeführt. Mediationsanalysen mit nur einem Mediator entsprechen Modell 4 nach Hayes (2013).

Für die Hypothesen *H7a* bis *H7c* wurden serielle multiple Mediationsanalysen durchgeführt. Eine serielle multiple Mediationsanalyse erlaubt zwei bis vier Mediatoren in Folge (Hayes, 2013). Das zu testende Forschungsmodell erfüllt diese Voraussetzung mit drei Mediatoren (vgl.

Abbildung 9). Für diese Mediationsanalysen wurde ebenfalls auf das PROCESS-Makro von Hayes (2013) zurückgegriffen. Es handelte sich hierbei um Modell 6 nach Hayes (2013), bei dem die erste MV die zweite beeinflusst usw.

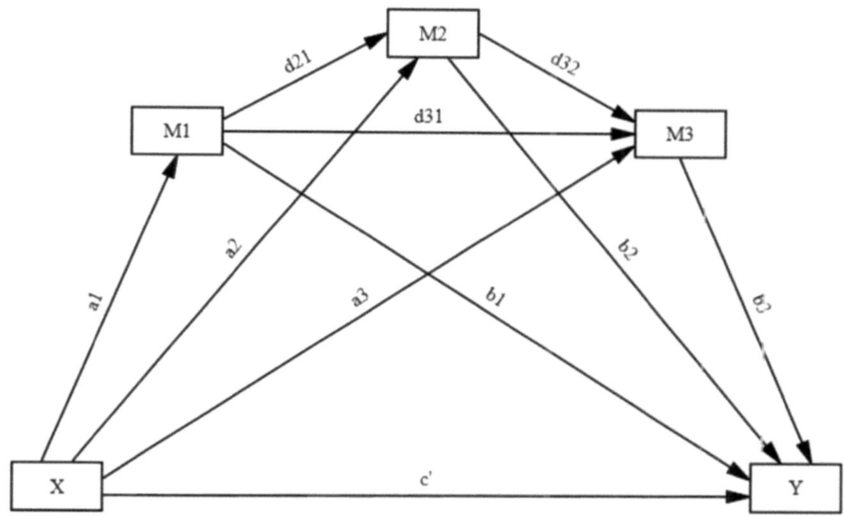

Abbildung 11: Statistisches Diagramm zu Modell 6 nach Hayes (2013) mit drei seriellen Mediatoren. Nicht eingezeichnet sind die Fehlervariablen (Quelle: Eigene Darstellung in Anlehnung an Hayes, 2013, p. 145):
a1 d21 b2 = Indirekter Effekt von X auf Y seriell durch M1 und M2
a1 d31 b3 = Indirekter Effekt von X auf Y seriell durch M1 und M3
a2 d32 b3 = Indirekter Effekt von X auf Y seriell durch M2 und M3
a1 d21 d32 b3 = Indirekter Effekt von X auf Y seriell durch M1, M2 und M3
c‘ = Direkter Effekt von X auf Y.

Eine serielle Mediationsanalyse prüft, inwieweit sich verschiedene Variablen gegenseitig bedingen. Der Regressionskoeffizient *b* gibt dabei die Stärke des Einflusses einer Variable auf eine andere an. Die Standardabweichung ist hierbei der Standardfehler (*SE*), der die durchschnittliche Entfernung der Beobachtungen von der Veränderung beschreibt. Das Konfidenzintervall (KI) wird auch als Vertrauensintervall bezeichnet und beinhaltet den Bereich, der bei unendlicher Wiederholung eines Zufallsexperiments die tatsächliche Lage des Regressionskoeffizienten angibt (Hayes, 2013). Das allgemeine, statistische Modell einer seriellen multiplen Mediation mit drei Mediatoren ist in Abbildung 11 dargestellt.

Der totale Effekt (c) in Modell 6 nach Hayes (2013, p. 147; vgl. Abbildung 11) wird durch folgende Gleichung beschrieben:

$$c = c' + a1\ b1 + a2\ b2 + a3\ b3 + a1\ d21\ b2 + a1\ d31\ b3 + a2\ d32\ b3 + a1\ d21\ d32\ b3$$

Im Forschungsmodell dieser Arbeit (s. Abbildung 9) wird angenommen, dass der Zusammenhang zwischen der $D_{(EB,IB)}$ und dem OCB durch die drei seriellen Mediatoren UK, OID und AZ vermittelt wird. Zur konkreten Testung dieses Forschungsmodells wurde die $D_{(EB,IB)}$ als UV in das PROCESS-Makro (Hayes, 2013) eingegeben und das OCB als AV. Die UK wurde als Mediator 1 eingefügt, die OID als Mediator 2 und die AZ als Mediator 3.

Wie in Kapitel 2.7 dargelegt, wurde das Forschungsmodell (s. Abbildung 9) in drei Varianten getestet (Hypothesen *H7a* bis *H7c*): Als Erstes wie in Abbildung 9 dargestellt, d. h. ohne Berücksichtigung der Diskrepanz-Vorzeichen. Anschließend in zwei weiteren Varianten, d. h. mit Berücksichtigung der Diskrepanz-Vorzeichen: $D_{(EB-,IB+)}$ und $D_{(EB+,IB-)}$. Für die Richtung der Diskrepanz wurden anhand der EB- und IB-Items zwei ergänzende Dummy-Variablen (codiert mit 0 bzw. 1) erstellt (vgl. Field, 2013; Kumar, Scheer & Steenkamp, 1995):

$D_{(EB-,IB+)} = 1$, wenn EB negativ und IB positiv.
$D_{(EB-,IB+)} = 0$, wenn EB negativ und IB negativ oder wenn EB positiv und IB positiv.

$D_{(EB+,IB-)} = 1$, wenn EB positiv und IB negativ.
$D_{(EB+,IB-)} = 0$, wenn EB negativ und IB negativ oder wenn EB positiv und IB positiv.

Gegenüber dem seriellen multiplen Mediationsmodell (s. Abbildung 11) birgt das einfache Mediationsmodell (s. Abbildung 10) mehrere Limitationen (Hayes, 2013). Zunächst operieren die meisten Phänomene durch multiple Mechanismen. Darüber hinaus könnte ein spezifischer kausaler Einfluss in einem einfachen Mediationsmodell selbst mediiert sein. Außerdem könnte ein vermuteter Mediator nicht mit einer AV korrelieren, weil dieser die AV verursacht, sondern weil der Mediator mit einer anderen Variable zusammenhängt, welche die AV kausal beeinflusst (Hayes, 2013).

Diese Limitationen sowie die Argumente der existierenden Fachliteratur (Hayes, 2013) führten dazu, dass für das Forschungsmodell dieser Arbeit (s. Abbildung 9) serielle multiple Mediationseffekte – wie in Modell 6 von Hayes (2013) dargelegt – angenommen und getestet wurden.

Zur Begründung, weshalb in dieser Arbeit serielle multiple Mediationsanalysen gegenüber anderen statistischen Verfahren bevorzugt wurden, argumentierten Döring und Bortz (2016), dass regressionsanalytische Vorhersagen, wie z. B. mittels Mediationsanalysen, für eine hohe Varianzerklärung vollkommen ausreichen und es hierzu keines SGM bedarf. Hayes (2013) lieferte zudem plausible Gründe, weshalb ein regressionsbasierter Ansatz – wie die Mediationsanalyse – oft die geeignetere Wahl ist und ein SGM keinesfalls vorzuziehen ist. Auch Hayes, Montoya und Rockwood (2017) zeigen in einer aktuellen Studie, dass es keinen bedeutenden Unterschied macht, ob der PROCESS- oder der SGM-Ansatz verwendet wird. Allerdings kann anhand des PROCESS-Ansatzes eine größere Vielzahl an Statistiken generiert werden als anhand des SGM-Ansatzes und PROCESS ist zudem nutzerfreundlicher in der Bedienung (Hayes et al., 2017). Aus den angeführten Gründen wurde der PROCESS-Ansatz für die Datenauswertung bevorzugt und kein SGM gerechnet.

Weitere Aspekte, die gegen ein SGM sprechen werden nachfolgend beispielhaft erläutert: Die Tests für die Pfadkoeffizienten im SGM sind eher fehleranfällig. Dies trifft vor allem auf kleinere Stichproben zu (Hayes, 2013). Darüber hinaus liefern SGM-Programme Werte für den *fit* des Modells, die nicht saturiert („gesättigt") sind. Das serielle Mediationsmodell ist hingegen ein saturiertes Modell, bei dem der *fit* perfekt ist. Die Durchführung eines SGM hat ferner die Voraussetzung, dass keine Multikollinearität, d. h. Interkorrelationen zwischen den UV, bestehen darf. Im vorliegenden Forschungsmodell ist dies jedoch der Fall.

Auch die Tatsache, dass für die Berechnung eines SGM deutlich über 200, besser bis zu 800 Probanden nötig sind (Weiber & Mühlhaus, 2014), spricht für die realistische Durchführung einer seriellen multiplen Mediationsanalyse mit mindestens 100 Probanden (Hayes, 2013). Im SGM kommt die hohe Probandenzahl dadurch zustande, dass für jeden zu schätzenden Parameter zusätzliche Probanden benötigt werden.

Bei der Testung eines SGM kann zwischen dem LISREL-Ansatz und dem PLS-Ansatz unterschieden werden (Weiber & Mühlhaus, 2014). Sind Phänomene noch relativ unerforscht, ist der PLS-Ansatz vorzuziehen. Im LISREL-Ansatz wird die Varianz-Kovarianz-Matrix der Daten analysiert und diese durch das Kausalmodell repliziert. Hinsichtlich der Robustheit der

Parameterschätzung sowie der Repräsentativität der erhobenen Daten kann es zu Verzerrungen kommen (Weiber & Mühlhaus, 2014). Nachteile des PLS-Ansatzes sind Folgende: Es sind lediglich partielle Gütekriterien möglich, bei LISREL hingegen auch globale. Die Schätzer sind ungenauer als bei LISREL und werden bei PLS eher überschätzt. PLS wird darüber hinaus auch als *soft modeling* bezeichnet, da es keine Verteilungsannahme für die Parameterschätzung benötigt (Weiber & Mühlhaus, 2014).

Da es sich in der vorliegenden Studie um „geschachtelte" Daten (*nested data*) handelt – Mitarbeiter sind in Unternehmen eingebunden – würde sich auch die Methode des *multi-level modelings* anbieten (Aguinis & Molina-Azorin, 2015; Evanschitzky & Backhaus, 2015). Ein Nachteil dieser Methode ist jedoch, dass mindestens $N = 30$ Unternehmen mit mindestens $N = 25$ Mitarbeitern pro Unternehmen benötigt werden, was auf die vorliegende Stichprobe nicht zutraf. Das nachfolgende Kapitel stellt die Ergebnisse der durchgeführten Studie vor.

4 Darstellung der empirischen Ergebnisse

Zur Ergebnisdarstellung werden neben deskriptiven Statistiken, Häufigkeiten, Korrelationen, Signifikanztests, Reliabilitäten und Tests zur Richtung der $D_{(EB,IB)}$ auch die Ergebnisse zu den einzelnen Forschungsfragen und Hypothesen präsentiert.

4.1 Deskriptive Statistiken und Häufigkeiten

Zunächst werden deskriptive Statistiken und Häufigkeiten für die Stichprobe und anschließend für die Einzel-Items festgehalten.

4.1.1 Deskriptive Statistiken und Häufigkeiten der Stichprobe

Für alle Teilkapitel zu deskriptiven Statistiken gilt, dass der fehlende Anteil prozentualer Angaben, die kumuliert keine 100% ergeben, nicht-ausgefüllte Fragen der Studienteilnehmer sind.

An der Studie nahmen insgesamt N = 256 Mitarbeiter verschiedener deutscher Unternehmen teil. Davon waren 129 Männer (50%) und 118 Frauen (46%). Das Durchschnittsalter lag bei M = 35 Jahren (SD = 8 Jahre). 59 Personen gaben an, dass sie in einer Führungsposition tätig sind (23%), 170 Personen hatten keine Führungsposition inne (66%). Die durchschnittliche Dauer der Personen in Führungsposition war 7 Jahre. Ihnen waren zum Zeitpunkt der Befragung durchschnittlich 8 Mitarbeiter unterstellt.

35% der Befragten gaben an, dass ihr Unternehmen noch nicht mit einem Arbeitgeber-Award prämiert wurde, 42% der Unternehmen wurden bereits prämiert. 45% der befragten Personen berichteten, dass ihr Unternehmen bislang in keinem Arbeitgeber-Ranking gelistet ist 50% der Unternehmen waren in einem solchen Ranking aufgeführt. 85% der Befragten gaben hinsichtlich ihres Schulabschlusses an, dass sie über ein Fachabitur oder Abitur verfügen, 14% über einen Realschulabschluss. Die Kategorie „Hauptschulabschluss" war nicht besetzt. Bezüglich des höchsten beruflichen Bildungsabschlusses erklärten 5% der Befragten, über einen Doktorgrad zu verfügen, 59% über einen Universitäts- und 32% über einen Fachhochschulabschluss. 3% der Befragten hat eine Lehre abgeschlossen, 1% der Befragten hat einen Meister absolviert.

Die Häufigkeitsverteilung der Branchen in Abbildung 12 zeigt, dass der größte Anteil der Studienteilnehmer aus der Branche Brand Management/Kommunikation/Marketing kommt (22%). Danach folgt Industrie/Handel mit fast 10%. Das HRM schließt sich mit 8% an. IT/Telekommunikation mit 6%.

Die drei Branchen Beratung, Finanz- und Gesundheitswesen mit jeweils ca. 4%. Daran schließen sich Bildungsträger/Forschung sowie Automobilbranche, öffentlicher Dienst und Versicherungen mit jeweils ca. 2% an. Die Branche Transport/Verkehr sowie die Veranstaltungsbranche sind mit jeweils knapp 1% vertreten.

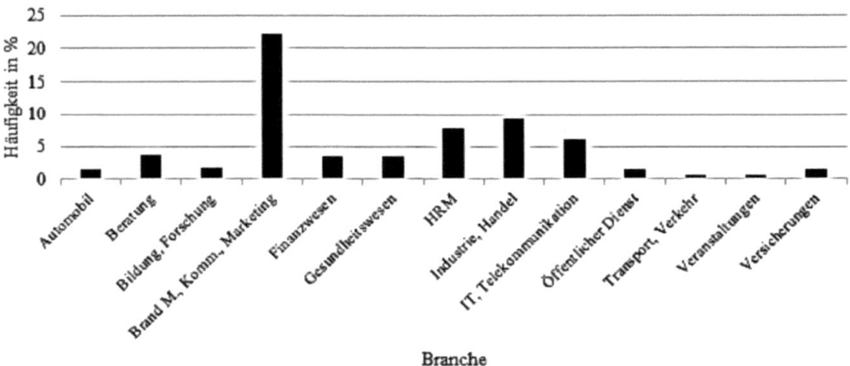

Abbildung 12: Häufigkeitsverteilung der Branchen in Prozent (Quelle: Eigene Darstellung).

Deskriptive Statistiken zusätzlicher soziodemografischer Angaben sind in Tabelle 17 aufgelistet.

Die Betriebszugehörigkeitsdauer der Studienteilnehmer lag bei $M = 3$ Jahren ($SD = 2$ Jahre). Die Abteilungszugehörigkeitsdauer war etwas geringer ($M = 2.78$ Jahre, $SD = 1.88$ Jahre). Die Praxiserfahrung der Befragten erstreckte sich über $M = 9$ Jahre ($SD = 9$ Jahre).

Die Unternehmensgröße, welche anhand der Mitarbeiteranzahl erfasst wurde, lag insgesamt bei $M = 11865$ Mitarbeitern ($SD = 26791$ Mitarbeiter). Standortbezogen umfasste die Unternehmensgröße $M = 1325$ Mitarbeiter ($SD = 2906$ Mitarbeiter).

Tabelle 17: Deskriptive Statistiken weiterer soziodemografischer Variablen

Variable	*N*	**Min**	**Max**	*M*	*SD*
Betriebszugehörigkeitsdauer (in Jahren)	225	1	12	3.17	2.21
Abteilungszugehörigkeitsdauer (in Jahren)	223	0	12	2.78	1.88
Praxiserfahrung (in Jahren)	201	0	40	8.81	8.47
Unternehmensgröße (Anzahl der Mitarbeiter) insgesamt	69	2	160000	11365	26791
Unternehmensgröße (Anzahl der Mitarbeiter) Standort	82	2	15000	1325	2906

Anmerkungen. *N*: Stichprobenumfang, Min: Minimum, Max: Maximum, *M*: Mittelwert, *SD* Standardabweichung (Quelle: Eigene Darstellung).

4.1.2 Deskriptive Statistiken der Einzel-Items

Für alle Items der zentralen Konstrukte wurden jeweils Mittelwerte und Standardabweichungen berichtet, um eine allgemeine Tendenz der Probanden-Einschätzung zu erhalten.

Für die Items zum EB zeigte sich, dass alle Items um den Mittelwert im Bereich „trifft eher zu" liegen (s. Tabelle 18).

Tabelle 18: Mittelwerte und Standardabweichungen der Items zum externen Branding

Item	*M*	*SD*
1. Mein Unternehmen ist in Deutschland allgemein bekannt.	2.81	.94
2. Mein Unternehmen ist in der Gesellschaft beliebt.	2.90	.74
3. Mein Unternehmen hat in den letzten Jahren regelmäßig erfolgreich einen guten Platz in verschiedenen Rankings erzielt.	2.96	.84
4. Speziell bei unserer Kundenzielgruppe ist die Marke meines Unternehmens bekannt.	3.21	.82
5. Die Marke meines Unternehmens hat insbesondere bei unserer Zielgruppe einen guten Ruf.	3.04	.85
6. Wir Mitarbeiter sind sehr zufrieden mit unserer Marken-Kommunikation gegenüber externen Zielgruppen.	2.93	.80

Anmerkungen. Skalierung von 1 „trifft überhaupt nicht zu" bis 4 „trifft voll und ganz zu". *M*: Mittelwert, *SD*: Standardabweichung (Quelle: Eigene Darstellung).

Für das IB ist aus Tabelle 19 ersichtlich, dass auch hier alle Items im Bereich der Antwortmöglichkeit „trifft eher zu" liegen.

Tabelle 19: Mittelwerte und Standardabweichungen der Items zum internen Branding

Item	*M*	*SD*
1. In meinem Unternehmen finden sich die Markenwerte in der internen mündlichen Kommunikation wieder.	2.80	.85
2. Unsere Marketing-Aktivitäten decken sich damit, wie wir intern mit der Marke umgehen.	2.86	.86
3. Unsere Strategie spezifiziert, wie wir intern mit der Marke umgehen.	2.81	.82
4. Unsere Unternehmensführung lebt vor, wie wir intern mit der Marke umgehen sollen.	2.87	.92
5. Ich nutze mein Wissen über die Unternehmensmarke bei meiner täglichen Arbeit.	2.87	.92
6. Ich weiß, was ich tun muss, um die Markenwerte unseres Unternehmens nach außen zu tragen.	3.00	1.00

Anmerkungen. Skalierung von 1 „trifft überhaupt nicht zu" bis 4 „trifft voll und ganz zu". *M*: Mittelwert, *SD*: Standardabweichung (Quelle: Eigene Darstellung).

Tabelle 20 zeigt, dass die ersten drei Items zur $D_{(EB,IB)}$ im Bereich „trifft eher zu" liegen, die übrigen drei Items hingegen um den Mittelwert zwischen „trifft eher nicht zu" und „trifft eher zu".

Tabelle 20: Mittelwerte und Standardabweichungen der Items zur Diskrepanz zwischen externem und internem Branding

Item	*M*	*SD*
1. Ich erlebe einen Unterschied zwischen der Kommunikation der Markeninhalte des Unternehmens nach außen und wie sie in der täglichen Arbeit gelebt werden.	2.93	.88
2. Ich nehme eine Diskrepanz wahr zwischen unserer Unternehmensrealität und der Wahrnehmung unseres Unternehmens auf dem Markt.	2.94	.89
3. Unsere Unternehmensmitglieder nehmen die Unternehmenswerte anders wahr als die Öffentlichkeit.	2.93	.86
4. Die Werte meines Unternehmens sind nicht miteinander vereinbar.	2.43	1.14
5. Mein Unternehmen vermittelt nicht eindeutig, was ihm wichtig ist.	2.60	1.00
6. Die wesentlichen Überzeugungen meines Unternehmens sind widersprüchlich.	2.46	1.13

Anmerkungen. Skalierung von 1 „trifft überhaupt nicht zu" bis 4 „trifft voll und ganz zu". *M*: Mittelwert, *SD*: Standardabweichung (Quelle: Eigene Darstellung).

Für die Skala UK gilt ebenfalls, dass im Durchschnitt mit „trifft eher zu" geantwortet wurde (s. Tabelle 21).

Tabelle 21: Mittelwerte und Standardabweichungen der Items zur Unternehmenskultur

Item	*M*	*SD*
1. Mir sind die Ziele klar, die mein Unternehmen verfolgt.	3.09	.84
2. Wir Mitarbeiter werden im Unternehmen partnerschaftlich behandelt.	2.81	.86
3. Die Erwartungen, die in meinem Unternehmen an einen „guten Mitarbeiter" gestellt werden, sind klar.	2.89	.86
4. Wir Mitarbeiter identifizieren uns vollkommen mit dem Unternehmen und handeln entsprechend loyal.	2.89	.79
5. Unsere Zusammenarbeit ist von Kooperation und Teamgeist geprägt.	2.97	.81
6. Probleme und Konflikte werden in meinem Unternehmen offen angesprochen.	2.72	.85

Anmerkungen. Skalierung von 1 „trifft überhaupt nicht zu" bis 4 „trifft voll und ganz zu". *M*: Mittelwert, *SD*: Standardabweichung (Quelle: Eigene Darstellung).

Für die Skala OID wurde im Durchschnitt ebenfalls mit „trifft eher zu" geantwortet (s. Tabelle 22).

Tabelle 22: Mittelwerte und Standardabweichungen der Items zur organisationalen Identifikation

Item	*M*	*SD*
1. Es interessiert mich sehr, was Andere über mein Unternehmen denken.	2.85	.85
2. Die Erfolge meines Unternehmens sind auch meine Erfolge.	2.89	.85
3. Wenn jemand mein Unternehmen lobt, fühlt es sich wie ein persönliches Kompliment an.	2.83	.83
4. Ich identifiziere mich als Mitglied meines Unternehmens.	2.97	.95
5. Ich arbeite gerne für mein Unternehmen.	3.18	.83
6. Ich wäre froh, wenn ich den Rest meines Arbeitslebens in diesem Unternehmen verbringen könnte.	2.82	.93

Anmerkungen. Skalierung von 1 „trifft überhaupt nicht zu" bis 4 „trifft voll und ganz zu". *M*: Mittelwert, *SD*: Standardabweichung (Quelle: Eigene Darstellung).

Auch die Items zur AZ wurden durchschnittlich mit „trifft eher zu" beantwortet (s. Tabelle 23).

Tabelle 23: Mittelwerte und Standardabweichungen der Items zur Arbeitszufriedenheit

Item	*M*	*SD*
1. Meine Arbeit gibt mir die Möglichkeit, etwas zu lernen, was mir in Zukunft noch nützlich sein kann.	3.08	.86
2. Ich bin zufrieden mit meiner Arbeit.	3.08	.81
3. Meine Arbeit gibt mir die Möglichkeit, Verantwortung zu übernehmen und Entscheidungen zu fällen.	2.98	.97
4. Ich kann in diesem Unternehmen meine Ideen verwirklichen.	2.87	.85
5. Ich kann meine Arbeit selbst einteilen und planen.	2.99	.91
6. Ich habe richtige Freude an der Arbeit.	2.84	.84

Anmerkungen. Skalierung von 1 „trifft überhaupt nicht zu" bis 4 „trifft voll und ganz zu". *M*: Mittelwert, *SD*: Standardabweichung (Quelle: Eigene Darstellung).

Die Items zum OCB sind ebenfalls ungefähr im Antwortbereich „trifft eher zu“ zu finden (s. Tabelle 24).

Tabelle 24: Mittelwerte und Standardabweichungen der Items zum Organizational Citizenship Behavior

Item	*M*	*SD*
1. Ich setze mich für mein Unternehmen ein.	2.80	1.01
2. Ich helfe neuen Kollegen bei der Einarbeitung.	3.02	.98
3. Ich helfe Anderen bei Überlastung.	2.78	1.01
4. Ich ermuntere niedergeschlagene Kollegen.	2.74	1.06
5. Ich weise besonders wenige Fehlzeiten auf.	2.93	1.06
6. Ich beachte Vorschriften mit größter Sorgfalt.	2.69	.99

Anmerkungen. Skalierung von 1 „trifft überhaupt nicht zu“ bis 4 „trifft voll und ganz zu“. *M*: Mittelwert, *SD*: Standardabweichung (Quelle: Eigene Darstellung).

Im nächsten Teilkapitel werden deskriptive Statistiken, Korrelationen und Reliabilitäten bezüglich der Skalen dargelegt.

4.2 Deskriptive Statistiken, Korrelationen und Reliabilitäten der Skalen

Zur Beurteilung der Effektstärke wird jeweils Cohens (1988) Klassifikation für *r* zugrunde gelegt: Kleiner Effekt: $r \geq .1$; Mittelgroßer Effekt: $r \geq .3$; Großer Effekt: $r \geq .5$. Diese Klassifikation war gemäß Aguinis, Dalton, Bosco, Pierce und Dalton (2011) die allgemein übliche Effektstärkenmetrik. Die Effektstärke ist ein Maß der praktischen Bedeutsamkeit (Bosco, Aguinis, Singh, Field & Pierce, 2015; Hussy & Jain, 2002).

Bevor mehrere Items zu einer Skala zusammengefasst werden, sollten diese auf Reliabilität geprüft werden. Die häufigste Methode ist die Berechnung der internen Konsistenz, die der durchschnittlichen Korrelation aller Items eines Tests entspricht (Schermelleh-Engel & Werner, 2011). Vorteile dieser Methode sind einerseits die einfache Ermittlung mit entsprechender Software und andererseits ist diese Form der Reliabilitätsschätzung auch für Items geeignet, die zeitlich nicht stabil sind.

Der Alpha-Koeffizient (Cronbach, 1951) wird für die interne Konsistenz angegeben. Die Reliabilität liegt zwischen null und eins (Schermelleh-Engel & Werner, 2011). George und Mallery (2003) stuften Reliabilitätswerte ab .9 als exzellent, ab .8 als gut, ab .7 als akzeptabel, ab .6 als fragwürdig und ab .5 als schlecht ein. Werte unter .5 sind nicht akzeptabel. Tabelle 25 zeigt

Mittelwerte, Standardabweichungen und Interkorrelationen der Skalen EB, IB, $D_{(EB,IB)}$, UK, OID, AZ und OCB.

Tabelle 25: Mittelwerte, Standardabweichungen und Interkorrelationen der Skalen

Skala	*M*	*SD*	1	2	3	4	5	6	7
1. EB	2.98	.52	.70						
2. IB	2.88	.61	-.01	.77					
3. $D_{(EB,IB)}$	2.74	.75	-.38**	-.27**	.85				
4. UK	2.90	.53	.26**	.40**	-.45**	.73			
5. OID	2.91	.61	.24**	.34**	-.46**	.54**	.79		
6. AZ	2.98	.55	.26**	.21**	-.37**	.46**	.57**	.72	
7. OCB	2.81	.77	.30**	.26**	-.58**	.46**	.50**	.51**	.86

Anmerkungen. Skalierung von 1 „trifft überhaupt nicht zu" bis 4 „trifft voll und ganz zu". *M*: Mittelwert, *SD*: Standardabweichung. $^{**}p < .01$, zweiseitige Testung. Reliabilitäten (Cronbachs Alpha) stehen in Kästchen in der Diagonale (Quelle: Eigene Darstellung).

Die Reliabilitätswerte für UK und AZ sind akzeptabel, der Wert für OID akzeptabel bis gut und $D_{(EB,IB)}$ sowie OCB ebenfalls gut. Der Mindestwert für Cronbachs Alpha von .70 (Nunnally, 1978) konnte für alle Skalen erreicht werden.

Der Mittelwert der $D_{(EB,IB)}$ zeigt, dass in der vorliegenden Stichprobe eine Diskrepanz wahrgenommen wird. Außerdem ergaben sich hohe Mittelwerte bezüglich der UK, der OID und der AZ. OCB wies nach der $D_{(EB,IB)}$ den zweitkleinsten Mittelwert auf. EB wurde im Durchschnitt etwas höher bewertet als IB.

UK, OID, AZ und OCB korrelieren signifikant negativ mit der $D_{(EB,IB)}$; es liegen mittelgroße bis große Effekte vor. Besonders hervorzuheben ist, dass es sich bei der signifikant negativen Korrelation zwischen $D_{(EB,IB)}$ und OCB um einen großen Effekt handelt. Die Skalen UK, OID, AZ und OCB korrelieren jeweils signifikant positiv miteinander. Hier liegen ebenfalls mittelgroße bis große Effekte vor. Tabelle 26 zeigt Schiefe (Neigung) und Kurtosis (Wölbung) der einzelnen Skalen.

Tabelle 26: Darstellung der Skalen-Schiefe und -Kurtosis

Skala	**Schiefe**	**Kurtosis**
EB	-.20	-.62
IB	-.53	-.32
$D_{(EB,IB)}$	-.38	-.92
UK	-.06	-.43
OID	-.14	-.53
AZ	-.26	-.28
OCB	-.13	-1.24

Anmerkungen. Quelle: Eigene Darstellung.

Aus Tabelle 26 ist ersichtlich, dass bei allen Skalen eine negative Schiefe vorliegt, d. h. es handelt sich hierbei um eine linksschiefe, rechtssteile Verteilung. Die Verteilung fällt links flacher ab als rechts. Die Studienteilnehmer haben somit insgesamt eher höhere Werte angekreuzt. Bezüglich der Kurtosis fällt auf, dass eine durchweg negative Wölbung besteht. Stellt man diese der Standardnormalverteilung gegenüber, so liegt hierbei eine „abgeflachte" Verteilung vor. Es wurden alle Antwortmöglichkeiten ausgeschöpft (Eid et al., 2015). Die Ergebnisse der Signifikanztests sind Gegenstand des nächsten Teilkapitels.

4.3 Ergebnisse der Signifikanztests

Zur Überprüfung, ob sich Gruppen-Mittelwerte der Kontrollvariablen jeweils signifikant voneinander unterscheiden wurden *t*-Tests und einfaktorielle Varianzanalysen als Signifikanztests berechnet.

Tabelle 27 zeigt Mittelwerte und (in Klammern dahinter) Standardabweichungen der Kontrollvariablen bezüglich der fünf zentralen Skalen. Zur Beurteilung des Effektstärkemaßes *d* wurde Cohens (1988) Klassifikation zugrunde gelegt: $d = .2$ (kleiner Effekt); $d = .5$ (mittlerer Effekt); $d = .8$ (großer Effekt).

Tabelle 27: Mittelwerte und Standardabweichungen sowie Ergebnisse der *t*-Tests

Kontroll-variable	Skala	$D_{(EB,IB)}$	UK	OID	AZ	OCB
Geschlecht						
	Männlich	2.93 (.78)	2.83 (.53)	2.88 (.63)	2.90 (.56)	2.64 (.80)
	Weiblich	2.56 (.67)	2.95 (.52)	2.93 (.58)	3.05 (.54)	2.97 (.71)
	t-Test	$t(245) = 4.02^{**}$, $d = -.51$	$t(245) = -1.74$, $p > .05$, $d = .23$, *ns.*	$t(245) = -.64$, $p > .05$, $d = .08$, *ns.*	$t(245) = -2.12^{*}$, $d = .27$	$t(245) = -3.38^{**}$, $d = .44$
Alter						
	Bis 39 Jahre	2.86 (.72)	2.83 (.49)	2.83 (.56)	2.91 (.53)	2.67 (.76)
	Ab 40 Jahre	2.48 (.76)	3.04 (.58)	3.10 (.68)	3.14 (.57)	3.11 (.71)
	t-Test	$t(245) = 3.87^{**}$, $d = -.51$	$t(245) = -3.02^{**}$, $d = .39$	$t(124.07) = -3.08^{**}$, $d = .43$	$t(245) = -3.12^{**}$, $d = .42$	$t(245) = -4.35^{**}$, $d = .60$
Schulabschluss						
	Realschule	2.80 (.53)	2.81 (.49)	2.72 (.60)	2.74 (.43)	2.56 (.53)
	(Fach-)Abitur	2.64 (.78)	2.92 (.54)	2.96 (.62)	3.03 (.57)	2.90 (.79)
	t-Test	$t(55.19) = 1.38$, $p > .05$, $d = -.24$, *ns.*	$t(211) = -1.03$, $p > .05$, $d = .21$, *ns.*	$t(211) = -1.97$, $p > .05$, $d = .39$, *ns.*	$t(50.18) = -3.28^{*}$, $d = .57$	$t(55.86) = -3.04^{*}$, $d = .51$
Führungs-position						
	Nein	2.87 (.71)	2.86 (.50)	2.83 (.58)	2.92 (.52)	2.71 (.76)
	Ja	2.28 (.73)	3.05 (.58)	3.17 (.63)	3.25 (.55)	3.19 (.73)
	t-Test	$t(227) = 5.52^{**}$, $d = -.82$	$t(227) = -2.38^{*}$, $d = .35$	$t(227) = -3.78^{**}$, $d = .56$	$t(227) = -4.15^{**}$, $d = .62$	$t(227) = -4.18^{**}$, $d = .64$

Fortsetzung der Tabelle auf der nächsten Seite

Skala		$D_{(EB,IB)}$	UK	OID	AZ	OCB
Praxiserfahrung						
	Bis 5 Jahre	2.96 (.65)	2.78 (.48)	2.78 (.56)	2.89 (.52)	2.58 (.70)
	Ab 6 Jahre	2.58 (.78)	2.98 (.54)	3.01 (.63)	3.04 (.57)	2.97 (.78)
	t-Test	*t*(248.36) = 4.29**, *d* = -.53	*t*(254) = -3.00*, *d* = .39	*t*(254) = -3.07*, *d* = .39	*t*(254) = -2.20*, *d* = .28	*t*(254) = -4.07**, *d* = .53
Unternehmensgröße						
	Bis 249 Mitarbeiter	2.29 (.67)	3.23 (.66)	3.15 (.63)	3.17 (.52)	3.15 (.65)
	Ab 250 Mitarbeiter	2.95 (.67)	2.81 (.49)	2.81 (.58)	2.89 (.55)	2.62 (.75)
	t-Test	*t*(216) = -4.69**, *d* = .99	*t*(28.84) = 3.16*, *d* = -.72	*t*(216) = 2.73*, *d* = -.56	*t*(216) = 2.46*, *d* = -.52	*t*(216) = 3.43**, *d* = -.76
Betriebszugehörigkeitsdauer						
	Bis 5 Jahre	2.66 (.76)	2.91 (.53)	2.92 (.62)	3.01 (.56)	2.89 (.77)
	Ab 6 Jahre	3.02 (.64)	2.84 (.51)	2.88 (.60)	2.87 (.51)	2.50 (.70)
	t-Test	*t*(100.04) = -3.55**, *d* = .51	*t*(254) = .97, *p* > .05, *d* = -.14, *ns.*	*t*(254) = .40, *p* > .05, *d* = -.07, *ns.*	*t*(254) = 1.70, *p* > .05, *d* = -.26, *ns.*	*t*(92.98) = 3.54**, *d* = -.53
Unternehmenserfolg						
	Weniger erfolgreich	2.78 (.69)	2.88 (.54)	2.88 (.59)	2.98 (.58)	2.87 (.74)
	Erfolgreich	2.70 (.80)	2.89 (.50)	2.92 (.63)	2.96 (.53)	2.71 (.81)
	t-Test	*t*(223.12) = .80, *p* > .05, *d* = -.11, *ns.*	*t*(244) = -.15, *p* > .05, *d* = .02, *ns.*	*t*(244) = -.52, *p* > .05, *d* = .07, *ns.*	*t*(244) = .18, *p* > .05, *d* = -.04, *ns.*	*t*(244) = 1.61, *p* > .05, *d* = -.21, *ns.*

Anmerkungen. Skalierung von 1 „trifft überhaupt nicht zu“ bis 4 „trifft voll und ganz zu“. Zweiseitige Testung mit α = 95%. *$p < .05$. **$p < .01$. *ns.* = nicht signifikant. *d* = Maß für die Effektstärke (Quelle: Eigene Darstellung).

Für die Berechnungen in Tabelle 27 wurde eine neue Variable „Unternehmenserfolg“ erstellt. Hierzu wurden die Variablen „Award“ und „Ranking“ zu einer Erfolgsvariable (codiert mit 1 = Erfolgreich, d. h. Award = Ja und Ranking = Ja sowie 0 = Weniger erfolgreich, d. h. Award = Nein und Ranking = Nein) zusammengefasst. Für die Variable „Schulabschluss“ wurde ebenfalls ein *t*-Test durchgeführt, da die dritte Kategorie „Hauptschule“ nicht besetzt war.

Tabelle 27 zeigt, dass sich Männer und Frauen signifikant in Bezug auf die $D_{(EB,IB)}$ [$t(245) = 4.02$, $p < .01$, $d = -.51$] und OCB [$t(245) = -3.38$, $p < .01$, $d = .44$] sowie signifikant in Bezug auf AZ unterscheiden [$t(245) = -2.12$, $p < .05$, $d = .27$]. Bei der $D_{(EB,IB)}$ handelt es sich dabei um einen negativen mittleren Effekt, bei OCB um einen positiven kleinen bis mittleren Effekt und bei AZ um einen positiven kleinen Effekt.

Die Altersgruppen bis 39 Jahre und ab 40 Jahre unterscheiden sich signifikant voneinander im Hinblick auf alle fünf Skalen: $D_{(EB,IB)}$ [$t(245) = 3.87$, $p < .01$, $d = -.51$], UK [$t(245) = -3.02$, $p < .01$, $d = .39$], OID [$t(124.07) = -3.08$, $p < .01$, $d = .43$], AZ [$t(245) = -3.12$, $p < .01$, $d = .42$] sowie OCB [$t(245) = -4.35$, $p < .01$, $d = .60$]. Bei der $D_{(EB,IB)}$ liegt ein negativer mittlerer Effekt vor, bei UK, OID und AZ jeweils ein positiver kleiner bis mittlerer Effekt und bei OCB ein positiver mittlerer bis großer Effekt.

Die Personen mit den Schulabschlüssen Realschule und (Fach-)Abitur unterscheiden sich signifikant in Bezug auf AZ [$t(50.18) = -3.28$, $p < .05$, $d = .57$] und OCB [$t(55.86) = -3.04$, $p < .05$, $d = .51$]. Bei AZ und OCB liegt jeweils ein positiver mittlerer Effekt vor.

Die Personen ohne Führungsposition unterscheiden sich von denjenigen mit Führungsposition signifikant in Bezug auf $D_{(EB,IB)}$ [$t(227) = 5.52$, $p < .01$, $d = -.82$], OID [$t(227) = -3.78$, $p < .01$, $d = .56$], AZ [$t(227) = -4.15$, $p < .01$, $d = .62$] und OCB [$t(227) = -4.18$, $p < .01$, $d = .64$] sowie signifikant in Bezug auf UK [$t(227) = -2.38$, $p < .05$, $d = .35$]. Bei der $D_{(EB,IB)}$ handelt es sich um einen negativen großen Effekt, bei OID um einen positiven mittleren Effekt. Bei AZ und OCB jeweils um einen positiven mittleren bis großen Effekt und bei UK liegt ein positiver kleiner bis mittlerer Effekt vor.

Die Personen mit bis zu fünf Jahren Praxiserfahrung unterscheiden sich von denjenigen mit sechs und mehr Jahren Praxiserfahrung signifikant in Bezug auf die $D_{(EB,IB)}$ [$t(248.36) = 4.29$, $p < .01$, $d = -.53$] und OCB [$t(254) = -4.07$, $p < .01$, $d = .53$] sowie signifikant in Bezug auf UK

[$t(254) = -3.00$, $p < .05$, $d = .39$], OID [$t(254) = -3.07$, $p < .05$, $d = .39$] und AZ [$t(254) = -2.20$, $p < .05$, $d = .28$]. Bei der $D_{(EB,IB)}$ liegt ein negativer mittlerer Effekt vor, bei OCB ein positiver mittlerer Effekt. Bei UK und OID handelt es sich hingegen um einen positiven kleinen bis mittleren Effekt sowie bei AZ um einen positiven kleinen Effekt.

Die Unternehmen mit 249 und weniger Mitarbeitern unterscheiden sich von denjenigen mit 250 und mehr Mitarbeitern signifikant in Bezug auf die $D_{(EB,IB)}$ [$t(216) = -4.69$, $p < .01$, $d = .99$] und OCB [$t(216) = 3.43$, $p < .01$, $d = -.76$] sowie signifikant in Bezug auf UK [$t(28.84) = 3.16$, $p < .05$, $d = -.72$], OID [$t(216) = 2.73$, $p < .05$, $d = -.56$] und AZ [$t(216) = 2.46$, $p < .05$, $d = -.52$]. Bei der $D_{(EB,IB)}$ liegt ein positiver großer bis sehr großer Effekt vor, bei OCB und UK jeweils ein negativer mittlerer bis großer Effekt sowie bei OID und AZ jeweils ein negativer mittlerer Effekt.

Die Personen mit bis zu fünf Jahren Betriebszugehörigkeitsdauer unterscheiden sich von denjenigen mit sechs und mehr Jahren Betriebszugehörigkeitsdauer signifikant in Bezug auf die $D_{(EB,IB)}$ [$t(100.04) = -3.55$, $p < .01$, $d = .51$] und OCB [$t(92.98) = 3.54$, $p < .01$, $d = -.53$]. Bei der $D_{(EB,IB)}$ handelt es sich um einen positiven mittleren Effekt, bei OCB hingegen um einen negativen mittleren Effekt.

Die weniger erfolgreichen Unternehmen unterscheiden sich von den erfolgreichen Unternehmen im Hinblick auf alle fünf Skalen nicht signifikant voneinander ($p > .05$, *ns.*).

Tabelle 28 stellt die Mittelwerte und (in Klammern dahinter) Standardabweichungen der Variable „Bildungsabschluss" bezüglich der fünf zentralen Skalen dar. Zur Beurteilung des Effektstärkemaßes η^2 wurde Cohens (1988) Klassifikation zugrunde gelegt: $\eta^2 = .01$ (kleiner Effekt); $\eta^2 = .06$ (mittlerer Effekt); $\eta^2 = .14$ (großer Effekt).

Tabelle 28 zeigt, dass sich die Untergruppen der Variable „Bildungsabschluss" lediglich in Bezug auf die Skalen $D_{(EB,IB)}$ [$F(4) = 2.70$, $p < .05$, $\eta^2 = .05$] und OCB [$F(4; 6.37) = 5.23$, $p < .05$, $\eta^2 = .06$] signifikant voneinander unterscheiden. Bei $D_{(EB,IB)}$ liegt ein positiver kleiner bis mittlerer Effekt vor. Bei OCB ein positiver mittlerer Effekt.

Für die Skala OCB wurde ein Welch-Test berechnet, da hier keine Varianzhomogenität vorliegt.

Tabelle 28: Mittelwerte und Standardabweichungen sowie Ergebnisse der einfaktoriellen Varianzanalysen für die Kontrollvariable „Bildungsabschluss"

	Skala	$D_{(EB,IB)}$	UK	OID	AZ	OCB
Kontroll-variable						
Bildungs-abschluss						
	Lehre	2.33 (.72)	2.97 (.71)	3.33 (.85)	3.25 (.69)	3.47 (.50)
	Meister	2.42 (1.06)	3.00 (.00)	2.75 (.12)	2.58 (.59)	2.92 (1.30)
	Fachhoch-schule	2.78 (.66)	2.86 (.49)	2.92 (.57)	2.90 (.57)	2.80 (.73)
	Universität	2.66 (.77)	2.89 (.53)	2.89 (.63)	3.00 (.58)	2.78 (.79)
	Promotion	2.05 (.81)	3.29 (.53)	3.20 (.60)	3.20 (.46)	3.45 (.47)
	ANOVA	$F(4)$ = 2.70*, η^2 = .05	$F(4)$ = 1.64, p > .05, η^2 = .03, *ns.*	$F(4)$ = 1.37, p > .05, η^2 = .03, *ns.*	$F(4)$ = 1.35, p > .05, η^2 = .03, *ns.*	*Welch-Test:* $F(4; 6.37)$ = 5.23*, η^2 = .06
	Post Hoc-Test	p > .05, *ns.* *(Scheffé)*	p > .05, *ns.* *(Scheffé)*	p > .05, *ns.* *(Scheffé)*	p > .05, *ns.* *(Scheffé)*	p < .05* *(Games-Howell)*

Anmerkungen. Skalierung von 1 „trifft überhaupt nicht zu" bis 4 „trifft voll und ganz zu". Zweiseitige Testung mit α = 95%. *p < .05. *ns.* = nicht signifikant. ANOVA = *analysis of variance* (Varianzanalyse). Welch-Test: Berechnung dieses Tests, da keine Varianzhomogenität vorliegt. Post Hoc-Tests: Scheffé (Varianzhomogenität liegt vor) und Games-Howell (Varianzhomogenität liegt nicht vor). η^2 = Maß für die Effektstärke (Quelle: Eigene Darstellung).

Bei der Skala OCB wurde zusätzlich der Post Hoc-Test (Games-Howell) signifikant, der angibt, welche der fünf Untergruppen sich signifikant voneinander unterscheiden. Die promovierten Befragten (M = 3.45, SD = .47) unterschieden sich signifikant von den Befragten mit Fachhochschul- (M = 2.80, SD = .73) und Universitätsabschluss (M = 2.78, SD = .79) in Bezug auf das OCB (p < .05). Das nachfolgende Teilkapitel beleuchtet die Ergebnisse zur Richtung der $D_{(EB,IB)}$.

4.4 Ergebnisse zur Richtung der Diskrepanz zwischen externem und internem Branding

Um die Richtung der Diskrepanz hinsichtlich der Mediatoren UK, OID und AZ sowie der AV OCB zu ermitteln, wurden lineare Regressionen mit Dummy-Codierung durchgeführt. Tabelle 29 zeigt die Ergebnisse.

Tabelle 29: Ergebnisse der linearen Regressionen mit Dummy-Codierung zur Richtung der Diskrepanz zwischen externem und internem Branding

	Kriterium			
	UK	OID	AZ	OCB
Prädiktor				
$D_{(EB+,IB-)}$	-1.15 (.19)**	-.96 (.22)**	-.68 (.23)**	-1.35 (.20)**
$D_{(IB+,EB-)}$	-.81 (.30)**	-1.07 (.33)**	-.83 (.36)*	-1.39 (.29)**

Anmerkungen. Darstellung der resultierenden Regressionskoeffizienten (*b*). Standardfehler (*SE*) stehen jeweils in Klammern dahinter. *$p < .05$. **$p < .01$ (Quelle: Eigene Darstellung).

Wie Tabelle 29 zu entnehmen ist, führten alle durchgeführten Regressionen zu signifikanten Ergebnissen: Wird das IB positiv wahrgenommen und das EB negativ, so

- führt dies zu einer weniger negativen Wahrnehmung der UK als in umgekehrter Diskrepanz-Richtung.
- identifizieren sich die Mitarbeiter weniger mit dem Unternehmen als in umgekehrter Diskrepanz-Richtung.
- sind die Mitarbeiter unzufriedener mit ihrer Arbeit als in umgekehrter Diskrepanz-Richtung.
- engagieren sich die Mitarbeiter etwas weniger in OCB als in umgekehrter Diskrepanz-Richtung.

Nachfolgend werden die zentralen Ergebnisse der Forschungsfragen und Hypothesen präsentiert.

4.5 Ergebnisse zu den Forschungsfragen und getesteten Hypothesen

Zu den Ergebnissen der Hypothesentestung sind vorab allgemeine Anmerkungen notwendig: Für alle statistischen Analysen zur Hypothesentestung wurden die Signifikanztests jeweils mit $\alpha < .05$ durchgeführt. Es handelt sich um zweiseitige Testungen. Für die Testung des Gesamtmodells (s. Abbildung 9) mit den drei Mediatoren UK, OID und AZ wurden die UV und Mediatoren *z*-standardisiert. Durch die *z*-Standardisierung wird der Multikollinearität, d. h. der Korrelation der UV untereinander, entgegengewirkt.

Für die Hypothesen *H1a* bis *H1e*, *H2a* bis *H2c*, *H3a*, *H4a* bis *H4c*, *H5a* sowie *H6a* wurden bivariate Pearson-Produkt-Moment-Korrelationen bzw. punktbiseriale Korrelationen berechnet, um entsprechende Zusammenhänge als Voraussetzung für die Durchführung von Mediationsanalysen nachzuweisen.

Für Schlussfolgerungen bezüglich direkter und indirekter Effekte der Mediationsanalysen wurde jeweils die Bootstrapping-Prozedur verwendet, die von Preacher und Hayes (2008) sowie Hayes (2009) als Methode der Wahl empfohlen wird. Diese Methode bietet den Vorteil, dass keine Normalverteilungsannahme der Stichprobe vorausgesetzt wird.

Als Effektstärkemaß wird bei den Mediationsanalysen jeweils R^2 berichtet, wie Preacher und Kelley (2011) sowie Field (2013) empfohlen haben. Zur Beurteilung der Effektstärke wird jeweils Preacher und Kelleys (2011) Klassifikation für R^2 zugrunde gelegt: $R^2 \geq .01$: kleiner Effekt; $R^2 \geq .09$: mittelgroßer Effekt; $R^2 \geq .25$: großer Effekt.

Für die Testung der seriellen multiplen Mediationen (Hypothesen *H7a* bis *H7c*; vgl. Kapitel 3.5) lag die Bootstrapping-Stichprobe bei 2000, es wurden *bias*-korrigierte 95% KI ermittelt. Ein Signifikanzniveau von 5% hat sich zur Konvention etabliert, um die Vergleichbarkeit statistischer Entscheidungen zu gewährleisten (Hussy & Jain, 2002). Ein Effekt kann als signifikant interpretiert werden, wenn das KI vollständig > 0 oder < 0 liegt. Umfasst das KI allerdings beide Seiten der 0, so ist dieser Effekt als nicht signifikant zu bewerten (Hayes, 2013).

Der Stichprobenumfang betrug bei allen Mediationsanalysen n = 140, bei allen anderen Analysen N = 256. Als Kontrollvariablen wurden für alle Mediationsanalysen Geschlecht (codiert mit 0 = männlich, 1 = weiblich), Alter (zusammengefasst in neuer Variable „Altersgruppe“: codiert mit 0 = bis 39 Jahre, 1 = ab 40 Jahre), Award (codiert mit 0 = nein, 1 = ja), Ranking (codiert mit 0 = nein, 1 = ja), Schul- (codiert mit 1 = Hauptschule, 2 = Realschule, 3 = (Fach-)Abitur) und Bildungsabschluss (codiert mit 1 = Lehre, 2 = Meister, 3 = Fachhochschule, 4 = Universität, 5 = Promotion), Führungsposition (codiert mit 0 = nein, 1 = ja), Praxiserfahrung (zusammengefasst in neuer Variable „Ausmaß Praxiserfahrung“: codiert mit 0 = bis 5 Jahre, 1 = ab 6 Jahre), Unternehmensgröße (zusammengefasst in neuer Variable „KMU vs. größeres Unternehmen“: codiert mit 0 = bis 249 Mitarbeiter, 1 = ab 250 Mitarbeiter), Betriebszugehörigkeitsdauer (zusammengefasst in neuer Variable „Betriebszugehörigkeitsdauer kurz vs. lang“: codiert mit 0 = bis 5 Jahre, 1 = ab 6 Jahre) sowie SozErw einbezogen.

4.5.1 Ergebnisse der Hypothesen *H1a* bis *H1f*

Hypothese *H1a* lautete: *Eine $D_{(EB+,IB-)}$ korreliert negativ mit der UK.*

Diese Hypothese konnte gestützt werden ($r = -.52$, $p < .01$). Es handelt sich bei dieser Korrelation um einen großen negativen Effekt.

Hypothese *H1b* lautete: *Eine $D_{(EB-,IB+)}$ korreliert positiv mit der UK.*

Diese Hypothese konnte nicht gestützt werden ($r = -.29$, $p < .01$). Es handelt sich bei dieser Korrelation um einen kleinen bis mittelgroßen negativen Effekt.

Hypothese *H1c* lautete: *Eine positiv wahrgenommene UK korreliert positiv mit der OID.*

Auch diese Hypothese konnte gestützt werden ($r = .54$, $p < .01$). Es handelt sich bei dieser Korrelation um einen großen positiven Effekt.

Hypothese *H1d* lautete: *Eine $D_{(EB+,IB-)}$ korreliert negativ mit der OID.*

Auch diese Hypothese konnte gestützt werden ($r = -.42$, $p < .01$). Es handelt sich bei dieser Korrelation um einen mittelgroßen bis großen negativen Effekt.

Hypothese *H1e* lautete: *Eine $D_{(EB-,IB+)}$ korreliert positiv mit der OID.*

Diese Hypothese konnte nicht gestützt werden ($r = -.34$, $p < .01$). Es handelt sich bei dieser Korrelation um einen mittelgroßen negativen Effekt.

Hypothese *H1f* lautete: *Der Zusammenhang zwischen der $D_{(EB-,IB+)}$ und der OID wird teilweise durch die UK vermittelt.*

Diese Hypothese konnte nicht gestützt werden. Der indirekte Effekt ist nicht signifikant ($b = -.34$, $SE = .53$, KI [-1.77, .33], *ns.*). Der direkte Effekt ist ebenfalls nicht signifikant ($b = .21$, $SE = 1.10$, KI [-2.05, 2.48], *ns.*). Der totale Effekt ist auch nicht signifikant ($b = -.12$, $SE = 1.19$, KI [-2.57, 2.33], *ns.*). Es werden $R^2 = 37\%$ der Varianz in OID erklärt; hierbei handelt es sich um einen großen Effekt.

4.5.2 Ergebnisse der Hypothesen *H2a* bis *H2d*

Hypothese *H2a* lautete: *Eine positiv wahrgenommene UK korreliert positiv mit dem OCB.*

Diese Hypothese konnte gestützt werden ($r = .46$, $p < .01$). Es handelt sich bei dieser Korrelation um einen mittelgroßen bis großen positiven Effekt.

Hypothese *H2b* lautete: *Eine $D_{(EB+,IB-)}$ korreliert negativ mit dem OCB.*

Diese Hypothese konnte gestützt werden ($r = -.57$, $p < .01$). Es handelt sich bei dieser Korrelation um einen großen negativen Effekt.

Hypothese *H2c* lautete: *Eine $D_{(EB-,IB+)}$ korreliert positiv mit dem OCB.*

Diese Hypothese konnte nicht gestützt werden ($r = -.48$, $p < .01$). Es handelt sich bei dieser Korrelation um einen mittelgroßen bis großen negativen Effekt.

Hypothese *H2d* lautete: *Der Zusammenhang zwischen der $D_{(EB-,IB+)}$ und dem OCB wird teilweise durch die UK vermittelt.*

Diese Hypothese konnte nicht gestützt werden. Der indirekte Effekt ist nicht signifikant (b = -.37, *SE* = .47, KI [-1.39, .43], *ns.*). Der direkte Effekt ist ebenfalls nicht signifikant (b = -.43, *SE* = .70, KI [-1.89, 1.03], *ns.*). Der totale Effekt ist auch nicht signifikant (b = -.80, *SE* = .79, KI [-2.42, .83], *ns.*). Es werden R^2 = 66% der Varianz in OCB erklärt; hierbei handelt es sich um einen sehr großen Effekt.

4.5.3 Ergebnisse der Hypothesen *H3a* und *H3b*

Hypothese *H3a* lautete: *OID korreliert positiv mit dem OCB.*

Diese Hypothese konnte ebenfalls gestützt werden ($r = .50$, $p < .01$). Es handelt sich bei dieser Korrelation um einen großen positiven Effekt.

Hypothese *H3b* lautete: *Der Zusammenhang zwischen der UK und dem OCB wird teilweise durch die OID vermittelt.*

Diese Hypothese konnte nur teilweise gestützt werden, da es sich um eine vollständige Mediation handelt. Der indirekte Effekt ist signifikant (b = .10, *SE* = .04, KI [.02, .20]). Der direkte Effekt ist nicht signifikant (b = .16, *SE* = .08, KI [-.01, .33], *ns.*). Der totale Effekt ist jedoch signifikant (b = .26, *SE* = .08, KI [.11, .41]). Es werden R^2 = 57% der Varianz in OCB erklärt; hierbei handelt es sich um einen sehr großen Effekt.

4.5.4 Ergebnisse der Hypothesen *H4a* bis *H4d*

Hypothese *H4a* lautete: *Eine $D_{(EB+,IB-)}$ korreliert negativ mit der AZ.*

Auch diese Hypothese konnte gestützt werden ($r = -.29$, $p < .01$). Es handelt sich bei dieser Korrelation um einen kleinen bis mittelgroßen negativen Effekt.

Hypothese *H4b* lautete: *Eine $D_{(EB-,IB+)}$ korreliert positiv mit der AZ.*

Diese Hypothese konnte nicht gestützt werden ($r = -.25$, $p < .05$). Es handelt sich bei dieser Korrelation um einen kleinen bis mittelgroßen negativen Effekt, allerdings auf dem Signifikanzniveau von $p < .05$ bei zweiseitiger Testung.

Hypothese *H4c* lautete: *AZ korreliert positiv mit dem OCB.*

Auch diese Hypothese konnte gestützt werden ($r = .51$, $p < .01$). Es handelt sich bei dieser Korrelation um einen großen positiven Effekt.

Hypothese *H4d*: *Der Zusammenhang zwischen der $D_{(EB-,IB+)}$ und dem OCB wird teilweise durch die AZ vermittelt.*

Diese Hypothese konnte nicht gestützt werden. Der indirekte Effekt ist nicht signifikant (b = -.52, SE = .48, KI [-1.83, .21], *ns.*). Der direkte Effekt ist ebenfalls nicht signifikant (b = -.28, SE = .71, KI [-1.75, 1.19], *ns.*). Der totale Effekt ist auch nicht signifikant (b = -.80, SE = .79, KI [-2.42, .83], *ns.*). Es werden R^2 = 66% der Varianz in OCB erklärt; hierbei handelt es sich um einen sehr großen Effekt.

4.5.5 Ergebnisse der Hypothesen *H5a* und *H5b*

Hypothese *H5a* lautete: *Eine positiv wahrgenommene UK korreliert positiv mit der AZ.*

Diese Hypothese konnte gestützt werden ($r = .46$, $p < .01$). Es handelt sich bei dieser Korrelation um einen mittelgroßen bis großen positiven Effekt.

Hypothese *H5b* lautete: *Der Zusammenhang zwischen der UK und dem OCB wird teilweise durch die AZ vermittelt.*

Auch diese Hypothese konnte gestützt werden. Der indirekte Effekt ist signifikant (b = .05, SE = .03, KI [.01, .12]). Der direkte Effekt ist ebenfalls signifikant (b = .21, SE = .07, KI [.07, .36]). Der totale Effekt ist auch signifikant (b = .26, SE = .08, KI [.11, .41]). Es werden R^2 = 57% der Varianz in OCB erklärt; hierbei handelt es sich um einen sehr großen Effekt.

4.5.6 Ergebnisse der Hypothesen *H6a* und *H6b*

Hypothese *H6a* lautete: *OID korreliert positiv mit der AZ.*

Auch diese Hypothese konnte gestützt werden ($r = .57$, $p < .01$). Es handelt sich bei dieser Korrelation um einen großen positiven Effekt.

Hypothese *H6b* lautete: *Der Zusammenhang zwischen der OID und dem OCB wird teilweise durch die AZ vermittelt.*

Diese Hypothese konnte nicht gestützt werden, da keine Mediation vorliegt. Der indirekte Effekt ist nicht signifikant (b = .05, SE = .04, KI [-.02, .12], *ns.*). Der direkte Effekt ist signifikant (b = .26, SE = .08, KI [.11, .41]). Der totale Effekt ist auch signifikant (b = .31, SE = .07, KI [.17, .45]). Es werden R^2 = 59% der Varianz in OCB erklärt; hierbei handelt es sich um einen sehr großen Effekt.

4.5.7 Ergebnisse der Hypothesen *H7a* bis *H7c*

Bei den Hypothesen *H7a* bis *H7c* handelt es sich zugleich um die *Forschungsfragen I., I.I und I.II.*

Forschungsfrage I. lautete: *Wie beeinflusst eine wahrgenommene $D_{(EB,IB)}$ das OCB von Mitarbeitern?*

Der direkte Effekt von $D_{(EB,IB)}$ auf OCB ist signifikant (*b* = -.23, *SE* = .08, KI [-.39, -.07]; s. Abbildung 13). Es handelt sich bei dieser Korrelation um einen kleinen bis mittelgroßen negativen Effekt.

Hypothese *H7a* lautete: *Der Zusammenhang zwischen der $D_{(EB,IB)}$ wird teilweise durch die drei Mediatoren UK, OID und AZ seriell vermittelt.*

Diese Hypothese dient der Beantwortung der *Forschungsfrage I.I:*

Vermitteln die Mediatoren UK, OID und AZ den Zusammenhang zwischen der $D_{(EB,IB)}$ und dem OCB seriell?

Die Hypothese konnte nur teilweise gestützt werden, da lediglich zwei Mediatoren (UK und OID) den Zusammenhang zwischen der $D_{(EB,IB)}$ und OCB vermitteln, AZ hingegen nicht. Ein indirekter Effekt ist signifikant, dieser ist in Abbildung 13 durch **graue Pfeile** markiert ($D_{(EB,IB)}$ → UK → OID → OCB; *b* = -.02, *SE* = .02, KI [-.07, -.004]). Der direkte Effekt ist ebenfalls signifikant (vgl. *Forschungsfrage I.*: *b* = -.23, *SE* = .08, KI [-.39, -.07]). Der totale Effekt ist auch signifikant (*b* = -.33, *SE* = .08, KI [-.49, -.16]). Es werden R^2 = 58% der Varianz in OCB erklärt; hierbei handelt es sich um einen sehr großen Effekt.

In Abbildung 13 sind die resultierenden Regressionskoeffizienten der seriellen Mediationsanalyse zwischen der $D_{(EB,IB)}$ und dem OCB mit den drei Mediatoren UK, OID und AZ dargestellt, jedoch ohne Berücksichtigung der Diskrepanz-Vorzeichen.

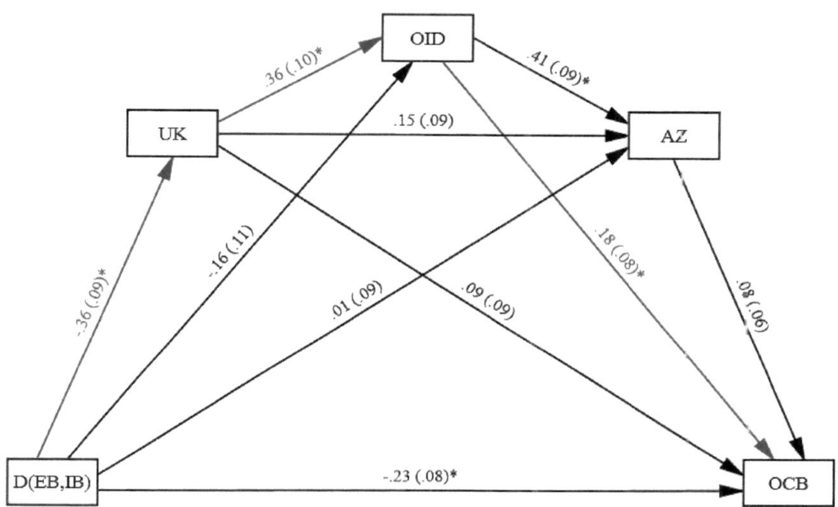

Abbildung 13: Resultierende Regressionskoeffizienten der Mediationsanalyse (Ohne Berücksichtigung der Diskrepanz-Vorzeichen), Standardfehler stehen jeweils in Klammern dahinter. *$p < .05$. **Graue Pfeile:** Darstellung des signifikanten indirekten Effekts. Alle Kontrollvariablen sowie die SozErw wurden in die Berechnung einbezogen. Nicht dargestellt sind die einzelnen Fehlervariablen (Quelle: Eigene Darstellung).

Die Hypothesen *H7b* und *H7c* dienen der Beantwortung der *Forschungsfrage I.II:*

Hat das Vorzeichen der $D_{(EB,IB)}$ eine Auswirkung in diesem Zusammenhang?

Hypothese *H7b* lautete: *Der Zusammenhang zwischen der $D_{(EB-,IB+)}$ und dem OCB wird teilweise durch die drei Mediatoren UK, OID und AZ seriell vermittelt (Entspricht Forschungsfrage I.II Teil 1).*

Diese Hypothese konnte nicht gestützt werden, da keine Mediation vorliegt. Die Ergebnisse der Mediationsanalysen zeigten keinen signifikanten indirekten Effekt (b = -.48, SE = .71, KI [-1.96, .98], *ns.*). Der direkte Effekt war ebenfalls nicht signifikant ($D_{(EB-,IB+)}$ → OCB, b = -.31, SE = .71, KI [-1.79, 1.17], *ns.*). Der totale Effekt war auch nicht signifikant (b = -.80, SE = .79, KI [-2.42, .83], *ns.*). Es werden R^2 = 66% der Varianz in OCB erklärt; hierbei handelt es sich um einen sehr großen Effekt.

In Abbildung 14 hat EB ein negatives und IB ein positives Vorzeichen. Diese Abbildung zeigt die resultierenden Regressionskoeffizienten der seriellen Mediationsanalyse zwischen der

$D_{(EB,IB)}$ und dem OCB mit den drei Mediatoren UK, OID und AZ, mit Berücksichtigung der Diskrepanz-Vorzeichen.

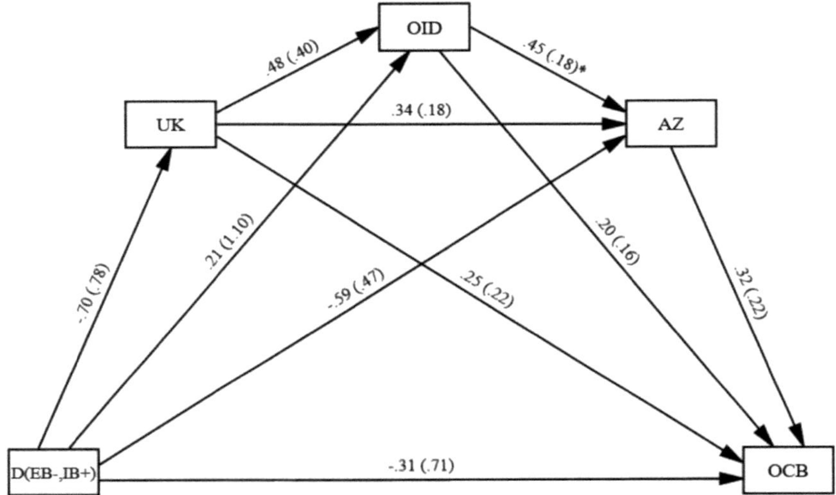

Abbildung 14: Resultierende Regressionskoeffizienten der Mediationsanalyse (Mit Berücksichtigung der Diskrepanz-Vorzeichen: EB negativ und IB positiv), Standardfehler stehen jeweils in Klammern dahinter. $*p < .05$. Alle Kontrollvariablen sowie die SozErw wurden in die Berechnung einbezogen. Nicht dargestellt sind die einzelnen Fehlervariablen (Quelle: Eigene Darstellung).

Hypothese *H7c* lautete: *Der Zusammenhang zwischen der $D_{(EB+,IB-)}$ und dem OCB wird teilweise durch die drei Mediatoren UK, OID und AZ seriell vermittelt (Entspricht Forschungsfrage I.II Teil 2).*

Diese Hypothese konnte nicht gestützt werden, da keine Mediation vorliegt. Die Ergebnisse der Mediationsanalysen zeigten keinen signifikanten indirekten Effekt (b = -.34, SE = .31, KI [-.99, .23], *ns.*). Der direkte Effekt war ebenfalls nicht signifikant ($D_{(EB+,IB-)}$ → OCB; b = -.58, SE = .48, KI [-1.56, .39], *ns.*). Der totale Effekt war jedoch signifikant (b = -.93, SE = .40, KI [-1.74, -.12]). Es werden R^2 = 63% der Varianz in OCB erklärt; hierbei handelt es sich um einen sehr großen Effekt.

In Abbildung 15 hat EB ein positives und IB ein negatives Vorzeichen. Diese Abbildung präsentiert die resultierenden Regressionskoeffizienten der seriellen Mediationsanalyse zwischen der $D_{(EB,IB)}$ und dem OCB mit den drei Mediatoren UK, OID und AZ, mit Berücksichtigung der Diskrepanz-Vorzeichen.

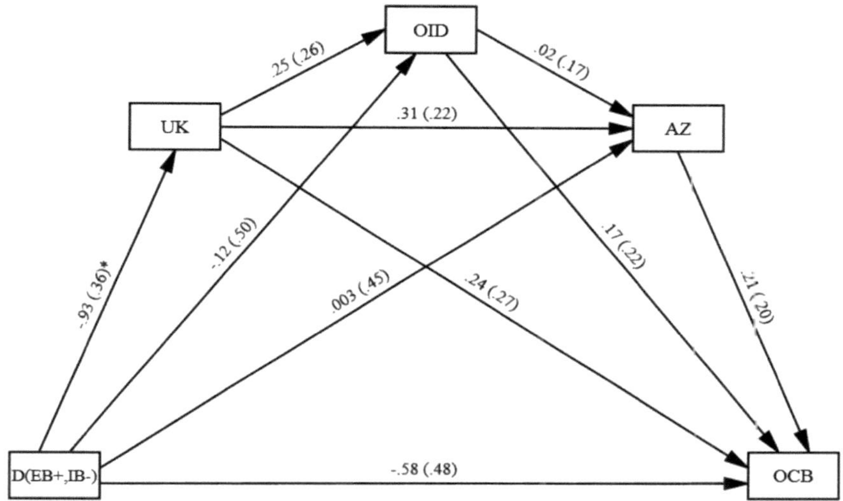

Abbildung 15: Resultierende Regressionskoeffizienten der Mediationsanalyse (Mit Berücksichtigung der Diskrepanz-Vorzeichen: EB positiv und IB negativ), Standardfehler stehen jeweils in Klammern dahinter. $*p < .05$. Alle Kontrollvariablen sowie die SozErw wurden in die Berechnung einbezogen. Nicht dargestellt sind die einzelnen Fehlervariablen (Quelle: Eigene Darstellung).

4.5.8 Zusammenfassung der Ergebnisse zu den getesteten Hypothesen

Tabelle 30 liefert einen komprimierten Ergebnisüberblick der getesteten Hypothesen. Von den insgesamt 23 Hypothesen konnten 14 gestützt werden, zwei davon nur teilweise und neun Hypothesen müssen verworfen werden.

Da die AZ in den geprüften Forschungsmodellen zu nicht signifikanten Ergebnissen führte, wurden in Anlehnung an Hayes (2013) zusätzliche Modelle mit nur jeweils zwei seriell geschalteten MV getestet.

Tabelle 30: Ergebnisüberblick zu den getesteten Hypothesen

Hypothesen-Nummer	Hypothese gestützt/nicht gestützt (✓/✗)
1a	✓
1b	✗
1c	✓
1d	✓
1e	✓
1f	✗
2a	✓
2b	✓
2c	✗
2d	✗
3a	✓
3b	teilweise ✓
4a	✓
4b	✗
4c	✓
4d	✗
5a	✓
5b	✓
6a	✓
6b	✗
7a	teilweise ✓
7b	✗
7c	✗

Anmerkungen. Quelle: Eigene Darstellung.

4.5.9 Zusätzlich getestete Modelle mit jeweils zwei Mediatoren

Die AZ hatte in allen getesteten Forschungsmodellen (s. Abbildung 13, 14 und 15) keinen signifikanten Einfluss auf das OCB. Aus diesem Grund wurde das Modell zunächst mit zwei Mediatoren (ohne AZ) gerechnet, wie Abbildung 16 zeigt. Die Berechnung erfolgte wie in Kapitel 4.5 beschrieben. Dieses Vorgehen entsprach Hayes (2013), der empfohlen hat, jeweils eine MV aus dem Modell auszuschließen und die Modelle erneut mit zwei seriellen Mediatoren zu überprüfen.

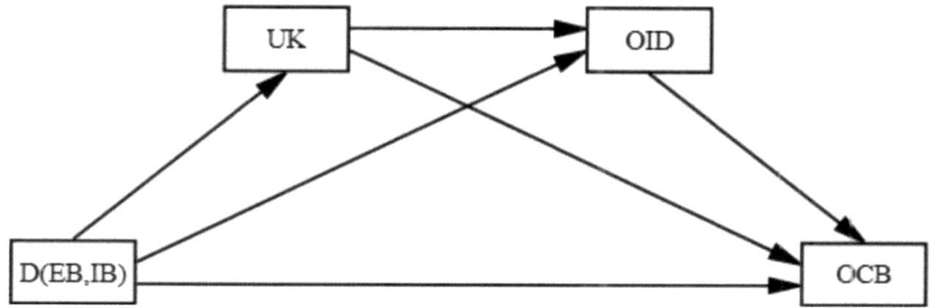

Abbildung 16: Darstellung des seriellen multiplen Mediationsmodells in Anlehnung an Abbildung 9, jedoch ohne Einbeziehung der Arbeitszufriedenheit. Alle Kontrollvariablen sowie die SozErw wurden in die Berechnung einbezogen. Nicht dargestellt sind die einzelnen Fehlervariablen (Quelle: Eigene Darstellung).

Die Ergebnisse sind Tabelle 31 zu entnehmen.

Tabelle 31: Einfluss der $D_{(EB,IB)}$ auf das OCB, seriell vermittelt über UK und OID

	Kriterium								
	M_1 (UK)			M_2 (OID)			Y (OCB)		
Prädiktor	*b*	*SE*	KI	*b*	*SE*	KI	*b*	*SE*	KI
X [$D_{(EB,IB)}$]	-.36*	.09	[-.54, -.18]	-.16	.11	[-.37, .05]	-.23*	.08	[-39, -.07]
M_1 (UK)				.36*	.10	[.17, .56]	.11	.09	[-.07, .28]
M_2 (OID)							.21*	.08	[.06, .36]

Gesamtmodell: $R^2 = .58$

Totaler Effekt: *b* = -.33*, *SE* = .08, KI [-.49, -.16]

Indirekter Effekt: *b* = -.03*, *SE* = .02, KI [-.07, -.006]

Anmerkungen. *b* = Regressionskoeffizient, *SE* = Standardfehler, KI = Konfidenzintervall. X = UV, M_1 = Erster Mediator, M_2 = Zweiter Mediator, Y = AV. $^*p < .05$ (Quelle: Eigene Darstellung).

Wie aus Tabelle 31 ersichtlich ist, sind der totale und der indirekte Effekt signifikant. Durch Ausschluss der AZ wird der indirekte Effekt in Abbildung 13 signifikant. Auch der direkte Effekt der $D_{(EB,IB)}$ auf das OCB ist signifikant. Lediglich zwei direkte Pfade von $D_{(EB,IB)}$ auf OID sowie UK auf OCB sind nicht signifikant.

Darüber hinaus wurde ein weiteres Modell getestet, das in Abbildung 17 präsentiert wird. In diesem Modell wurde der Einfluss der $D_{(EB,IB)}$ auf das OCB mit den Mediatoren UK und AZ (ohne OID) geprüft. Die AZ wurde hierbei nun berücksichtigt, da die bisherige Forschung mehrfach gezeigt hat, dass es signifikante mediierende Einflüsse im Wirkgefüge der AZ mit den in Abbildung 17 dargestellten Variablen gibt, die sich allerdings nur auf Modelle mit zwei MV bezogen (vgl. Kapitel 2.4.4.1 und 2.4.4.2).

Diese Erklärung gilt entsprechend für das getestete Modell in Abbildung 18. Die AZ wurde in den Modellen in Abbildung 17 und 18 jeweils miteinbezogen, um zu überprüfen, ob die Mediatorwirkung der AZ in Abbildung 13 lediglich deshalb nicht signifikant war, da diese ggf. durch die Kombination aus den beiden vorgeschalteten MV (UK in Abbildung 17 und OID in Abbildung 18) unterminiert wurde.

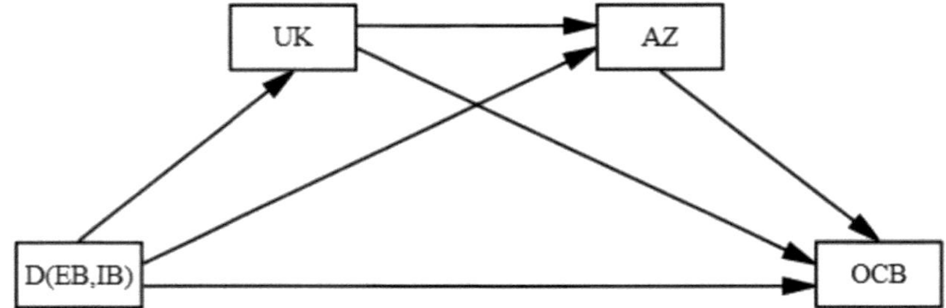

Abbildung 17: Darstellung des seriellen multiplen Mediationsmodells in Anlehnung an Abbildung 9, jedoch ohne Einbeziehung der organisationalen Identifikation. Alle Kontrollvariablen sowie die SozErw wurden in die Berechnung einbezogen. Nicht dargestellt sind die einzelnen Fehlervariablen (Quelle: Eigene Darstellung).

Die Ergebnisse zeigt Tabelle 32. Wie in Tabelle 32 dargestellt, sind der totale und der indirekte Effekt signifikant. Durch Ausschluss der OID wird der indirekte Effekt in Abbildung 13 signifikant. Auch der direkte Effekt der $D_{(EB,IB)}$ auf das OCB ist signifikant. Lediglich zwei direkte Pfade von $D_{(EB,IB)}$ auf AZ sowie UK auf OCB sind nicht signifikant.

Tabelle 32: Einfluss der $D_{(EB,IB)}$ auf das OCB, seriell vermittelt über UK und AZ

	Kriterium								
	M_1 (UK)			M_2 (AZ)			Y (OCB)		
Prädiktor	*b*	*SE*	KI	*b*	*SE*	KI	*b*	*SE*	KI
X [$D_{(EB,IB)}$]	-.36*	.09	[-.54, -.18]	-.06	.10	[-.26, .15]	-.25*	.08	[-.42, -.09]
M_1 (UK)				.30*	.10	[.11, .49]	.14	.08	[-.02, .30]
M_2 (AZ)							.14*	.07	[.01, .27]

Gesamtmodell: R^2 = .58
Totaler Effekt: *b* = -.33*, *SE* = .08, KI [-.49, -.16]
Indirekter Effekt: *b* = -.02*, *SE* = .01, KI [-.05, -.003]

Anmerkungen. *b* = Regressionskoeffizient, *SE* = Standardfehler, KI = Konfidenzintervall. X = UV, M_1 = Erster Mediator, M_2 = Zweiter Mediator, Y = AV. *$p < .05$ (Quelle: Eigene Darstellung).

Abschließend wurde noch ein drittes Modell unter Ausschluss der UK getestet, welches Abbildung 18 zeigt. In diesem Modell wurde der Einfluss der $D_{(EB,IB)}$ auf das OCB mit den Mediatoren OID und AZ getestet.

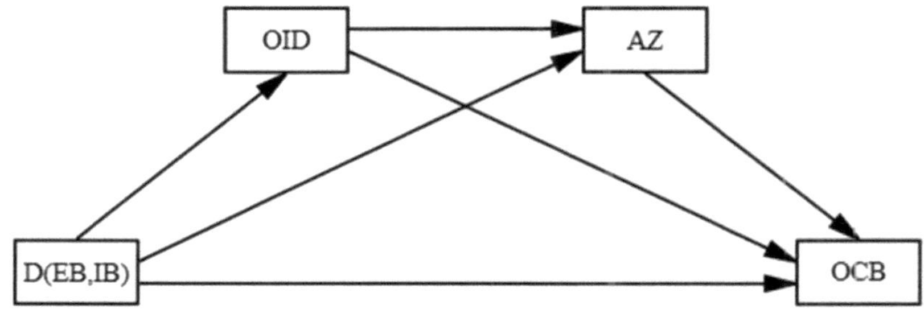

Abbildung 18: Darstellung des seriellen multiplen Mediationsmodells in Anlehnung an Abbildung 9, jedoch ohne Einbeziehung der Unternehmenskultur. Alle Kontrollvariablen sowie die SozErw wurden in die Berechnung einbezogen. Nicht dargestellt sind die einzelnen Fehlervariablen (Quelle: Eigene Darstellung)

Tabelle 33 präsentiert die Ergebnisse.

Tabelle 33: Einfluss der $D_{(EB,IB)}$ auf das OCB, seriell vermittelt über OID und AZ

	Kriterium								
	M_1 (OID)			M_2 (AZ)			Y (OCB)		
Prädiktor	*b*	*SE*	KI	*b*	*SE*	KI	*b*	*SE*	KI
X [$D_{(EB,IB)}$]	-.29*	.11	[-.51, -.08]	-.03	.09	[-.21, .15]	-.25*	.08	[-.41, -.10]
M_1 (OID)				.46*	.09	[.29, .64]	.21*	.08	[.06, .35]
M_2 (AZ)							.09	.07	[-.04, .22]

Gesamtmodell: $R^2 = .58$
Totaler Effekt: *b* = -.33*, *SE* = .08, KI [-.49, -.16]
Indirekter Effekt: *b* = -.01, *SE* = .01, KI [-.04, .003]

Anmerkungen. *b* = Regressionskoeffizient, *SE* = Standardfehler, KI = Konfidenzintervall. X = UV, M_1 = Erster Mediator, M_2 = Zweiter Mediator, Y = AV. *$p < .05$ (Quelle: Eigene Darstellung).

Tabelle 33 ist zu entnehmen, dass der totale Effekt signifikant ist, der indirekte Effekt hingegen nicht. Der Ausschluss der UK führt zu einem nicht signifikanten indirekten Effekt, was dem Modell in Abbildung 13 entspricht. Der direkte Effekt der $D_{(EB,IB)}$ auf das OCB ist signifikant. Zwei direkte Pfade von $D_{(EB,IB)}$ auf AZ sowie AZ auf OCB sind jedoch nicht signifikant. Nachfolgend werden die Ergebnisse diskutiert und zentrale Handlungsempfehlungen herausgearbeitet.

5 Diskussion und Implikationen

In diesem Kapitel erfolgt eine vertiefende, kritische Auseinandersetzung mit den Ergebnissen und anschließend die Ableitung von Implikationen für die Praxis und zukünftige Forschung.

5.1 Interpretation und Diskussion der Ergebnisse

Ziele der vorliegenden Arbeit waren, die einseitige Perspektive bezüglich der Untersuchung multipler Markenkonzepte zu ergänzen und die Forschungslücke hinsichtlich des Mangels an einer Diskrepanz-Erforschung im Themengebiet Branding und OCB zu schließen. Ferner lag dieser Arbeit das Ziel zugrunde, das Vorzeichen der Diskrepanz erstmals in der Analyse zu berücksichtigen.

Hinsichtlich der vorliegenden Stichprobe konnte ein ausgewogenes Verhältnis von Männern und Frauen erzielt werden, was als positiv zu bewerten ist. Dies traf auch für das Verhältnis zwischen Unternehmen mit bzw. ohne Auszeichnung durch einen Arbeitgeber-Award sowie Unternehmen, die in einem Arbeitgeber-Ranking gelistet bzw. nicht gelistet sind, zu (vgl. Kapitel 4.1.1). Wie die Verteilung der teilnehmenden Unternehmens-Branchen gezeigt hat, stammte die Mehrheit der Befragten aus dem Bereich Brand Management/Kommunikation/ Marketing (vgl. Abbildung 12), was für die vorliegende Studie von zentraler Bedeutung war. Allerdings ist hierbei zu beachten, dass Mitarbeiter aus diesen Bereichen eine vorwiegend externe Sichtweise auf das Unternehmen haben.

Aus den Ergebnissen zu deskriptiven Statistiken der Items ging hervor, dass die Studienteilnehmer überwiegend mit „trifft eher zu" geantwortet haben, woraus zu schließen ist, dass der Fragebogen thematisch tatsächlich auf diejenigen Aspekte abzielte, die beabsichtigt waren (vgl. Kapitel 4.1.2). Dies wurde auch durch die Ergebnisse zur Schiefe und Kurtosis bestätigt. Der Mindestwert für die Reliabilität konnte ebenfalls für alle verwendeten Skalen erreicht werden. Die vorliegende Studie hat gezeigt, dass die MV UK, OID und AZ signifikant negativ mit der $D_{(EB,IB)}$ korrelieren. Bei der signifikant negativen Korrelation zwischen der $D_{(EB,IB)}$ und dem OCB handelte es sich sogar um einen großen Effekt (vgl. Kapitel 4.2). Diese Ergebnisse entsprechen den Annahmen von Piehler et al. (2016) sowie Whitman et al. (2010), die diese Korrelationen bereits vermuteten.

Für die Richtung der $D_{(EB,IB)}$ resultierten folgende Ergebnisse (vgl. Kapitel 4.4): Ein positiv wahrgenommenes IB und ein negativ wahrgenommenes EB führten zu einer weniger negativen Wahrnehmung der UK als in umgekehrter Diskrepanz-Richtung, zu einer geringeren Identifikation der Mitarbeiter als in umgekehrter Diskrepanz-Richtung, zu unzufriedeneren Mitarbeitern als in umgekehrter Diskrepanz-Richtung sowie zu etwas weniger Engagement der Mitarbeiter in OCB als in umgekehrter Diskrepanz-Richtung. Hinsichtlich der OID, der AZ und des OCB handelte es sich dabei um kontraintuitive Ergebnisse, da angenommen wurde, dass ein positiv wahrgenommenes IB positiv mit internen Unternehmensvariablen wie OID, AZ und OCB zusammenhängt (vgl. Asha & Jyothi, 2013; King & Grace, 2008; Vogel et al., 2016). Hervorzuheben ist auch, dass das EB insgesamt wichtiger war als das IB, was aus interner Unternehmenssicht überraschend ist. Die untersuchte Stichprobe, die überwiegend aus dem Bereich Brand Management/Kommunikation/Marketing stammte, nahm vermutlich eine stärkere externe Perspektive ein. Dies könnte erklären, wieso die Bedeutung des EB diejenige des IB übertraf. Hier existieren ggf. spezifischere Wirkmechanismen, die in der vorliegenden Arbeit nicht analysiert wurden und daher Gegenstand zukünftiger Forschungsarbeiten sein sollten.

Die zentralen Ergebnisse zu den Forschungsfragen und Hypothesen sowie der zusätzlichen Teiltestungen sind Gegenstand der nachfolgenden Ausführungen (vgl. Kapitel 4.5):

Zur *Forschungsfrage I. „Wie beeinflusst eine wahrgenommene Diskrepanz zwischen externem und internem Branding das OCB von Mitarbeitern?"* hat sich ein großer, negativer Effekt gezeigt. Das bedeutet, dass eine wahrgenommene $D_{(EB,IB)}$ das OCB von Mitarbeitern stark negativ beeinflusst. Mitarbeiter zeigen demnach weniger freiwilliges, proaktives Verhalten, wenn sie eine Diskrepanz im Branding ihres Unternehmens wahrnehmen. Dieses Ergebnis ist erwartungskonform, da sich Mitarbeiter bei Wahrnehmung jeglicher Diskrepanz im Unternehmen weniger für das Unternehmen engagieren (Asha & Jyothi, 2013; Carr et al., 2010; Davies & Chun, 2002; Organ et al., 2006; Vogel et al., 2016). Vor dem Hintergrund der Theorie der kognitiven Dissonanz (Festinger, 1957, 1978), sind Individuen motiviert, eine wahrgenommene Dissonanz zu reduzieren. Übertragen auf die vorliegenden Ergebnisse bedeutet dies, dass Unternehmensmitglieder entweder Interesse daran haben, einen konflikthaften Zustand zwischen EB und IB im Unternehmen zu ändern oder eine Kündigung in Betracht zu ziehen.

Zur *Forschungsfrage I.I „Vermitteln die Mediatoren Unternehmenskultur, organisationale Identifikation und Arbeitszufriedenheit den Zusammenhang zwischen der genannten Dis-*

krepanz und dem OCB seriell?" konnten lediglich zwei Mediatoren (UK und OID) bestätigt werden, die den Zusammenhang zwischen der $D_{(EB,IB)}$ und OCB vermitteln. Der dritte vermutete Mediator AZ konnte hingegen nicht nachgewiesen werden. Dies widerspricht z. T. bisherigen Forschungsergebnissen (Chiu & Chen, 2005; Organ & Ryan, 1995; Podsakoff et al., 2000; Riketta, 2008; Smith et al., 1983). Huang und Kollegen (2008) konnten allerdings keinen signifikanten Zusammenhang zwischen AZ und OCB nachweisen, was sich in der vorliegenden Studie ebenfalls gezeigt hat.

Das bedeutet, UK und OID beeinflussen den Zusammenhang zwischen der Wahrnehmung einer Diskrepanz im Branding und des Engagements in OCB seriell. Die fehlende Signifikanz der AZ liegt vermutlich daran, dass diese global – d. h. als allgemeine AZ – und nicht spezifisch – z. B. Zufriedenheit hinsichtlich der Arbeitsbedingungen oder hinsichtlich der Arbeitskollegen – erfasst wurde (Spector, 1997; Wilkin, 2013). Eine Erfassung dieser Teilaspekte der AZ wäre möglicherweise zielführender. Eine weitere Erklärung könnte das Konzept der *work centrality* sein, das als Moderatorvariable zwischen AZ und OCB fungieren könnte (Paullay et al., 1994; Ziegler & Schlett, 2016; vgl. Kapitel 2.4.4). Weitere mögliche Begründungen werden nachfolgend im Rahmen der Erläuterung zur Hypothese *H7a* aufgeführt. Wie die Soziale Austauschtheorie annimmt, werden in sozialen Interaktionen Belohnungen nach dem Reziprozitätsprinzip ausgetauscht (Blau, 1964; Homans, 1958). Für die vorliegenden Ergebnisse bedeutet dies, dass sich Mitarbeiter in OCB engagieren, wenn sie vom Unternehmen im Gegenzug gut behandelt werden und ein förderliches Arbeitsumfeld vorfinden, welches sich vorrangig in einer positiv wahrgenommenen UK und OID äußert.

Zur *Forschungsfrage I.II „Hat das Vorzeichen der genannten Diskrepanz eine Auswirkung im Zusammenhang zwischen $D_{(EB,IB)}$ und OCB?"* konnte nachgewiesen werden, dass weder eine extern positive/intern negative-Diskrepanz, noch eine extern negative/intern positive-Diskrepanz als UV eine signifikante Veränderung im Rahmen eines Mediationsprozesses hinsichtlich der AV OCB haben. Das Vorzeichen der Diskrepanz hat somit keine Auswirkung im Zusammenhang zwischen der $D_{(EB,IB)}$ und dem OCB. Dies könnte z. B. daran liegen, dass die Items nicht trennscharf genug formuliert waren (Döring & Bortz, 2016). Eine weitere Präzisierung der Diskrepanz-Items, d. h. ein konkreter Bezug zum Branding, wäre an dieser Stelle von Vorteil. Beispielsweise sollte gezielt nach EB und IB gefragt werden und keine Umschreibung anhand der Unternehmenswerte etc. erfolgen. Die Literatur liefert dazu bislang keine eindeutigen Ergebnisse (Keon et al., 1982; Kressmann et al., 2006; Price & Gioia, 2008). Wird der Einfluss der Diskrepanz-Vorzeichen jedoch einzeln im Hinblick auf die UK, die OID, die AZ und das OCB betrachtet, so zeigten sich signifikante – wenn auch kontraintuitive – Ergebnisse (vgl. Kapitel 4.4). Wie die Signaling-Theorie konstatiert, entstehen Diskrepanzen, wenn zwischen Signalgeber und -empfänger Missverständnisse in der Interpretation auftreten (Connelly et al., 2011a; Spence, 1973). Aus den vorliegenden Ergebnissen ist abzuleiten, dass die Signaling-Theorie zwar die Wirkweise von Marken und zudem die Entstehung einer $D_{(EB,IB)}$ erklären kann (Erdem & Swait, 1998, 2016), es für die Begründung der Berücksichtigung der Diskrepanz-Vorzeichen jedoch zukünftig einen weiterführenden theoretischen Ansatz braucht.

Anhand der Hypothese *H1a* konnte ein negativer Zusammenhang zwischen $D_{(EB+,IB-)}$ und UK bestätigt werden. Dies entspricht den Ergebnissen vorangegangener Forschung (Davies & Chun, 2002; Hatch & Schultz, 2003).

Hypothese *H1b* konnte allerdings keinen positiven Zusammenhang zwischen $D_{(EB-,IB+)}$ und UK finden, sondern ergab einen kleinen bis mittelgroßen negativen Effekt, was bisherigen Ergebnissen widerspricht (Adler & Ghiselli, 2015; Hatch & Schultz, 1997). Dies liegt vermutlich daran, dass die Mitarbeiter trotz der positiven internen Sicht des Brandings von der externen Sicht in größerem Maße beeinflusst werden, was letztlich zu einem negativen Zusammenhang mit der UK führt. Ein Grund dafür könnte die untersuchte Stichprobe sein, da diese vorwiegend aus dem Bereich Brand Management/Kommunikation/Marketing stammte. Mitarbeiter aus diesen Tätigkeitsbereichen sind eher auf das externe Image eines Unternehmens fokussiert (vgl. Abbildung 12).

Die Annahme eines positiven Zusammenhangs zwischen UK und OID konnte in Hypothese *H1c* bestätigt werden und entspricht damit den Studienergebnissen von Millward und Haslam (2013). Der angenommene negative Zusammenhang zwischen $D_{(EB+,IB-)}$ und OID aus Hypothese *H1d* wurde ebenfalls bestätigt, was mit den Resultaten von Dineen und Allen (2016) sowie Morhart und Kollegen (2009) übereinstimmt. Für die OID wäre somit ein positiv wahrgenommenes IB wichtig. Das EB hängt hingegen negativ mit der internen Identifikations-Variable zusammen.
Gemäß Hypothese *H1e* wurde ein positiver Zusammenhang zwischen $D_{(EB-,IB+)}$ und OID vermutet, stattdessen ergab sich jedoch ein mittelgroßer negativer Effekt. Damit konnten die Ergebnisse von Rho und Kollegen (2015) nicht repliziert werden. An dieser Stelle ist ein-

zuwenden, dass die EB-Perspektive bei Rho und Kollegen (2015) anhand der Reputation gemessen wurde und nicht mit spezifischen Items zum EB.

Schließlich wurde in Hypothese *H1f* angenommen, dass der Zusammenhang zwischen $D_{(EB-,IB+)}$ und OID durch die UK vermittelt wird. Allerdings zeigten sich hierbei keine signifikanten Effekte. Bei wahrgenommener $D_{(EB-,IB+)}$ des eigenen Unternehmens spielt es für die Identifikation mit dem Unternehmen keine Rolle, wie die UK wahrgenommen wird. Auch hier konnte bisherige Forschung nicht bestätigt werden (Millward & Haslam, 2013). Die Ursache könnte darin liegen, dass sich die Diskrepanz bei Millward und Haslam (2013) hauptsächlich auf ein negatives Image bezog, welches mit dem EB in Zusammenhang steht. An dieser Stelle könnte die eher extern orientierte Stichprobe der vorliegenden Untersuchung ebenfalls eine Begründung liefern (vgl. Hypothese *H1b*). Eine weitere mögliche Erklärung ist, dass es auf die jeweilige Größe der Differenz ankommt: Wenn das IB z. B. nur schwach positiv ausgeprägt wäre, das EB hingegen sehr stark negativ, könnte das EB das IB überlagern, wodurch die – auf das Interne bezogene – UK keine Rolle mehr spielt. Die Stärke der Diskrepanz wurde bei den Vorzeichen-Variablen in der vorliegenden Arbeit jedoch nicht miteinbezogen (vgl. Kapitel 2.7).

Der in Hypothese *H2a* angenommene positive Zusammenhang zwischen UK und OCB konnte bestätigt werden und entspricht somit den Ergebnissen von Jo und Joo (2011).

Hypothese *H2b*, die den negativen Zusammenhang zwischen $D_{(EB+,IB-)}$ und OCB postulierte, konnte ebenfalls bestätigt werden und ist konform mit aktuellen Forschungsergebnissen (Piehler et al., 2016).

Der vermutete positive Zusammenhang zwischen $D_{(EB-,IB+)}$ und OCB aus Hypothese *H2c* hat sich nicht gezeigt, vielmehr handelte es sich um einen mittelgroßen bis großen negativen Effekt. Dieses Ergebnis widerspricht der Forschungsarbeit von Asha und Jyothi (2013). Hierbei ist jedoch zu berücksichtigen, dass für die vorliegende Studie eine abweichende Skala zur Ermittlung des IB verwendet wurde (Aurand et al., 2005).

Hypothese *H2d* nahm an, dass der Zusammenhang zwischen $D_{(EB-,IB+)}$ und OCB durch die UK vermittelt wird. Es zeigten sich zudem keine signifikanten Effekte, was konträr zu bisherigen Forschungsergebnissen ist (De Chernatony & Cottam, 2008). Dies legt den Schluss nahe, dass das positiv wahrgenommene IB und das negativ wahrgenommene EB die Wirkung der UK unterminieren und Ersteres dies nicht ausgleichen kann. Für den Einfluss einer wahrgenommenen $D_{(EB-,IB+)}$ auf das OCB der Mitarbeiter spielt die wahrgenommene UK keine Rolle.

Der in Hypothese *H3a* untersuchte positive Zusammenhang zwischen OID und OCB wurde erwartungsgemäß bestätigt (Ahearne et al., 2005; Blader & Tyler, 2009; Meleady & Crisp, 2017; Riketta, 2005; Schuh et al., 2016).

Hypothese *H3b* postulierte, dass die OID den Zusammenhang zwischen UK und OCB teilweise vermittelt. Diese Annahme konnte nur z. T. bestätigt werden, da es sich um eine vollständige Mediation handelt. Das bedeutet, der Zusammenhang zwischen UK und OCB kommt lediglich durch den Einfluss der OID zustande (Dukerich et al., 2002; Feather & Rauter, 2004). Daraus ergibt sich, dass die UK nur dann zu OCB bei den Mitarbeitern führt, wenn sich diese mit dem Unternehmen identifizieren. Es wird deutlich, dass eine positiv wahrgenommene UK ohne Identifikation der Mitarbeiter hinsichtlich des Engagements in OCB wirkungslos ist (Jo & Joo, 2011; Millward & Haslam, 2013).

Hypothese *H4a* vermutete einen negativen Zusammenhang zwischen $D_{(EB+,IB-)}$ und AZ. Dies konnte bestätigt werden und stimmt mit bisheriger Forschung überein (Gounaris, 2008).

Der angenommene positive Zusammenhang zwischen $D_{(EB-,IB+)}$ und AZ aus Hypothese *H4b* konnte nicht belegt werden, da es sich um einen kleinen bis mittelgroßen negativen Effekt handelte. Dieses Ergebnis widerspricht den Forschungsarbeiten von Davies und Chun (2002) sowie Du Preez und Bendixen (2015). Der Grund hierfür liegt vermutlich darin, dass der positive Zusammenhang zwischen Branding und AZ bei Davies und Chun (2002) sowie Du Preez und Bendixen (2015) lediglich für das IB galt. Das EB wurde zudem nicht für eine mögliche Diskrepanz berücksichtigt.

Hypothese *H4c* nahm einen positiven Zusammenhang zwischen AZ und OCB an, der auch bestätigt werden konnte und somit den Ergebnissen von Chiu und Chen (2005) sowie LePine und Kollegen (2002) entspricht. Das bedeutet, die Variablen AZ und OCB hängen positiv miteinander zusammen, was daran liegen könnte, dass es sich um zwei Konstrukte handelt, welche die interne Unternehmenssicht fokussieren.

Gemäß Hypothese *H4d* sollte der Zusammenhang zwischen $D_{(EB-,IB+)}$ und OCB durch die AZ vermittelt werden, dies war allerdings nicht der Fall. Es ergab sich kein signifikanter Effekt. Dies widerspricht somit den Ergebnissen von Ilies und Kollegen (2009) sowie Organ und Ryan (1995). Der Einfluss einer wahrgenommenen $D_{(EB-,IB+)}$ auf das Engagement der Mitarbeiter in OCB hängt gemäß vorliegender Ergebnisse nicht von deren AZ ab. Ein Grund dafür könnte sein, dass sich auch unzufriedene Mitarbeiter in OCB engagieren, wenn zumindest das IB positiv wahrgenommen wird (Asha & Jyothi, 2013).

In Hypothese *H5a* wurde ein positiver Zusammenhang zwischen einer positiv wahrgenommenen UK und AZ angenommen, der sich belegen ließ. Dies entspricht den Forschungsergebnissen von Belias und Koustelios (2015) sowie Lok und Crawford (1999). Die Erklärung liegt darin, dass die UK und die AZ jeweils interne Unternehmensvariablen sind und deshalb positiv miteinander zusammenhängen (vgl. Hypothese *H4c*).

Hypothese *H5b* nahm an, dass der Zusammenhang zwischen UK und OCB durch AZ vermittelt wird. Diese teilweise Mediation konnte bestätigt werden, wie bereits Chiu und Chen (2005) nachgewiesen haben. Die positiv wahrgenommene UK führt zum Engagement der Mitarbeiter in OCB – allerdings nur dann, wenn diese mit ihrer Arbeit zufrieden sind (Belias & Koustelios, 2015; Whitman et al., 2010).

Der positive Zusammenhang zwischen OID und AZ aus Hypothese *H6a* konnte belegt werden. Dies entspricht bisherigen Studien (Carmeli et al., 2007; Knight & Haslam, 2010; Lee et al., 2015; Li et al., 2015).

Die angenommene Vermittlung des Zusammenhangs zwischen OID und OCB durch AZ aus Hypothese *H6b* konnte nicht gestützt werden, da keine Mediation vorlag. Dieses Ergebnis ist nicht erwartungskonform (Feather & Rauter, 2004). Hierbei ist festzustellen, dass der Einfluss der OID auf das Engagement in OCB nicht davon abhängt, ob die Mitarbeiter zufrieden sind. Vermutlich reicht eine vorhandene Identifikation der Mitarbeiter bereits aus, um OCB zu zeigen (Riketta, 2005; Schuh et al., 2016). Die AZ kann hierfür vernachlässigt werden (Van Knippenberg & Van Schie, 2000).

Hypothese *H7a* bezog sich auf die *Forschungsfrage I.1*, die eine serielle Vermittlung des Zusammenhangs zwischen $D_{(EB,IB)}$ und OCB durch die drei Mediatoren UK, OID und AZ annahm.

Lediglich UK und OID haben sich als MV bewiesen, AZ hingegen nicht. Das widerspricht der existierenden Literatur, denn Organ und Ryan (1995), Weikamp und Göritz (2016) sowie Whitman und Kollegen (2010) lieferten signifikante Ergebnisse dafür, dass AZ zu OCB führt, denn OCB ist eine Bereitschaft zum Handeln und AZ eine Voraussetzung für diese Handlungsbereitschaft. Ursachen sind vermutlich die heterogene Stichprobe sowie die verwendete AZ-Skala (Fischer & Lück, 1972). Da es sich um eine ältere Skala handelte, sollte für eine Replikationsstudie eine neuere, validierte Skala herangezogen werden. Eine mögliche Interpretation dieses nicht signifikanten Zusammenhangs zwischen AZ und OCB könnte darin bestehen, dass sich die verwendeten Items z. B. mehr auf den Arbeitsinhalt und weniger auf die Zufriedenheit mit dem Unternehmen bezogen.

Huang und Kollegen (2008) konnten allerdings auch keine signifikante Korrelation zwischen AZ und OCB nachweisen. Das Engagement in OCB hängt in dieser Variablen-Konstellation scheinbar nicht vom Vorhandensein von AZ ab. Positiv wahrgenommene UK und OID genügen bereits, um OCB zu zeigen. UK und OID beeinflussen den Zusammenhang zwischen der Wahrnehmung einer $D_{(EB,IB)}$ und des Engagements der Mitarbeiter in OCB. Die wahrgenommene UK hat wiederum einen Einfluss auf die OID der Mitarbeiter, da es sich um eine serielle Mediation handelt. Bemerkenswert ist, dass die AZ der Mitarbeiter in diesem Zusammenhang zu vernachlässigen ist, da sie keinen signifikanten Einfluss im genannten Wirkgefüge hat.

Sowohl die Hypothese *H7b* als auch *H7c* bezogen sich auf die *Forschungsfrage I.II,* welche die Vorzeichen der Diskrepanz in diesem Zusammenhang berücksichtigte. Beide Hypothesen konnten nicht gestützt werden, da weder eine extern negative/intern positive-Diskrepanz (*H7b*), noch eine extern positive/intern negative-Diskrepanz (*H7c*) einen signifikanten Einfluss auf das OCB hatten. Das Vorzeichen der Diskrepanz kann in diesem Zusammenhang daher außer Acht gelassen werden (Asha & Jyothi, 2013; Keon et al., 1982; Price & Gioia, 2008; Sirgy et al., 1997). Nehmen Mitarbeiter eine $D_{(EB,IB)}$ in ihrem Unternehmen wahr, so spielt es keine Rolle für deren Engagement in OCB, ob das EB positiv und das IB negativ – oder umgekehrt – erlebt wird. Dies lässt vermuten, dass bereits die Wahrnehmung einer allgemeinen Diskrepanz im Branding zu weniger Engagement in OCB führt. Ob EB oder IB dabei positiv oder negativ wahrgenommen werden, ist für Mitarbeiter nicht ausschlaggebend für ihr Engagement in OCB (Kressmann et al., 2006; Müller, 2017).

Als Gesamtfazit der Ergebnisse zu den getesteten Hypothesen sind drei zentrale Erkenntnisse festzuhalten, welche die Beantwortung der Forschungsfragen (vgl. Kapitel 1.2) darstellen:

1. Eine wahrgenommene $D_{(EB,IB)}$ im Unternehmen hat einen stark negativen Einfluss auf das Engagement der Mitarbeiter in OCB.
2. Der Zusammenhang zwischen dieser Diskrepanz und dem OCB der Mitarbeiter hängt von deren wahrgenommener UK und OID ab. Die AZ spielt in diesem Zusammenhang keine signifikante Rolle.
3. Es spielt ebenfalls keine Rolle für das Engagement in OCB, ob das EB positiv und das IB negativ wahrgenommen wird oder umgekehrt.

Zusätzlich wurden Modelle mit jeweils zwei MV getestet (s. Kapitel 4.5.9). Auch diese drei Teiltestungen brachten interessante Ergebnisse hervor:

Wird der Zusammenhang zwischen $D_{(EB,IB)}$ und OCB, vermittelt über die MV UK und OID betrachtet, so sind sowohl der indirekte, der direkte als auch der totale Effekt signifikant. Zwei direkte Pfade von $D_{(EB,IB)}$ auf OID sowie UK auf OCB sind allerdings nicht signifikant. Das bedeutet, dass hierbei tatsächlich eine serielle multiple Mediation mit den MV UK und OID vorliegt, die durch Ausschluss der AZ zustande kommt.

Wird der Zusammenhang zwischen $D_{(EB,IB)}$ und OCB, vermittelt über die MV UK und AZ betrachtet, so sind sowohl der indirekte, der direkte als auch der totale Effekt signifikant. Lediglich zwei direkte Pfade von $D_{(EB,IB)}$ auf AZ sowie UK auf OCB sind nicht signifikant. Hierbei liegt somit tatsächlich eine serielle multiple Mediation mit den MV UK und AZ vor, die durch Ausschluss der OID zustande kommt.

Wird der Zusammenhang zwischen $D_{(EB,IB)}$ und OCB, vermittelt über die MV OID und AZ betrachtet, so sind sowohl der direkte als auch der totale Effekt signifikant. Zwei direkte Pfade von $D_{(EB,IB)}$ auf AZ sowie AZ auf OCB sind jedoch nicht signifikant. Der indirekte Effekt ist ebenfalls nicht signifikant. Das bedeutet, es liegt keine Mediation vor. Der Ausschluss der UK führt somit zu einem nicht signifikanten indirekten Effekt, der dem Modell in Abbildung 13 entspricht.

Die angeführten Ergebnisse der drei Teiltestungen sind vorrangig mit der Sozialen Identitätstheorie erklärbar (Tajfel & Turner, 1979, 1986), da diese die Bindung von Individuen an ein

Unternehmen begründen kann, welche sowohl für die UK, die OID als auch die AZ von Bedeutung ist (Van Dick et al., 2006). Bei diesen drei Konstrukten handelt es sich um interne Unternehmensvariablen, welche die Mitarbeiter in der Entwicklung ihres Selbstkonzepts und Zugehörigkeitsgefühls zu ihrem Unternehmen unterstützen und das ebenfalls intern verankerte Konstrukt des OCB beeinflussen (vgl. Kapitel 2.3.3).

In Bezug auf die Ergebnisse der drei Teiltestungen hat sich gezeigt, dass die Kombination von UK und OID sowie UK und AZ jeweils zu einer signifikanten seriellen multiplen Mediation des Zusammenhangs zwischen $D_{(EB,IB)}$ und OCB führt. Wird die UK jedoch außer Acht gelassen, so liegt keine Mediation dieses Zusammenhangs vor. Die durchgeführten Teiltestungen unterstreichen somit die zentrale Bedeutung der UK im genannten Wirkgefüge. Die UK sollte daher von Praxis und Forschung verstärkt in den Fokus gerückt werden (vgl. Costanza et al., 2016; Flamholtz, 2001).

Auf theoretischer Basis wurde in der vorliegenden Arbeit die konzeptionelle Domäne der Konstrukte Branding-Diskrepanz und OCB präzisiert. Methodisch wurden existierende Skalen in einen erweiterten theoretischen Kontext eingebettet und zudem eine neue Datenauswertungsmethode anhand des PROCESS-Makros für SPSS (Hayes, 2013) angewandt.

Die drei wesentlichen Beiträge dieser Arbeit (vgl. Kapitel 1.2) sind nachfolgend zusammengefasst:

1. Die $D_{(EB,IB)}$ wurde erstmals empirisch analysiert und mit dem OCB in Beziehung gesetzt. Die Ergebnisse haben gezeigt, dass die Wahrnehmung der $D_{(EB,IB)}$ einen starken, negativen Einfluss auf das Engagement der Mitarbeiter in OCB hat. Allerdings vermittelten lediglich die UK und die OID diesen Zusammenhang seriell. Die AZ spielte in diesem Wirkgefüge keine Rolle.

2. Die Vorzeichen der Diskrepanz (extern positiv/intern negativ und extern negativ/intern positiv) wurden miteinbezogen. Hierbei zeigten die Ergebnisse, dass es für das Engagement der Mitarbeiter in OCB zu vernachlässigen ist, ob das EB positiv und das IB negativ wahrgenommen wird oder umgekehrt.

3. Multiple Markenkonzepte (Employer, Corporate und internes Branding) wurden kombiniert als EB und IB untersucht.

Aus der Ergebnisdiskussion können zahlreiche Handlungsempfehlungen für die Praxis abgeleitet werden, um den anwendungsbezogenen Beitrag dieser Arbeit zu verdeutlichen.

5.2 Implikationen und Handlungsempfehlungen für die Praxis

Die durchgeführte Studie bietet eine Reihe von praktischen Implikationen und Handlungsempfehlungen. Nachfolgend werden Empfehlungen für Entscheidungsträger in Unternehmen gegeben und Ideen für mögliche Interventionsmaßnahmen vorgestellt. Die Ergebnisse sind auch auf Non-Profit-Organisationen übertragbar, da deren wichtigste Ressource ebenfalls das Personal ist (vgl. Schuh et al., 2016).

Die Aufmerksamkeit ist im Rahmen von Branding-Aktivitäten und OCB sowohl auf Mitarbeiter in Unternehmen als auch auf ehrenamtliches Personal in Non-Profit-Organisationen zu richten. Gerade im Hinblick auf das OCB sind ehrenamtliche Tätigkeiten von zentraler Bedeutung (Knapp et al., 2017; Rho et al., 2015).

Eine Reihe von Studien hat belegt, dass das Handeln und die Kommunikation eines Unternehmens von der Marke beeinflusst werden und umgekehrt (Jones & Bonevac, 2013). Die Bedeutung der Mitarbeiter wird der Relevanz der Marke im Unternehmen immer vorangestellt (Hatch & Schultz, 2009).

Für die Markenführung sind neben einer langfristigen Konzeption und einer konsistenten Umsetzung, auch ein unverwechselbares Image und ein funktionaler Mehrwert zentral (Becker & Schnetzer, 2006; Homburg, 2017).

Wie die vorliegende Studie gezeigt hat, kann in Unternehmen allerdings eine $D_{(EB,IB)}$ existieren. Diese hat einen stark negativen Einfluss auf das Engagement der Mitarbeiter in OCB, was für Führungskräfte und Unternehmen von großer Relevanz ist (vgl. Carr et al., 2010). OCB beeinflusst betriebswirtschaftliche Kenngrößen, wie die organisationale Leistung und Effizienz, positiv (Ong et al., 2018; Organ et al., 2006; Podsakoff et al., 2009).

5.2.1 Diskrepanz zwischen externem und internem Branding

Die $D_{(EB,IB)}$ sollte zunächst identifiziert werden und im nächsten Schritt gilt es zu präzisieren, worin genau diese Diskrepanz besteht, d. h. welches die inhaltlichen Differenzen sind. Nur so ist es möglich, gezielt wirksame Maßnahmen zu entwickeln. Grundsätzlich gilt, dass eine positive Kongruenz zwischen EB und IB hergestellt werden sollte. Allerdings hat die vorliegende Arbeit keinen Beleg für die zwingende Beachtung der Diskrepanz-Vorzeichen ermittelt (vgl. Hypothese *H7b* und *H7c*). Daher wird die generelle Empfehlung gegeben, eine mögliche $D_{(EB,IB)}$ im Unternehmen durch entsprechende (kommunikative) Maßnahmen zu verringern. Die Analysen zur Richtung der $D_{(EB,IB)}$ (vgl. Kapitel 4.4 und 5.1) haben jedoch untermauert, dass ein positiv wahrgenommenes IB bei einem negativ wahrgenommenen EB wichtig dafür sind, dass die UK weniger negativ wahrgenommen wird. Ein negativ wahrgenommenes IB führt bei einem positiv wahrgenommenen EB hingegen zu einer stärkeren Identifikation der Mitarbeiter, zu zufriedeneren Mitarbeitern und zu etwas mehr Engagement der Mitarbeiter in OCB. Allein die Tatsache, dass eine Diskrepanz existiert, sollte Entscheidungsträger in Unternehmen dazu motivieren, dieser effektiv entgegenzuwirken (vgl. Hypothese *H7a*).

Wie die durchgeführten Signifikanztests (vgl. Kapitel 4.3) gezeigt haben, nahmen

- Männer
- Jüngere Studienteilnehmer bis 39 Jahre
- Personen, die keine Führungsposition innehatten
- Personen mit einer kürzeren Praxiserfahrung
- Personen mit einer längeren Betriebszugehörigkeitsdauer sowie
- Personen in Unternehmen mit über 250 Mitarbeitern

eher eine $D_{(EB,IB)}$ im Unternehmen wahr.

Demgegenüber engagierte sich die jeweils andere getestete Gruppe (d. h. beispielsweise Frauen, Führungspersonen und Personen in Unternehmen mit bis zu 249 Mitarbeitern) mehr in OCB.

Diese Erkenntnisse sind hilfreich für Unternehmen, da sie Aufschluss darüber geben, welche Zielgruppe hinsichtlich des Engagements in OCB zu fokussieren ist und welche Personen besonders auf Diskrepanzen im Unternehmen achten. Diese können daher als mögliche Ansprechpartner zur Diskrepanzvermeidung zu Rate gezogen werden, in dem z. B. Verbesserungsvorschläge eingeholt werden. Allerdings könnte hier auch eine Selbstselektion vorliegen, d. h. Frauen wählen ihren Arbeitgeber beispielsweise bewusster.

Zur Diskrepanzverringerung bestehen drei wesentliche Strategien, die vorrangig unabhängig von Inhalten sind:

1. Die Führungskraft agiert als Vorbild (Sponheuer, 2010), ihr Verhalten gibt den Mitarbeitern Orientierung (De Chernatony, 2002). Die Führungskraft erleichtert das Engagement in OCB und stellt ein „Gleichgewicht" zwischen interner und externer Unternehmensperspektive her (Bolino et al., 2003; Organ et al., 2006). Zu diesem Zweck ist vor allem das EB transparenter zu gestalten, damit potentielle Mitarbeiter wissen, was sie im Unternehmen erwartet und sie keine Enttäuschung erleben.
2. Die Mitarbeiter sollten für die Wahrnehmung einer möglichen Diskrepanz im Unternehmen sensibilisiert werden, was auch emotionale Arbeit erfordert (vgl. Wegge & Van Dick, 2006). Hierzu bedarf es zudem einer Anpassung von HRM-Instrumenten und einer sorgfältigen Selektion neuer Mitarbeiter (vgl. Ritz & Thom, 2011).
3. Das Wissen der Mitarbeiter bezüglich der Marke wird erhöht, um eine größere Akzeptanz zu schaffen und die Marke tatsächlich zu „leben". Dies kann z. B. durch interne Trainings und Workshops erfolgen und auch in gesteigertem OCB resultieren (Organ et al., 2006).

5.2.2 Unternehmenskultur

Die Durchführung der drei Teiltestungen (vgl. Kapitel 4.5.9) hat ergeben, dass nach Ausschluss der UK keine signifikante serielle multiple Mediation des Zusammenhangs zwischen der $D_{(EB,IB)}$ und dem OCB mehr vorliegt. Dies untermauert die große Bedeutung, die der UK im Kontext des Brandings und OCB zukommt (vgl. Hypothese *H1a* und *H2a*). Vorgesetzte sollten auf Grundlage von spezifischen Leitwerten handeln und in ihrem Verhalten zeigen, dass die UK die Markenwerte widerspiegelt (Hankinson, 2012). Wie die vorliegende Arbeit untermauert hat, ist zu diesem Zweck eine UK zu entwickeln, in der die Leistungsversprechen intern und extern abgesichert (Hatch & Schultz, 2009) sowie die Unternehmensstrukturen entsprechend der UK angepasst worden sind (Bruhn & Batt, 2015; Schreyögg & Koch, 2015).

Zur Entwicklung einer positiv wahrgenommenen UK sind neben einem respektvollen Umgang im Unternehmen auch aktives Zuhören und Rückmeldungen förderlich. Führungskräfte sollten vor allem bei der UK und der OID ihrer Mitarbeiter ansetzen (vgl. Hypothese *H1c*), denn diese beeinflussen den Zusammenhang zwischen der Diskrepanz-Wahrnehmung und dem OCB bedeutend (vgl. Hypothese *H7a*).

5.2.3 Organisationale Identifikation

Von zentraler Bedeutung für das Engagement in OCB ist die Identifikation der Mitarbeiter mit dem Unternehmen (vgl. Hypothese *H3a*). Mitarbeiter zeigen OCB, wenn sie Wertschätzung empfinden, Mitspracherecht erhalten und eine individuelle Bindung an das Unternehmen erleben (Downe et al., 2016). Mitarbeiter sollten gefordert und gefördert werden.

Es gilt, Mitarbeiter zu informieren und einzubeziehen sowie effektive Maßnahmen zu implementieren, um die OID zu steigern (Schuh et al., 2016). Dazu zählt zunächst die Analyse, warum es an einer Identifikation mangelt. Dies kann vor allem zwei wesentliche Gründe haben (Sponheuer, 2010):

1. Die Mitarbeiter wollen sich nicht mit der Marke identifizieren, da diese nicht ihren Überzeugungen entspricht. Daraus folgt, dass dies bei der Einstellung neuer Mitarbeiter beachtet werden muss.
2. Die Mitarbeiter können sich nicht mit der Marke identifizieren, wenn deren Inhalte zu komplex sind. Daraus ergibt sich, dass bei der Personalauswahl auch die Markenidentifikation berücksichtigt werden muss.

Wie die vorliegende Studie dargelegt hat, sollten sich Vorgesetzte auf die Identifikation ihrer Mitarbeiter fokussieren (vgl. Hypothese *H3a* und *H7a*; Van Dick, 2001; Van Dick et al., 2004b), um ein Zugehörigkeitsgefühl zu schaffen (Davies et al., 2001).

Als Empfehlung wird darauf hingewiesen, dass die OID der Mitarbeiter als intrinsischer Motivator verstärkt werden sollte, da identitätssteigernde Maßnahmen effektiver sind als interessenssteigernde (Lee et al., 2015). Sinnvolle Arbeit beinhaltet z. B. einen Beitrag leisten zu können und Wertschätzung zu erhalten.

5.2.4 Arbeitszufriedenheit

Wie eine der zusätzlichen Teiltestungen ergab (vgl. Kapitel 4.5.9), lag eine serielle multiple Mediation des Zusammenhangs zwischen $D_{(EB,IB)}$ und OCB vor, die über die MV UK und AZ vermittelt wurde. Die AZ ist somit ebenfalls zu beachten und es gilt, diese im Unternehmen gezielt zu fördern. Durch Rankings wie z. B. „Great Place To Work" und „trendence Young Professional Barometer" werden Arbeitsplätze transparenter und die AZ immer wichtiger (Hoeffler et al., 2010).

Im Hinblick auf das Branding konstatierten Sengupta und Kollegen (2015), dass ein positives Branding zu zufriedeneren Mitarbeitern führt. Leistungsmotivierte Menschen übernehmen beispielsweise gerne Verantwortung, bevorzugen selbstständiges Arbeiten und beziehen mehr Befriedigung aus dem Arbeitsinhalt als aus ihrem Gehalt (Hulin & Judge, 2003; Spector, 1997).

Die AZ wird positiv beeinflusst, wenn solche Mitarbeiter einen großen Handlungsspielraum haben, der sie jedoch nicht überfordert. Zudem sollten stets arbeitserleichternde Hilfsmittel zur Verfügung stehen und flexible Arbeitszeiten ermöglicht werden. Vor allem durch Flexibilität und Möglichkeiten zur Mitgestaltung wird dem Mitarbeiter signalisiert, dass der Vorgesetzte Vertrauen in ihn hat (vgl. Meneghel et al., 2016). Durch dieses entgegengebrachte Vertrauen wird ein Engagement der Mitarbeiter in OCB wahrscheinlicher (vgl. Hypothese *H4c*; Chiu & Chen, 2005; Vigoda-Gadot & Cohen, 2004).

5.2.5 Mitarbeiterführung

Neben den bereits angeführten Strategien ist zu empfehlen, dass der Fokus schwerpunktmäßig auf die Mitarbeiterführung gerichtet ist, da die Mitarbeiter Einfluss auf die Arbeitsbedingungen haben – vor allem wenn es um die positive Beeinflussung des OCB zur Sicherung der Überlebensfähigkeit eines Unternehmens geht (Balmer & Gray, 2003; Ong et al., 2018). Mitarbeiter sollten fair behandelt werden, denn dadurch ist ein Engagement in OCB wahrscheinlicher (vgl. Hypothese *H4c*; Moorman et al., 1993). Ein offener, konstruktiver Dialog ist dabei hilfreich (Hatch & Schultz, 2003). Das Management sollte zudem die Konsistenz aller Markenaktivitäten kontinuierlich überprüfen, um so einer möglichen Diskrepanz vorzubeugen (Kay, 2006). Die Führungskräfte sollten die Marke unterstützen und „leben" (Mahnert & Torres, 2007).

Die Ergebnisse der Signifikanztests (vgl. Kapitel 4.3) haben gezeigt, dass ältere Studienteilnehmer ab 40 Jahren, Führungspersonen, Personen mit längerer Praxiserfahrung ab sechs Jahren und Personen in Unternehmen mit maximal 249 Mitarbeitern die UK positiver wahrgenommen haben, sich mehr mit ihrem Unternehmen identifizierten und mit ihrer Arbeit zufriedener waren. Bei älteren Mitarbeitern ab 40 Jahren liegt eher eine kognitive Dissonanzreduktion vor als bei Jüngeren. Mitarbeiter mit längerer Praxiserfahrung hegen weniger bzw. keine Absichten, den Arbeitgeber zu wechseln, Mitarbeiter mit einer kürzeren Erfahrung sind hingegen eher zum Wechsel bereit. In KMU ist zudem eine direktere Kommunikation und stärkere Einbindung in das Unternehmen möglich als in größeren Unternehmen.

Daraus ist die Empfehlung abzuleiten, dass Führungskräfte in größeren Unternehmen bevorzugt mit jüngeren Mitarbeitern – die über wenig Praxiserfahrung verfügen – in einen Dialog treten sollten, um dadurch Gestaltungsmöglichkeiten in Erfahrung zu bringen und gezielt Vorschläge umzusetzen, wie die Wahrnehmungen der UK, der OID und der AZ verbessert werden können.

Wie Devasagayam und Kollegen (2010) nahelegten, ist ein größerer Fokus auf die interne Verankerung des extern Kommunizierten im Bereich des Marketings sinnvoll. Zu den Aufgaben der Entscheidungsträger im Branding-Prozess gehört insbesondere die Priorisierung der Aktivitäten im Unternehmen (Sponheuer, 2010). Dazu zählt auch, verfügbares Budget und personelle Ressourcen entsprechend einzusetzen. Ferner gilt es, alle Mitarbeiter in den Branding-Prozess mit einzubeziehen (De Chernatony, 2002; Hatch & Schultz, 2009). Mitarbeiter durchlaufen nach Sponheuer (2010) im Idealfall drei Phasen:

1. Sie lernen, was sich hinter der Markenvision verbirgt und was die Marke einzigartig macht.
2. Sie glauben an die Idee und den Erfolg der Marke.
3. Sie füllen die Markenvision mit „Leben", werden zu Markenbotschaftern und zeigen OCB.

Treten Widerstände, Misstrauen und Ängste auf, so sind diese zeitnah zu analysieren und diesen mit geeigneten Maßnahmen entgegenzuwirken (Sponheuer, 2010). Geeignete *tools* im Branding-Prozess, die zu einem vermehrten Engagement in OCB führen, sind nach Piehler et al. (2016) sowie Roper und Davies (2010)

1. für das IB:
   - Gespräche (z. B. Anerkennungs- und Kritikgespräche) und Zielvereinbarungen

- Adäquates Führungsverhalten (z. B. situatives Führen)
- Personalentwicklungsmaßnahmen wie kontinuierliches Training, Coaching und Mentoring
- Faires Belohnungssystem

2. für das EB:
   - Initiativen wie markenorientierte Rekrutierung, Mitarbeiterpartizipation und Einführungsprogramme
   - Ggf. Werbung, Sponsoring und Public Relations.

Zu beachten ist hierbei, dass sich die angeführten *tools* für IB und EB teilweise überlappen und daher sowohl für IB- als auch EB-Aktivitäten angewandt werden können.

Führungskräfte sollten ebenfalls ein Markentraining erhalten, in welchem die Markenwerte entwickelt und vor allem vermittelt werden und auch die möglichen Konsequenzen sowie die Vermeidung einer $D_{(EB,IB)}$ thematisiert wird (Mahnert & Torres, 2007). Zudem sollten die Branding-Maßnahmen im Sinne eines Marken-Controllings und im Hinblick auf das OCB regelmäßig evaluiert werden (Kanning, 2017). Hierfür können Befragungen – sowohl quantitativer als auch qualitativer Natur – durchgeführt werden (Eid et al., 2015). Es bieten sich 360-Grad-Befragungen an, die vor allem intern realisiert werden sollten (Meffert et al., 2013, 2015).

Eine weitere Möglichkeit für Mitarbeiter ist gewährter Freiraum für *job crafting* (Wrzesniewski & Dutton, 2001). Dies bezeichnet gewollte Handlungen, um Einfluss auf die eigene Tätigkeit zu haben, diese zu formen und neu zu definieren (Niessen et al., 2016). Ziele sind die Verbesserung der eigenen Arbeitserfahrung und des Umgangs mit einer wahrgenommenen Diskrepanz. *Job crafting* ist eine direkte Form der Proaktivität und kann auch dazu führen, dass sich Mitarbeiter verstärkt in OCB engagieren (Vogel et al., 2016).

Die Ergebnisse der vorliegenden Studie können mit den Erkenntnissen des „Deutschen Markenmonitors 2017/2018“ (Kupetz & Meier-Kortwig, 2017) verknüpft werden und somit konkrete Handlungsempfehlungen für Führungskräfte im Management- und Marketing-Bereich liefern:

- Fehlendes Markenwissen durch entsprechende Kommunikation aufbauen
- Mangelnde Kontinuität in der Umsetzungsphase überwinden – vor allem durch Engagement in OCB

- Aus der Markenpositionierung täglich Handlungsempfehlungen ableiten
- Budget zielgerichtet einsetzen
- Mitarbeiter zu Markenbotschaftern machen
- Unternehmens- und Arbeitgebermarke verzahnt entwickeln
- Unternehmens-Design als Differenzierungsmerkmal verwenden
- Schnittstellen mit externen Stakeholdern überprüfen
- Unternehmens- und Markensteuerung verknüpfen
- Digitale Markenführung nutzen.

5.2.6 Kommunikation

Wie bereits erwähnt, zielt eine der wichtigsten Empfehlungen auf die Kommunikation ab (Hatch & Schultz, 2003). Das Augenmerk sollte verstärkt auf die interne Kommunikation gerichtet werden, denn Führungskräfte kommunizieren zuerst nach innen und dann nach außen. Interne und externe Kommunikation sollten zudem auch miteinander verknüpft sein (Hatch & Schultz, 2009).

Mögliche Maßnahmen, um Mitarbeiter kontinuierlich mit Informationen zu versorgen und damit Engagement in OCB zu erreichen, stellen Markenbücher, Broschüren, Newsletter, Mitarbeiter-Magazine und das Intranet dar. Auch ein informelles Arbeitstreffen, als Plattform für einen offenen Dialog, ist zur Mitarbeiterinformation und -partizipation geeignet und kann darüber hinaus Wertschätzung für den einzelnen Mitarbeiter demonstrieren. Diese Empfehlungen implizieren eine Auseinandersetzung mit Theorien und Konzepten der Kommunikationspsychologie (Blanz, 2014; Haslam, 2004).

Folgt man den Ratschlägen von Piehler und Kollegen (2016), so ist die sog. Kaskadenkommunikation Mittel der Wahl. Diese beschreibt eine Kommunikation von der obersten Hierarchieebene über nachfolgende Stufen. Das bedeutet, Informationen werden vom höchsten Vorgesetzten zum operativ tätigen Mitarbeiter möglichst kongruent weitergegeben. Eine Interaktion aller Hierarchieebenen ist von wesentlicher Bedeutung. Es sollte konsistent, kongruent und ökonomisch „in alle Richtungen“ kommuniziert werden. Die Kommunikation sollte an entsprechende Informationsbedürfnisse angepasst sein (Mahnert & Torres, 2007). Hierfür sind ferner geeignete Kommunikationskanäle zu wählen (Kuenzel & Vaux Halliday, 2010). Zu beachten ist hierbei jedoch, dass die „Sprache“ der Mitarbeiter gesprochen wird, um so das Verständnis hinsichtlich der Markenaktivitäten im Unternehmen zu erleichtern (Miles & Mangold, 2004). Für EB-Kampagnen ist es wichtig, dass sie – im Sinne der integrierten Markenkommunikation – mit internen Kommunikationsinhalten übereinstimmen (Bruhn & Batt, 2015).

Laut Haedrich und Kollegen (2003, S. 73) hat die Kommunikation eine „Hebelwirkung“ im Rahmen der Markenführung inne. Für das Unternehmen der Zukunft wird zudem die digitale Markenführung an Bedeutung gewinnen (Kreutzer & Land 2017; Shepherd et al., 2015). Die Nutzung sozialer Medien nimmt auch im Branding-Bereich stetig zu (John et al., 2017; Kreutzer & Merkle, 2015; Sivertzen et al., 2013). Soziale Medien sind geeignet, um preiswert ein gutes Image aufzubauen (Bruhn & Batt, 2015).

5.2.7 Markenmanager

Die Branding-Kompetenz liegt in der Regel beim Marketingmanager. Es ist allerdings zu empfehlen, dass für das EB und IB ein eigenes Team gebildet wird, welches aus mehreren Fachabteilungen – vorrangig Marketing und HRM – besteht (Mahnert & Torres, 2007). Vor allem strategische Planung und Markenführung werden im Unternehmen häufig als separate Teildisziplinen betrachtet. Diese müssen jedoch miteinander kooperieren, um OCB zu ermöglichen (Kernstock, 2009). Hierzu bedarf es eines Markenmanagers. Der Markenmanager sollte vorrangig Planungs- und Analysefähigkeiten besitzen (Tomczak & Brexendorf, 2005). Zudem ist eine klare Verantwortungsverteilung zwischen dem HRM und dem Marketing- bzw. Kommunikationsbereich nötig (Haedrich et al., 2003; Hanin et al., 2013). Der Markenmanager ist Markenspezialist, die Mitarbeiter sind hingegen Markenbotschafter, d. h. sie sollten den Zusammenhang zwischen dem eigenen Beitrag und dem Unternehmenserfolg erkennen und ihr Handeln dann daran ausrichten. Hierzu bedarf es einer konkreten Zieldefinition und einer Markenvision.

5.2.8 Zieldefinition und Entwicklung einer Markenvision

Abschließend wird auf die konkrete Vorgehensweise der Zieldefinition und der Entwicklung einer Markenvision eingegangen. Dafür wird das CORE-Prinzip nach Schoiswohl (2016) zugrunde gelegt: CORE ist ein ganzheitlicher Ansatz, der Struktur und Kultur im Unternehmen verbindet und dadurch die Marke stärkt.

Das Akronym „CORE“ steht dabei für: *communication, organisation, recreation, expert* (Schoiswohl, 2016). *Communication* beinhaltet, den Mitarbeitern ein klares Versprechen zu geben. *Organisation* umfasst die Einhaltung dieses Versprechens und die Erwartungserfüllung. Hinter *recreation* verbirgt sich das Kümmern um das Mitarbeiterwohlbefinden. Perspektiven zur persönlichen Weiterentwicklung zu bieten, wird durch *expert* umschrieben (Schoiswohl, 2016). In der Praxis sind diese vier Aspekte durch eine Reihe von Maßnahmen zu erreichen:

- *Communication:* Interne und externe Kommunikation (Intra- und Internet), Feedback, Mitarbeitergespräche und -befragungen, Unternehmens-TV
- *Organisation:* Prozessabläufe, Tätigkeitsbeschreibungen, Zielemanagement
- *Recreation:* Gesundheitsmanagement
- *Expert:* Bewerber- und Ideenmanagement, Weiterbildungs-Akademie.

Das CORE-Prinzip enthält somit Kommunikations-, Führungs- und Organisationswerkzeuge für ein effektives Mitarbeiter-Beziehungsmanagement in Unternehmen, welches Grundlage für das Auftreten von OCB ist (Schoiswohl, 2016).

Das schrittweise Vorgehen für eine effektive Markenführung wird von der Basis zur Spitze beschrieben: Zur Definition von Zielen und zur Entwicklung einer Markenvision braucht ein Unternehmen zunächst eine Philosophie, welche neben einer Leitidee auch die Werte und Vision des Unternehmens beinhaltet. Darauf aufbauend folgt die Unternehmenspolitik, welche die eigentliche Zielsetzung festlegt. Anschließend braucht es eine Strategie, d. h. einen Plan zur Zielerreichung. Spezifische Maßnahmen, wer welche Tätigkeit bis zu welchem Zeitpunkt erledigt, werden schließlich in der Taktik umgesetzt. Dieses Vorgehen baut auf dem CORE-Prinzip auf (Schoiswohl, 2016).

Spezifische Maßnahmen im Unternehmen beginnen bei der Analyse des Kontexts und der Strategie. Analysiert werden neben Mitarbeitern auch Kunden, Wettbewerber, Stärken und Schwächen des Unternehmens und der Marke (Sponheuer, 2010), denn alle Marken- und Unternehmensmaßnahmen sind eng miteinander verbunden (Haedrich et al., 2003). Dazu stehen verschiedene Instrumente des strategischen Managements zur Verfügung, wie z. B. vorrangig das „Benchmarking“, welches einen betriebswirtschaftlichen Vergleichsprozess von Produkten und Dienstleistungen beinhaltet (Meffert et al., 2015; Schreyögg & Koch, 2015). Ferner könnten Mitarbeiter z. B. tagesaktuell informiert werden, sie sollten klare Ansprechpartner haben und in transparenten Strukturen arbeiten.

Die Ergebnisse der vorliegenden Studie legen auch nahe, dass Vorgesetzte kontinuierlich informieren und kommunizieren sowie Marken- und Unternehmenswerte authentisch „vorleben" sollten, um das Engagement der Mitarbeiter in OCB zu steigern. Die IT-gestützte Umsetzung des CORE-Prinzips im Unternehmen ist inzwischen auch mittels der Software „CORE smartwork" möglich (Schoiswohl, 2016). Im nächsten Teilkapitel erfolgt eine kritische Würdigung und die Ableitung zentraler Forschungsimplikationen.

5.3 Kritische Würdigung und Implikationen für die zukünftige Forschung

Zur kritischen Würdigung dieser Arbeit zählen neben Stärken und Limitationen der Studie auch Implikationen für die zukünftige Forschung. Bevor die Forschungsmethode der vorliegenden Arbeit einer kritischen Prüfung unterzogen wird, erfolgt zunächst eine kurze Auseinandersetzung mit den Inhalten dieser Arbeit.

Wie in Kapitel 1.1 bereits ausführlich dargelegt, handelt es sich bei der Verknüpfung des Brandings und OCB um einen relevanten und aktuellen Untersuchungsgegenstand – auch im Hinblick auf den Unternehmenserfolg (Methot et al., 2017; Zablah et al., 2010).

Stärken der vorliegenden Arbeit liegen darin, dass die $D_{(EB,IB)}$ erstmals empirisch analysiert und mit dem OCB in Beziehung gesetzt wurde. Die Vorzeichen der Diskrepanz (extern positiv/intern negativ und extern negativ/intern positiv) wurden miteinbezogen und multiple Markenkonzepte (Employer, Corporate und internes Branding) wurden kombiniert als EB und IB untersucht.

Es hat sich gezeigt, dass eine wahrgenommene $D_{(EB,IB)}$ im Unternehmen einen stark negativen Einfluss auf das Engagement der Mitarbeiter in OCB hat (vgl. Hypothese *H7a*), was der Theorie der kognitiven Dissonanz (Festinger, 1957, 1978) entspricht. Der Zusammenhang zwischen dieser Diskrepanz und dem OCB der Mitarbeiter hängt von deren wahrgenommener UK und OID ab (vgl. Hypothese *H7a*). Die wahrgenommene UK hat wiederum einen Einfluss auf die OID der Mitarbeiter, da es sich um eine serielle Mediation handelt. Überraschend ist jedoch, dass die AZ der Mitarbeiter in diesem Zusammenhang zu vernachlässigen ist, da sie keinen signifikanten Einfluss im genannten Wirkgefüge hat. Diese Erkenntnisse stimmen hinsichtlich der UK und der OID mit den Annahmen der Sozialen Austauschtheorie überein (Blau, 1964; Homans, 1958).

Es spielt ebenfalls keine Rolle für das Engagement in OCB, ob das EB positiv und das IB negativ wahrgenommen wird oder umgekehrt (vgl. Hypothese *H7b* und *H7c*). Die Signaling-Theorie (Connelly et al., 2011a; Spence, 1973) sollte zur Berücksichtigung der Diskrepanz-Vorzeichen zukünftig durch einen erweiterten theoretischen Ansatz ergänzt werden.

Zentrale inhaltliche Einschränkungen der vorliegenden Studie bestehen darin, dass die Stärke der positiven und negativen Wahrnehmungen der Diskrepanz und zudem die Kombination der Diskrepanz-Stärke mit der Diskrepanz-Richtung nicht berücksichtigt wurden. Aus diesen Analysen hätten sich vermutlich weitere interessante Erkenntnisse ergeben.

Die methodischen Stärken der vorliegenden Studie liegen darin, dass serielle multiple Mediationsanalysen durchgeführt wurden. Hayes (2013) liefert plausible Gründe, warum regressionsbasierte Verfahren angemessen sind und in bestimmten Fällen sogar geeigneter als die Berechnung eines SGM. Hinzu kommt, dass durch die Entwicklung des PROCESS-Makros für SPSS (Hayes, 2013) in der quantitativen Datenauswertung zusätzliche Möglichkeiten – vor allem im Hinblick auf die Analyse serieller multipler Mediationsanalysen – eröffnet worden sind. Darüber hinaus bestätigen Hayes und Kollegen (2017), dass anhand des PROCESS-Ansatzes eine größere Vielzahl an Statistiken generiert werden kann als anhand des SGM-Ansatzes und PROCESS zudem nutzerfreundlicher in der Bedienung ist. Der Einsatz dieses neuen Auswertungsverfahrens stellt einen wesentlichen Mehrwert der vorliegenden Studie dar, denn die Testung multipler Mediatoren hat in bisherigen Forschungsarbeiten nur wenig Aufmerksamkeit erhalten (Preacher & Hayes, 2008).

Zur Vorbeugung bzw. zum Ausschluss des *common method bias* in den Daten wurde für die SozErw kontrolliert und der Harman-One-Factor Test gerechnet. Hinsichtlich der Einschränkung aufgrund von Selbstbericht-Daten haben Ilies und Kollegen (2009) speziell bei OCB als AV herausgefunden, dass die Ergebnisse davon nicht beeinflusst werden und es gerechtfertigt ist, nur eine Datenquelle heranzuziehen.

Positiv hervorzuheben ist auch der Stichprobenumfang mit $N = 256$ Mitarbeitern, der für die angewandte Datenauswertungsmethode als groß einzustufen ist und die Tatsache, dass Mitarbeiter aus bundesweit verteilten Unternehmen für die Teilnahme gewonnen werden konnten. Eine weitere Stärke ist die ausgewogene Stichprobe hinsichtlich des Geschlechts.

Einen Hauptbeitrag der vorliegenden Studie stellt die Perspektive auf das Mitarbeiterverhalten dar. Es existiert zwar Literatur, wie eine Marke die Kunden beeinflusst (Dacin & Brown, 2006; Mosley, 2007), allerdings gibt es nur wenig Forschung dazu, wie sich die Marke auf das Mitarbeiterverhalten auswirkt. Zudem ist die Studie auch der Forderung nach einer Erforschung der $D_{(EB,IB)}$ nachgekommen (Theurer et al., 2016).

Bezüglich der methodischen Limitationen der durchgeführten Studie sind einige Aspekte zu nennen: Zunächst ist herauszustellen, dass aufgrund der Stichprobe keine Generalisierbarkeit der Ergebnisse auf alle deutschen Unternehmen vorgenommen werden kann. Die allgemeinen Nachteile eines Querschnittdesigns und der damit verbundene *common method bias* in einem *single source design* (Campbell & Fiske, 1959; Podsakoff & Organ, 1986; Podsakoff et al., 2003; Spector, 2006; vgl. Kapitel 3.5) sind auch als Einschränkungen der vorliegenden Studie zu nennen. Ein Querschnittdesign bildet lediglich eine Momentaufnahme der Befragten ab. Die Angaben können aufgrund der Selbstbericht-Daten verzerrt sein. Ebenso sind die allgemein auftretenden Nachteile einer Online-Datenerhebung zu berücksichtigen, da z. B. nicht sichergestellt werden kann, wer den Fragebogen tatsächlich ausgefüllt hat.

In einem einfachen, wie in einem seriell multiplen Mediationsmodell kann außerdem nicht ausgeschlossen werden, dass weitere Variablen existieren, die den Zusammenhang beeinflussen und im vorliegenden Modell nicht berücksichtigt wurden (Zhao et al., 2010). Für die vorliegende Studie wurden aufgrund des spezifischen Branding-Kontexts in Kombination mit dem OCB, Items aus bestehenden Skalen leicht modifiziert bzw. ausgeschlossen. Die Kürzung bestehender Skalen stellt eine Einschränkung dieser Studie dar. Beispielsweise ist die Erfassung der UK anhand von sechs Fragebogen-Items kritisch zu betrachten, da es anhand dieser Datenerhebungsmethode schwierig ist, das zugrunde liegende Normengeflecht zu ermitteln, was die UK aber gerade für die unternehmerische Praxis ausmacht (Schreyögg & Koch, 2015).

Hinsichtlich der Stichprobe könnte eine Konfundierung vorliegen. Diese Konfundierung kann aufgrund der heterogenen Zusammensetzung der Stichprobe aus verschiedenen deutschen Unternehmen und des Schneeball-Verfahrens resultieren, welches zur Aufstockung des Stichprobenumfangs angewandt werden musste.

Zudem setzte sich die untersuchte Stichprobe überwiegend aus Mitarbeitern der Bereiche Brand Management/Kommunikation/Marketing zusammen, die eher eine externe Sichtweise auf ein Unternehmen haben und die Ergebnisse daher verzerrt haben könnten (vgl. Kapitel 5.1).

Eine weitere Limitation ist, dass lediglich interne Mitarbeiter um Auskunft gebeten wurden. Hier ist fraglich, ob diese tatsächlich einschätzen können, wie die Marke nach außen wirkt. Auch im Hinblick auf die AV OCB wurde nur die persönliche Einschätzung erfragt, ob sich die Studienteilnehmer in OCB engagieren würden. Es wurde nicht erfasst, ob ein solches Verhalten im Unternehmen tatsächlich gezeigt wird. Kritisch zu betrachten ist auch der Aspekt, dass in der vorliegenden Studie – trotz der Ausführungen in Kapitel 3.5 – kein SGM gerechnet wurde. Wesentliche Gründe waren die Tatsache, dass ein regressionsbasierter PROCESS-Ansatz für eine hohe Varianzaufklärung – auf Grundlage der vorhandenen Stichprobengröße – ausreicht und im PROCESS-Ansatz zudem mehr Statistiken generiert werden als im Ansatz des SGM (Hayes, 2013). Vielen der genannten Limitationen, die bei der Planung kritisch hinterfragt wurden, konnte jedoch durch bestimmte (statistische) Maßnahmen entgegengewirkt werden.

Für zukünftige Forschungsarbeiten ergeben sich zahlreiche Möglichkeiten: Wie die vorliegende Studie zeigte, hat sich die Theorie der kognitiven Dissonanz (Festinger, 1957, 1978) als theoretische Grundlage bewährt, um Auswirkungen wahrgenommener Diskrepanz zu erklären. Eine vertiefende Auseinandersetzung mit dieser Theorie im Forschungsgebiet Branding und OCB wird empfohlen (Diefendorff & Chandler, 2011).

In einer Replikationsstudie könnte zunächst ein SGM aufgestellt werden. Dieses bietet den Vorteil, dass die Messfehlerbehaftetheit von Messungen in linearen SGM berücksichtigt wird, was bei multiplen Regressionsanalysen oder Pfadanalysen nicht der Fall ist (Cohen et al., 2003). Außerdem werden Zusammenhänge auf latenter Ebene analysiert.

Das vorliegende Forschungsmodell könnte einerseits anhand einer größeren, quantitativen Stichprobe repliziert werden (Wallström et al., 2008) und andererseits in einem anderen Kulturkreis (Punjaisri et al., 2009). So könnten auch internationale Organisationen im Hinblick auf die positive Beeinflussung von OCB unterstützt werden. Eine weitere Forschungsimplikation zielt auf die Untersuchung verschiedener Funktionsbereiche in Unternehmen ab: Im Hinblick auf das EB und IB könnte ein Vergleich zwischen Mitarbeitern aus dem Marketing-Bereich – die eine eher externe Unternehmensperspektive einnehmen – und Mitarbeitern aus Funktionsbereichen mit einer internen Perspektive – wie z. B. der internen Unternehmenskommunikation – realisiert werden.

Zukünftige Studien sollten aufgrund der kritisch zu betrachtenden Stichprobenzusammensetzung vor allem die Beziehung zwischen AZ und OCB erneut untersuchen. Die AZ könnte in einer Replikationsstudie auch als Moderatorvariable miteinbezogen werden. Ferner sollten im vorliegenden Mediationsmodell zusätzliche MV überprüft werden, um das Engagement in OCB zu erklären (Williams & Anderson, 1991). Wie die drei Teiltestungen (vgl. Kapitel 4.5.9) dargelegt haben, genügen bereits zwei MV, um die vermuteten Wirkmechanismen sichtbar zu machen. Um signifikante Ergebnisse zu erhalten, ist daher für zukünftige Forschungsarbeiten zu empfehlen, Mediationsmodelle zunächst mit zwei Mediatoren zu testen und dann ggf. eine dritte MV zu ergänzen. In der Literatur werden weitere mögliche Konstrukte angeführt, die als Mediatoren wirken können. Beispiele hierfür sind Commitment, Arbeitsmotivation und Führungsverhalten (Downe et al., 2016; Feather & Rauter, 2004; Grant, 2007; Judge & Kammeyer-Mueller, 2012). Van Knippenberg und Van Schie (2000) konnten z. B. zeigen, dass Arbeitsgruppen-Identifikation einen stärkeren Einfluss auf OCB hat als OID. An dieser Stelle würde sich eine Untersuchung anbieten, die statt des OID die Arbeitsgruppen-Identifikation in den Fokus stellt und dafür ggf. neue Items generiert. Die gesamte Studie könnte auch auf Teamebene repliziert werden.

Darüber hinaus könnten Persönlichkeitseigenschaften detaillierter untersucht werden, die zu OCB führen. Anhand der resultierenden Erkenntnisse könnten diejenigen Mitarbeiter in einem Personalauswahlprozess eher erkannt werden, die sich in OCB engagieren würden (Chiaburu et al., 2011). Die Methode des *multi-level modelings* wäre für eine zukünftige Studie ebenfalls geeignet (Aguinis & Molina-Azorin, 2015; Evanschitzky & Backhaus, 2015): In der vorliegenden Studie handelt es sich um „geschachtelte" Daten, denn Mitarbeiter sind in Unternehmen eingebunden (vgl. Kapitel 3.5).

Im Sinne der Triangulation könnten bei einer Replikation der Studie auch Sekundärdaten verwendet werden (Gibson, 2017; Mayring, 2002). Ein Beispiel ist die Analyse von Geschäftsberichten verschiedener Unternehmen. Aus den Berichten ist es möglich, Schlüsse über die Unternehmensleistung zu ziehen und eine exaktere Aufteilung in erfolgreiche vs. weniger erfolgreiche Unternehmen, z. B. hinsichtlich des EB, vorzunehmen.

Zudem mangelte es laut Burmann und König (2011) bislang an theoretischen Branding-Modellen, was vorrangig für das IB gilt. Ergänzend wären qualitative Interviews in gezielt ausgewählten Unternehmen denkbar, um erfolgreiche mit weniger erfolgreichen Unternehmen im Hinblick auf das IB und das OCB zu vergleichen. Woo et al. (2017) plädieren ebenfalls für den vermehrten Einsatz von induktiver Forschung. Dazu würde sich auch die Durchführung einer Fallstudie anbieten, da diese für die Erforschung von Unternehmensprozessen nützlich ist (Gummesson, 2003).

Balmer et al. (2010) bemerkten, dass Fallstudien auch zu generalisierbaren Schlussfolgerungen führen können. Die qualitative Forschung bietet eine größere Alltagsnähe und eine ganzheitliche, tief greifende Betrachtung des Untersuchungsgegenstands (Atteslander, 2010; Eisenhardt, 1989). Mit einer qualitativen Untersuchung könnten die in der vorliegenden Studie gewonnenen Ergebnisse validiert werden. Eine teilnehmende, verdeckte Beobachtung im Unternehmen würde ebenfalls wertvolle Erkenntnisse liefern, da der Beobachter Teil des Geschehens ist, die Beobachteten jedoch nicht wissen, dass sie Teil einer Studie sind. So könnte ermittelt werden, ob die Marke im Unternehmen wirklich „gelebt" wird und wie sehr sich Mitarbeiter tatsächlich in OCB engagieren.

Außerdem sollten mögliche Einflüsse weiterer Variablen auf das OCB erforscht werden, um spezifische Mechanismen aufzudecken, die zu OCB führen (Weikamp & Göritz, 2016). Ergänzend wäre auch eine Studie mit Längsschnittdesign wünschenswert, um weitere Mediationseffekte zu testen (Bailey et al., 2017; Van Hoye et al., 2013). In einem Längsschnittdesign kann erfasst werden, wie sich die Diskrepanz-Wahrnehmung auf das OCB – oder auch das Ausmaß des OCB an sich – über mehrere Messzeitpunkte ändert (Rho et al., 2015; Sedlmeier & Renkewitz, 2011). Hierfür wäre es auch interessant, die Größe kombiniert mit der Richtung der Diskrepanz explizit zu berücksichtigen.

Ein experimentelles Design wäre für die Untersuchung der vorliegenden Thematik ebenfalls hilfreich, da in diesem Design Aussagen über Kausalzusammenhänge möglich sind (Döring & Bortz, 2016). Zudem wäre die interne Validität bei einem Experiment höher (Gollwitzer & Schmitt, 2006; Sedlmeier & Renkewitz, 2011).

Denkbar wäre auch eine Vignetten-Studie (Aguinis & Bradley, 2014), bei der mit fiktiven Unternehmensszenarien in Textform gearbeitet wird.

Die vorliegende Studie ist vor allem für die Marketing-Forschung relevant. In dieser werden häufig sog. Fokusgruppen angewandt (Moser, 2002; Power et al., 2008). Fokusgruppen würden als Diskussion der zentralen Zielgruppe ebenfalls einen Mehrwert für den Untersuchungsgegenstand dieser Arbeit bieten. Diese ergänzenden, qualitativen Methoden entsprächen auch dem oft geforderten Mixed-Methods-Ansatz (Gibson, 2017; Molina-Azorin, 2011).

Neben aktuellen Mitarbeitern könnten auch potentielle Bewerber, Kunden und weitere externe Stakeholder betrachtet werden, um die Diskrepanz holistischer zu erfassen (Berthon et al., 2008; Stritzke, 2010). Hier zeigt sich auch die Relevanz einer Verzahnung der betriebswirtschaftlichen und psychologischen Forschungsdisziplinen. Daneben existieren weitere Methoden, die in zukünftiger Forschung Anwendung finden sollten. Diese umfassen digitale Marketing-Techniken wie z. B. *Google Analytics*, physiologische Methoden wie *eye movement tracking* (Lievens & Slaugther, 2016) oder kognitiv-neurowissenschaftliche Methoden (Senior et al., 2011). Des Weiteren könnten Tagebuchstudien enthüllen, inwieweit Mitarbeiter konkrete Diskrepanzen im Unternehmen wahrnehmen oder tatsächlich OCB zeigen (Bolger et al., 2003).

Inhaltlich forderten Einwiller und Will (2002), dass die Resultate von Branding-Prozessen gemessen werden. Weitere Forschung ist in diesem Kontext im Bereich des Brandings und der Rekrutierung potentieller Mitarbeiter nötig. Es sollte auch differenzierter untersucht werden, welche Effekte das Branding auf die Rekrutierung hat (Love & Singh, 2011). Die Unternehmensmarken könnten anhand von Markenranking-Reports zudem objektiver gemessen werden (Huang & Tsai, 2013). Speziell die Forschung in KMU weist hierbei noch einige Lücken auf (Agostini & Nosella, 2017).

Für eine Verknüpfung der Erkenntnisse aus der vorliegenden Arbeit mit der Fachliteratur (z. B. Lievens & Slaughter, 2016) kann eine Reihe von künftig zu bearbeitenden Forschungsfragen aufgezählt werden:

- Welche Auswirkungen hat die Platzierung in einem Ranking auf das EB und IB von Unternehmen?

- Welcher Unterschied besteht für aktuelle und potentielle Mitarbeiter, ob ein Unternehmen Platz 1, Platz 50 oder Platz 100 in einem Ranking belegt?
- Wie stabil sind Marken und Images verschiedener Unternehmen über die Zeit im Hinblick auf das OCB?
- Welchen Einfluss hat das Branding a) hinsichtlich des Umgangs des Vorgesetzten mit den Mitarbeitern und b) hinsichtlich deren Engagements in OCB?

Das abschließende Kapitel präsentiert eine Zusammenfassung der vorliegenden Arbeit und einen kurzen Ausblick.

6 Zusammenfassung und Ausblick

Die vorliegende Arbeit analysierte den Einfluss der Diskrepanz zwischen externem und internem Branding (Markenaufbau) auf das Organizational Citizenship Behavior (OCB) von Mitarbeitern. Auf Grundlage der existierenden Literatur wurde unter externem Branding sowohl das Employer als auch das Corporate Branding verstanden und gegenüber dem internen Branding abgegrenzt. Externes Branding dient dazu, die Unternehmenswerte gegenüber potentiellen neuen Mitarbeitern zu demonstrieren. Internes Branding umfasst hingegen die Implementierung dieser Werte im Unternehmen und gleichzeitig deren Verknüpfung mit dem Verhalten aktueller Mitarbeiter.

Die zentrale Forschungsfrage dieser Arbeit lautete:

I. Wie beeinflusst eine wahrgenommene Diskrepanz zwischen externem und internem Branding das OCB von Mitarbeitern?

Diese Forschungsfrage wurde durch zwei Teilfragestellungen konkretisiert:

I.I Vermitteln die Mediatoren Unternehmenskultur, organisationale Identifikation und Arbeitszufriedenheit den Zusammenhang zwischen der genannten Diskrepanz und dem OCB seriell?

I.II Hat das Vorzeichen der genannten Diskrepanz eine Auswirkung in diesem Zusammenhang?

Die untersuchten Fragestellungen wurden in unterschiedlichen Forschungsdisziplinen, wie Management und Psychologie, noch nicht beleuchtet, obgleich sie von großer Bedeutung für die unternehmerische Praxis sind.

Bisherige Forschung war dadurch gekennzeichnet, dass multiple Marken – wie die Unternehmens- oder Arbeitgebermarke – fast ausschließlich separat voneinander analysiert wurden und keine Verknüpfung des externen und internen Brandings erfolgt ist.

Ferner mangelte es bislang an Forschung zur Diskrepanz zwischen externem und internem Branding sowie deren Einfluss auf das OCB von Mitarbeitern.

Ziel der vorliegenden Untersuchung war es, diese Forschungslücken zu schließen, indem die Frage beleuchtet wurde, ob und inwieweit eine Diskrepanz zwischen externem und internem Branding das OCB der Mitarbeiter beeinflusst. Es wurde angenommen, dass der Zusammenhang der Diskrepanz zwischen externem und internem Branding und OCB durch organisationspsychologisch relevante Determinanten, wie Unternehmenskultur, organisationale Identifikation und Arbeitszufriedenheit seriell vermittelt wird. Des Weiteren wurden die Vorzeichen der Diskrepanz (extern positiv/intern negativ und extern negativ/intern positiv) erstmals miteinbezogen. Zudem wurden multiple Markenkonzepte (Employer, Corporate und internes Branding) kombiniert als externes und internes Branding untersucht.

Den theoretischen Hintergrund bildete vorrangig die Theorie der kognitiven Dissonanz (Festinger, 1957, 1978), welche eine bedeutende sozialpsychologische Theorie ist, die auf den Unternehmenskontext angewandt wurde und die Diskrepanz erklären kann.

Die Datenerhebung erfolgte in Form eines Online-Fragebogens bei Mitarbeitern verschiedener deutscher Unternehmen ($N = 256$ Mitarbeiter). Die Datenauswertung bestand hauptsächlich aus seriellen multiplen Mediationsanalysen mit den drei Mediatoren Unternehmenskultur, organisationale Identifikation und Arbeitszufriedenheit. Diese Mediationsanalysen wurden mit dem PROCESS-Makro für SPSS (Hayes, 2013) durchgeführt.

Die Analysen konnten die Hypothesen teilweise stützen. Zentrale Erkenntnisse waren Folgende: Die Wahrnehmung der Diskrepanz zwischen externem und internem Branding hatte einen starken, negativen Einfluss auf das Engagement der Mitarbeiter in OCB. Allerdings vermittelten lediglich die Unternehmenskultur und die organisationale Identifikation diesen Zusammenhang seriell. Die Arbeitszufriedenheit spielte in diesem Zusammenhang keine Rolle. Für das Engagement der Mitarbeiter in OCB war ebenfalls zu vernachlässigen, ob das externe Branding positiv und das interne Branding negativ wahrgenommen wird oder umgekehrt.

Diese Studie stellt die erste Forschungsarbeit dar, welche die Diskrepanz zwischen externem und internem Branding untersuchte und deren Einfluss auf das OCB von Mitarbeitern erforschte.

Darüber hinaus konnte die Relevanz des vorliegenden Untersuchungsgegenstands für die Praxis und die zukünftige Forschung dargelegt werden.

Führungskräfte müssen dafür Sorge tragen, dass die Marke im Unternehmensalltag „wirkt" und die Markenwerte OCB bei den Mitarbeitern auslösen (vgl. Yoshikawa & Hu, 2017; s. Kapitel 1). Entscheidungsträger sollten die Diskrepanz im Unternehmen wenn möglich vermeiden bzw. gezielt angehen und eine Kongruenz zwischen externer und interner Branding-Perspektive schaffen, damit sich ihre Mitarbeiter verstärkt in OCB engagieren.

Wie die vorliegende Studie aufgezeigt hat, nahmen Männer, jüngere Studienteilnehmer bis 39 Jahre, Personen, die keine Führungsposition innehatten, Personen mit einer kürzeren Praxiserfahrung und längeren Betriebszugehörigkeitsdauer sowie Personen in Unternehmen mit über 250 Mitarbeitern eher eine Diskrepanz zwischen externem und internem Branding im Unternehmen wahr. Die jeweils andere getestete Gruppe (z. B. Frauen, Führungspersonen und Personen in Unternehmen mit bis zu 249 Mitarbeitern) engagierte sich mehr in OCB. Diese Erkenntnisse sind hilfreich, da sie Aufschluss darüber geben, welche Zielgruppe hinsichtlich des Engagements in OCB zu forcieren ist und welche Personen besonders auf Diskrepanzen im Unternehmen eher achten. Diese können als Ansprechpartner fungieren und Verbesserungsvorschläge unterbreiten. Allerdings kann dies auch teilweise Selbstselektion sein, d. h. Frauen wählen ihren Arbeitgeber z. B. bewusster.

Ferner nahmen ältere Studienteilnehmer ab 40 Jahren, Führungspersonen, Personen mit längerer Praxiserfahrung ab sechs Jahren und Personen in Unternehmen mit bis zu 249 Mitarbeitern die Unternehmenskultur positiver wahr, identifizierten sich mehr mit ihrem Unternehmen und waren mit ihrer Arbeit zufriedener.

Daraus wurden folgende Empfehlungen abgeleitet:

1. Neue Mitarbeiter sollten sorgfältig – und vor allem unter Berücksichtigung der Markenidentifikation – ausgewählt werden.
2. Führungskräfte in größeren Unternehmen sollten bevorzugt mit jüngeren Mitarbeitern – die über wenig Praxiserfahrung verfügen – in einen Dialog treten, um dadurch *bottom-up* Gestaltungsmöglichkeiten in Erfahrung zu bringen und gezielt Ideen umzusetzen, wie die Wahrnehmungen der Unternehmenskultur, der organisationalen Identifikation und der Arbeitszufriedenheit verbessert werden können.

3. Ein Markenmanager sollte durch geeignete Maßnahmen für eine positive Kongruenz zwischen EB- und IB-Aktivitäten im Unternehmen sorgen und Vorschläge der Mitarbeiter zur Diskrepanzvermeidung umsetzen.

Das Unternehmens-Branding und das OCB von Mitarbeitern sind demnach elementare Aspekte, die zur Überlebensfähigkeit eines Unternehmens und zur Gewinnmaximierung beitragen (vgl. Ong et al., 2018). Zukünftige Forschung sollte den thematisierten Zusammenhang zwischen der Branding-Diskrepanz und dem OCB noch differenzierter analysieren. Es bleibt zu überprüfen, ob die dargelegten Ergebnisse auch auf Unternehmen in anderen Ländern übertragen werden können. Ein Längsschnittdesign oder qualitative Interviews könnten die Ergebnisse zudem validieren.

Aus der vorliegenden Studie können zwei zentrale Aussagen geschlussfolgert werden, die für die zukünftige Forschung und Praxis handlungsleitend wirken können:

1. Engagieren sich Mitarbeiter in OCB, so sind Unternehmen erfolgreicher.
2. Erfolgreiche Unternehmen sind in der Lage, ihre externe und interne Markenperspektive kohärent und konsistent zu gestalten.

Kurz: Eine Investition in die Marke lohnt sich – insbesondere in Bezug auf die Steigerung des OCB von Mitarbeitern und damit letztendlich auch der Überlebensfähigkeit von Unternehmen.

Anhang

Für eine verbesserte Darstellung steht der Anhang unter folgendem Link zum Download bereit: https://www.eul-verlag.de/pdf-wz/9783844105582_Anhang.pdf

Anhang A: Screenshots des Online-Fragebogens aus „Unipark“

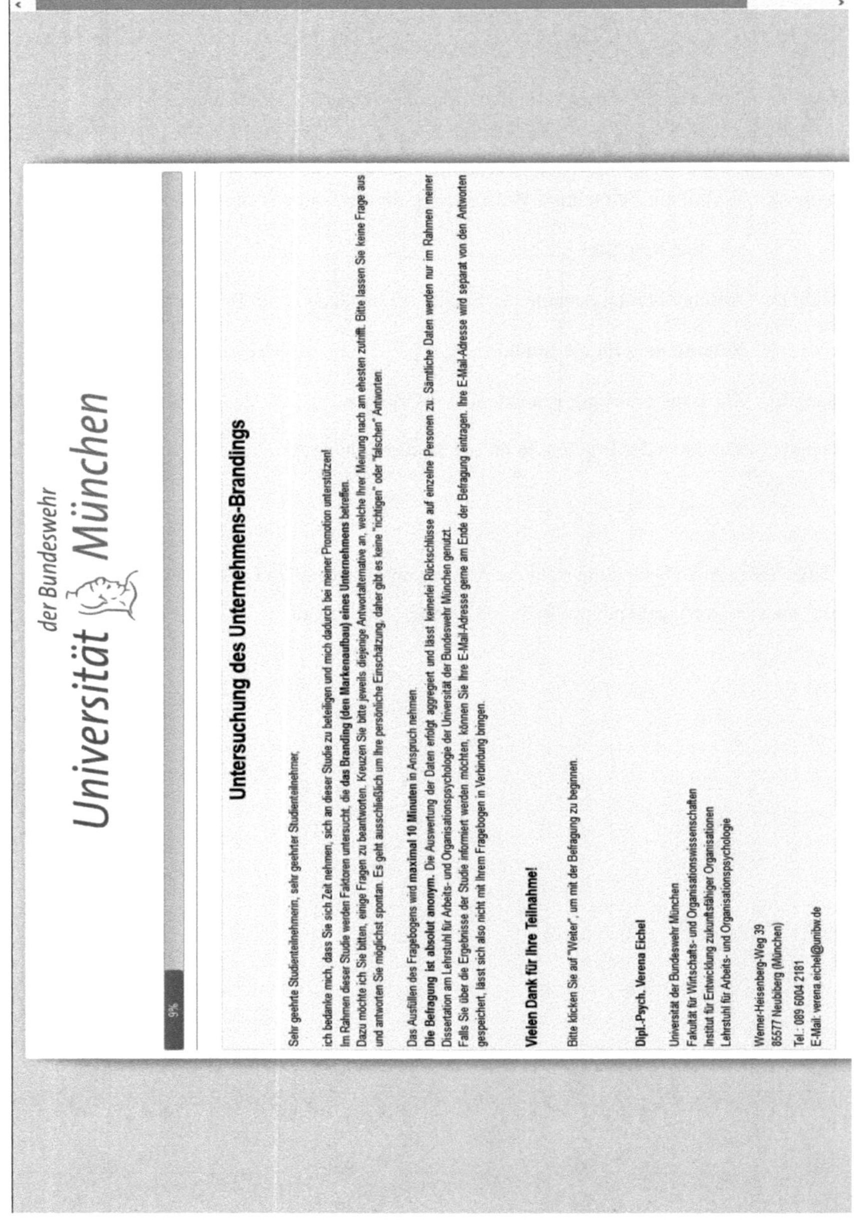

Untersuchung des Unternehmens-Brandings

Sehr geehrte Studienteilnehmerin, sehr geehrter Studienteilnehmer,

ich bedanke mich, dass Sie sich Zeit nehmen, sich an dieser Studie zu beteiligen und mich dadurch bei meiner Promotion unterstützen!
Im Rahmen dieser Studie werden Faktoren untersucht, die **das Branding (den Markenaufbau) eines Unternehmens** betreffen.
Dazu möchte ich Sie bitten, einige Fragen zu beantworten. Kreuzen Sie bitte jeweils diejenige Antwortalternative an, welche Ihrer Meinung nach am ehesten zutrifft. Bitte lassen Sie keine Frage aus und antworten Sie möglichst spontan. Es geht ausschließlich um Ihre persönliche Einschätzung, daher gibt es keine "richtigen" oder "falschen" Antworten.

Das Ausfüllen des Fragebogens wird **maximal 10 Minuten** in Anspruch nehmen.
Die Befragung ist absolut anonym. Die Auswertung der Daten erfolgt aggregiert und lässt keinerlei Rückschlüsse auf einzelne Personen zu. Sämtliche Daten werden nur im Rahmen meiner Dissertation am Lehrstuhl für Arbeits- und Organisationspsychologie der Universität der Bundeswehr München genutzt.
Falls Sie über die Ergebnisse der Studie informiert werden möchten, können Sie Ihre E-Mail-Adresse gerne am Ende der Befragung eintragen. Ihre E-Mail-Adresse wird separat von den Antworten gespeichert, lässt sich also nicht mit Ihrem Fragebogen in Verbindung bringen.

Vielen Dank für Ihre Teilnahme!

Bitte klicken Sie auf "Weiter", um mit der Befragung zu beginnen.

Dipl.-Psych. Verena Eichel

Universität der Bundeswehr München
Fakultät für Wirtschafts- und Organisationswissenschaften
Institut für Entwicklung zukunftsfähiger Organisationen
Lehrstuhl für Arbeits- und Organisationspsychologie

Werner-Heisenberg-Weg 39
85577 Neubiberg (München)

Tel.: 089 6004 2181
E-Mail: verena.eichel@unibw.de

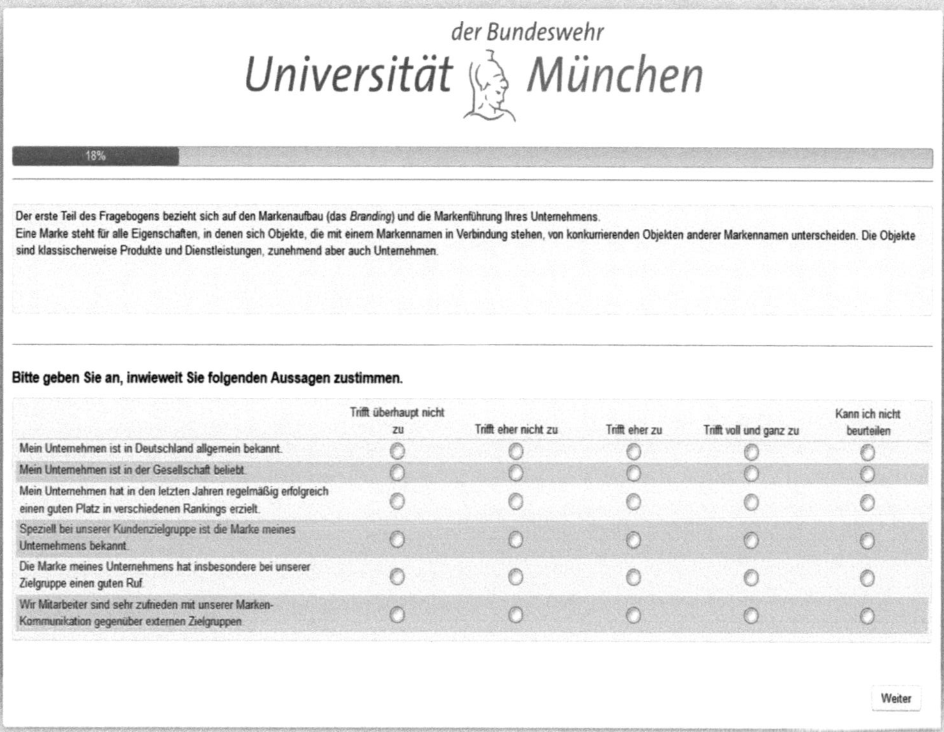

der Bundeswehr
Universität München

18%

Der erste Teil des Fragebogens bezieht sich auf den Markenaufbau (das *Branding*) und die Markenführung Ihres Unternehmens.
Eine Marke steht für alle Eigenschaften, in denen sich Objekte, die mit einem Markennamen in Verbindung stehen, von konkurrierenden Objekten anderer Markennamen unterscheiden. Die Objekte sind klassischerweise Produkte und Dienstleistungen, zunehmend aber auch Unternehmen.

Bitte geben Sie an, inwieweit Sie folgenden Aussagen zustimmen.

	Trifft überhaupt nicht zu	Trifft eher nicht zu	Trifft eher zu	Trifft voll und ganz zu	Kann ich nicht beurteilen
Mein Unternehmen ist in Deutschland allgemein bekannt.					
Mein Unternehmen ist in der Gesellschaft beliebt.					
Mein Unternehmen hat in den letzten Jahren regelmäßig erfolgreich einen guten Platz in verschiedenen Rankings erzielt.					
Speziell bei unserer Kundenzielgruppe ist die Marke meines Unternehmens bekannt.					
Die Marke meines Unternehmens hat insbesondere bei unserer Zielgruppe einen guten Ruf.					
Wir Mitarbeiter sind sehr zufrieden mit unserer Marken-Kommunikation gegenüber externen Zielgruppen.					

Weiter

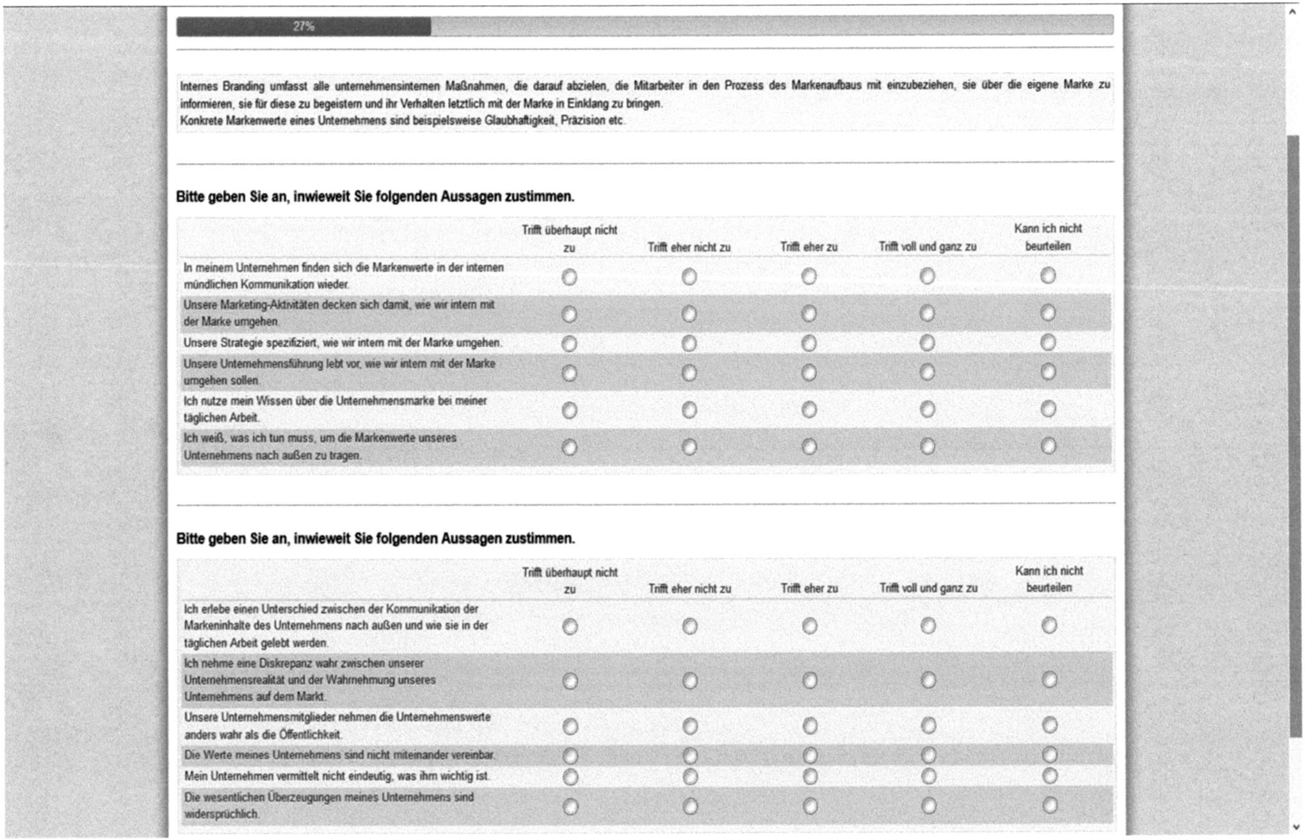

27%

Internes Branding umfasst alle unternehmensinternen Maßnahmen, die darauf abzielen, die Mitarbeiter in den Prozess des Markenaufbaus mit einzubeziehen, sie über die eigene Marke zu informieren, sie für diese zu begeistern und ihr Verhalten letztlich mit der Marke in Einklang zu bringen.
Konkrete Markenwerte eines Unternehmens sind beispielsweise Glaubhaftigkeit, Präzision etc.

Bitte geben Sie an, inwieweit Sie folgenden Aussagen zustimmen.

	Trifft überhaupt nicht zu	Trifft eher nicht zu	Trifft eher zu	Trifft voll und ganz zu	Kann ich nicht beurteilen
In meinem Unternehmen finden sich die Markenwerte in der internen mündlichen Kommunikation wieder.	○	○	○	○	○
Unsere Marketing-Aktivitäten decken sich damit, wie wir intern mit der Marke umgehen.	○	○	○	○	○
Unsere Strategie spezifiziert, wie wir intern mit der Marke umgehen.	○	○	○	○	○
Unsere Unternehmensführung lebt vor, wie wir intern mit der Marke umgehen sollen.	○	○	○	○	○
Ich nutze mein Wissen über die Unternehmensmarke bei meiner täglichen Arbeit.	○	○	○	○	○
Ich weiß, was ich tun muss, um die Markenwerte unseres Unternehmens nach außen zu tragen.	○	○	○	○	○

Bitte geben Sie an, inwieweit Sie folgenden Aussagen zustimmen.

	Trifft überhaupt nicht zu	Trifft eher nicht zu	Trifft eher zu	Trifft voll und ganz zu	Kann ich nicht beurteilen
Ich erlebe einen Unterschied zwischen der Kommunikation der Markeninhalte des Unternehmens nach außen und wie sie in der täglichen Arbeit gelebt werden.	○	○	○	○	○
Ich nehme eine Diskrepanz wahr zwischen unserer Unternehmensrealität und der Wahrnehmung unseres Unternehmens auf dem Markt.	○	○	○	○	○
Unsere Unternehmensmitglieder nehmen die Unternehmenswerte anders wahr als die Öffentlichkeit.	○	○	○	○	○
Die Werte meines Unternehmens sind nicht miteinander vereinbar.	○	○	○	○	○
Mein Unternehmen vermittelt nicht eindeutig, was ihm wichtig ist.	○	○	○	○	○
Die wesentlichen Überzeugungen meines Unternehmens sind widersprüchlich.	○	○	○	○	○

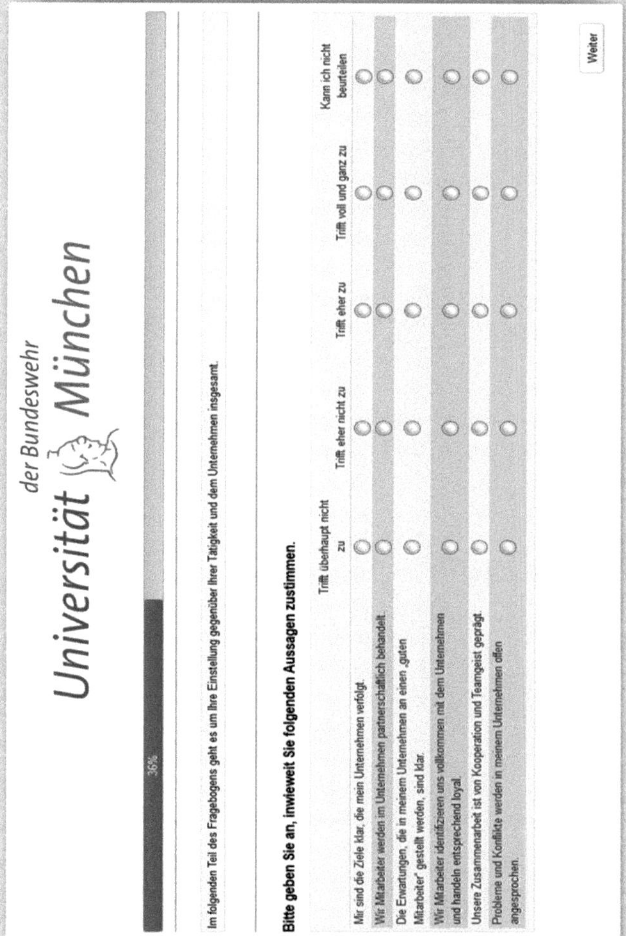

der Bundeswehr
Universität München

36%

Im folgenden Teil des Fragebogens geht es um Ihre Einstellung gegenüber Ihrer Tätigkeit und dem Unternehmen insgesamt.

Bitte geben Sie an, inwieweit Sie folgenden Aussagen zustimmen.

	Trifft überhaupt nicht zu	Trifft eher nicht zu	Trifft eher zu	Trifft voll und ganz zu	Kann ich nicht beurteilen
Mir sind die Ziele klar, die mein Unternehmen verfolgt.	○	○	○	○	○
Wir Mitarbeiter werden im Unternehmen partnerschaftlich behandelt.	○	○	○	○	○
Die Erwartungen, die in meinem Unternehmen an einen „guten Mitarbeiter" gestellt werden, sind klar.	○	○	○	○	○
Wir Mitarbeiter identifizieren uns vollkommen mit dem Unternehmen und handeln entsprechend loyal.	○	○	○	○	○
Unsere Zusammenarbeit ist von Kooperation und Teamgeist geprägt.	○	○	○	○	○
Probleme und Konflikte werden in meinem Unternehmen offen angesprochen.	○	○	○	○	○

Weiter

der Bundeswehr
Universität München

45%

Bitte geben Sie an, inwieweit Sie folgenden Aussagen zustimmen.

	Trifft überhaupt nicht zu	Trifft eher nicht zu	Trifft eher zu	Trifft voll und ganz zu	Kann ich nicht beurteilen
Es interessiert mich sehr, was Andere über mein Unternehmen denken.					
Die Erfolge meines Unternehmens sind auch meine Erfolge.					
Wenn jemand mein Unternehmen lobt, fühlt es sich wie ein persönliches Kompliment an.					
Ich identifiziere mich als Mitglied meines Unternehmens.					
Ich arbeite gerne für mein Unternehmen.					
Ich wäre froh, wenn ich den Rest meines Arbeitslebens in diesem Unternehmen verbringen könnte.					
Ich habe innerlich bereits gekündigt.					
Ich sehe mich bereits auf dem Arbeitsmarkt um.					

Bitte geben Sie an, inwieweit Sie folgenden Aussagen zustimmen.

	Trifft überhaupt nicht zu	Trifft eher nicht zu	Trifft eher zu	Trifft voll und ganz zu	Kann ich nicht beurteilen
Meine Arbeit gibt mir die Möglichkeit, etwas zu lernen, was mir in Zukunft noch nützlich sein kann.					
Ich bin zufrieden mit meiner Arbeit.					
Meine Arbeit gibt mir die Möglichkeit, Verantwortung zu übernehmen und Entscheidungen zu fällen.					
Ich kann in diesem Unternehmen meine Ideen verwirklichen.					
Ich kann meine Arbeit selbst einteilen und planen.					
Ich habe richtige Freude an der Arbeit.					

Weiter

55%

Nachfolgend werden noch ein paar allgemeine Einstellungen abgefragt.
Ich weise hiermit nochmals ausdrücklich auf die Vertraulichkeit Ihrer Daten hin!

Bitte geben Sie an, inwieweit Sie folgenden Aussagen zustimmen.

	Trifft überhaupt nicht zu	Trifft eher nicht zu	Trifft eher zu	Trifft voll und ganz zu	Kann ich nicht beurteilen
Ich setze mich für mein Unternehmen ein.	○	○	○	○	○
Ich helfe neuen Kollegen bei der Einarbeitung.	○	○	○	○	○
Ich helfe Anderen bei Überlastung.	○	○	○	○	○
Ich ermuntere niedergeschlagene Kollegen.	○	○	○	○	○
Ich weise besonders wenige Fehlzeiten auf.	○	○	○	○	○
Ich beachte Vorschriften mit größter Sorgfalt.	○	○	○	○	○

Bitte geben Sie an, inwieweit Sie folgenden Aussagen zustimmen.

	Trifft überhaupt nicht zu	Trifft eher nicht zu	Trifft eher zu	Trifft voll und ganz zu	Kann ich nicht beurteilen
Eigene Fehler gebe ich stets offen zu und ertrage gelassen etwaige negative Konsequenzen.	○	○	○	○	○
Ich akzeptiere alle anderen Meinungen, auch wenn sie mit meiner eigenen nicht übereinstimmen.	○	○	○	○	○
In einem Gespräch lasse ich den Anderen stets ausreden und höre ihm aufmerksam zu.	○	○	○	○	○
Ich zögere niemals, jemandem in einer Notlage beizustehen.	○	○	○	○	○
Wenn ich etwas versprochen habe, halte ich es ohne Wenn und Aber.	○	○	○	○	○
Ich bleibe immer freundlich und zuvorkommend anderen Leuten gegenüber, auch wenn ich selbst gestresst bin.	○	○	○	○	○

Weiter

64%

Zum Abschluss bitte ich Sie noch um einige Angaben zu Ihrer Person und Ihrem Unternehmen.
Auch hier wird Ihnen selbstverständlich eine vollkommen anonymisierte und vertrauliche Datenauswertung zugesichert!

Bitte geben Sie Ihr Geschlecht an.

- ○ Männlich
- ○ Weiblich

Bitte geben Sie Ihr Alter an.

Bitte geben Sie Ihre Betriebs- und Abteilungszugehörigkeitsdauer an.

	Weniger als 1 Jahr	1-5 Jahre	6-10 Jahre	11-40 Jahre	Über 40 Jahre
Seit wann arbeiten Sie in diesem Unternehmen?	○	○	○	○	○
Seit wann arbeiten Sie in dieser Abteilung/in diesem Bereich?	○	○	○	○	○

Bitte geben Sie Ihre Praxiserfahrung insgesamt an. (in Jahren)

Wurde Ihr Unternehmen bereits mit einem Arbeitgeber-Award prämiert?

- ○ Nein
- ○ Ja
- ○ Weiß ich nicht

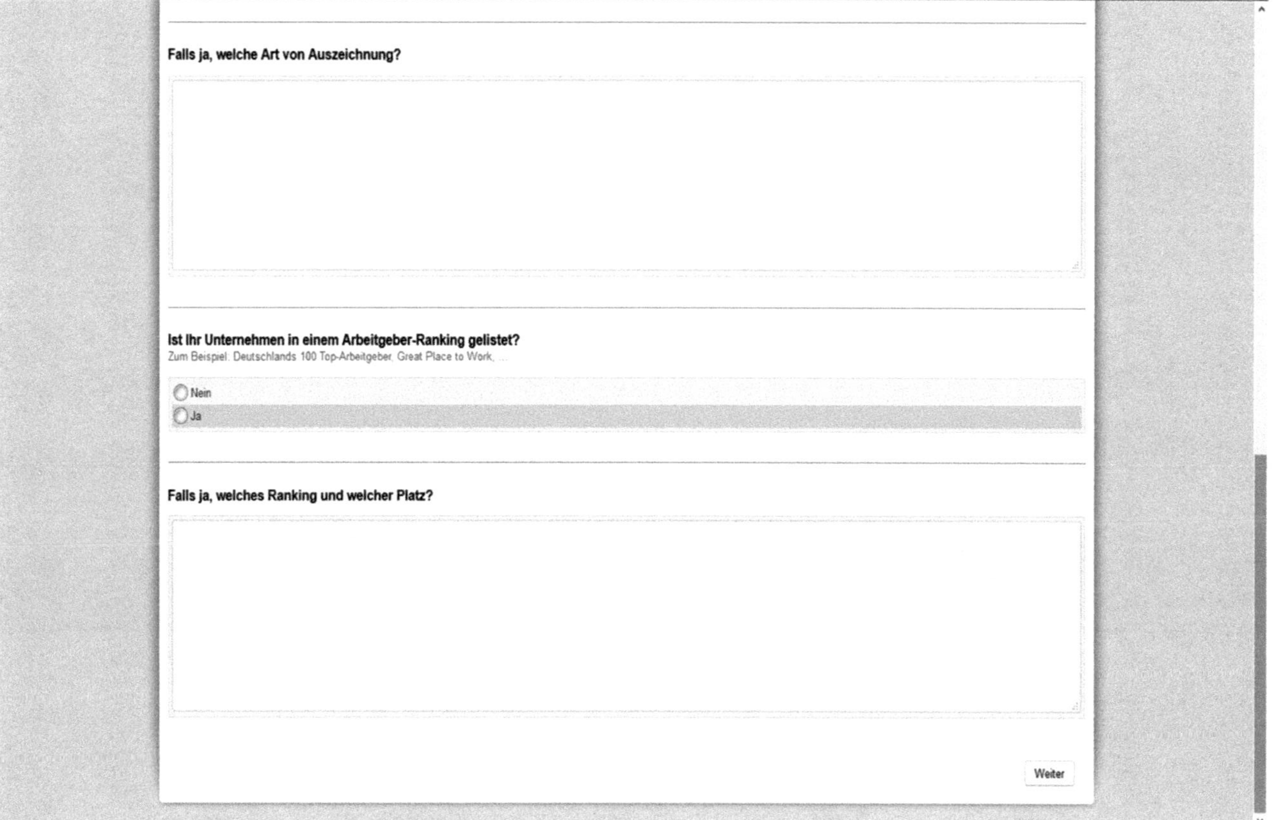

Falls ja, welche Art von Auszeichnung?

Ist Ihr Unternehmen in einem Arbeitgeber-Ranking gelistet?
Zum Beispiel: Deutschlands 100 Top-Arbeitgeber, Great Place to Work, ...

Nein
Ja

Falls ja, welches Ranking und welcher Platz?

Weiter

Bitte geben Sie Ihren höchsten allgemeinen Schulabschluss an.

- ◯ Hauptschule
- ◯ Realschule
- ◯ (Fach-)Abitur

Bitte geben Sie Ihren höchsten beruflichen Bildungsabschluss an.

- ◯ Lehre
- ◯ Meister
- ◯ Fachhochschule
- ◯ Universität
- ◯ Promotion

Bitte geben Sie an, in welcher Branche Ihr Unternehmen tätig ist.

Bitte geben Sie an, wann Ihr Unternehmen gegründet wurde.

Bitte geben Sie die Unternehmensgröße (Anzahl der Mitarbeiter) insgesamt an.

Bitte geben Sie die Unternehmensgröße (Anzahl der Mitarbeiter) <u>Ihres Standorts</u> an.

Bitte geben Sie Ihren Tätigkeitsbereich an.

Bitte geben Sie an, ob Sie in einer Führungsposition sind.

- Nein
- Ja

Falls ja, seit wie vielen Jahren sind Sie in einer Führungsposition?

Falls ja, geben Sie bitte die Anzahl Ihrer unterstellten Mitarbeiter an.

Weiter

Universität der Bundeswehr München
82%
Falls Sie über die Ergebnisse der Befragung informiert werden möchten, geben Sie bitte hier Ihre E-Mail-Adresse an.
Weiter

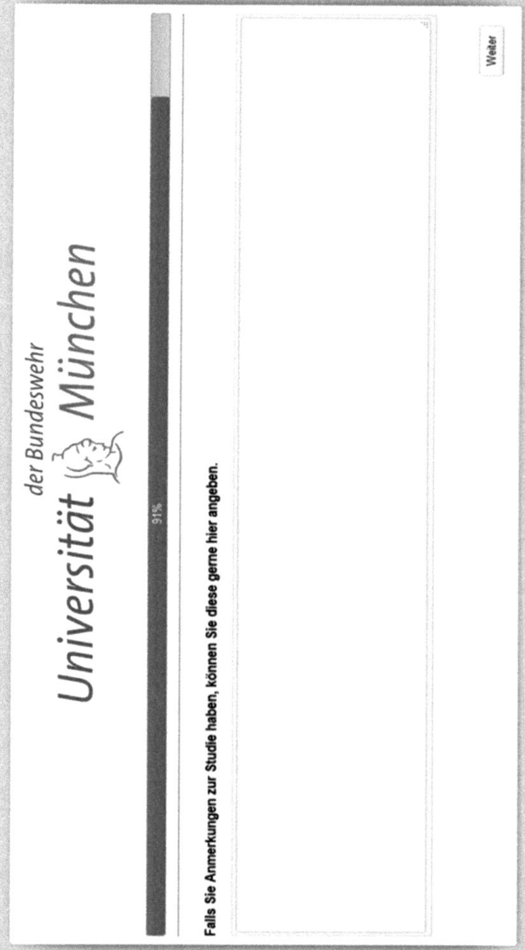

Universität der Bundeswehr München

91%

Falls Sie Anmerkungen zur Studie haben, können Sie diese gerne hier angeben.

Weiter

der Bundeswehr
Universität München

100%

Herzlichen Dank für Ihre Teilnahme!

Für Rückfragen stehe ich Ihnen gerne jederzeit zur Verfügung.

Dipl.-Psych. Verena Eichel

Universität der Bundeswehr München
Fakultät für Wirtschafts- und Organisationswissenschaften
Institut für Entwicklung zukunftsfähiger Organisationen
Lehrstuhl für Arbeits- und Organisationspsychologie
Werner-Heisenberg-Weg 39
85577 Neubiberg (München)

Tel.: 089 6004 2181
E-Mail: verena.eichel@unibw.de

Fenster schließen

Anhang B: „trendence Young Professional Barometer 2015“ des Trendence Instituts (2015a)

trendence Young Professional Barometer 2015

Die Studie: Das trendence Young Professional Barometer ist eine Online-Studie zu den Karrierevorstellungen und Erwartungen von Young Professionals aller Fachrichtungen mit 1 bis 8 Jahren Berufserfahrung. Sie werden gefragt, welche Unternehmen sie attraktiv finden und was ihnen bei der Wahl des ersten Arbeitgebers wichtig ist.

Methode

Feldphase:	Mai 2015 - Juli 2015
Land:	Deutschland
Teilnehmer:	rund 7.300

Sie haben Fragen zum Ranking oder zu unseren Studien? Sprechen Sie uns an!

trendence Institut
Markgrafenstraße 62
10969 Berlin
Germany

Tel.: +49 30 259 29 88-0
E-Mail: info@trendence.com

Rang	Top-Arbeitgeber	% 2015	Rang 2014	% 2014	Δ Rang	Δ %
1	BMW Group (BMW, Mini, Rolls-Royce)	13,6%	1	13,1%	•	0,5%
2	Google	10,2%	2	10,5%	•	-0,3%
3	AUDI AG	9,2%	3	9,4%	•	-0,2%
4	Bosch Gruppe	8,0%	5	7,0%	↑	1,0%
5	Porsche AG	7,7%	4	7,5%	↓	0,2%
6	McKinsey & Company	6,9%	6	6,6%	•	0,3%
7	Daimler/ Mercedes-Benz	6,2%	10	5,5%	↑	0,7%
8	Auswärtiges Amt	5,8%	8	5,8%	•	0,0%
8	BCG The Boston Consulting Group	5,8%	8	5,8%	•	0,0%
10	Max-Planck-Gesellschaft	5,4%	15	4,5%	↑	0,9%
11	Apple	5,0%	20	3,5%	↑	1,5%
12	Siemens	4,9%	7	6,1%	↓	-1,2%
13	Bayer	4,8%	16	4,1%	↑	0,7%
13	Lufthansa Group	4,8%	11	4,7%	↓	0,1%
15	Roche	4,7%	12	4,6%	↓	0,1%
16	Fraunhofer-Gesellschaft	4,2%	16	4,1%	•	0,1%
16	Volkswagen AG	4,2%	12	4,6%	↓	-0,4%
18	BASF	4,1%	12	4,6%	↓	-0,5%
19	Europäische Kommission / EU Careers	4,0%	18	3,8%	↓	0,2%
20	GIZ Deutsche Gesellschaft für Internationale Zusammenarbeit	3,8%	21	3,3%	↑	0,5%
21	NOVARTIS	3,7%	22	3,0%	↑	0,7%
22	Helmholtz-Gemeinschaft Deutscher Forschungszentren e.V.	3,3%	19	3,6%	↓	-0,3%
23	adidas AG	3,0%	26	2,4%	↑	0,6%
23	Allianz Gruppe	3,0%	22	3,0%	↓	0,0%
25	MICROSOFT	2,7%	35	1,9%	↑	0,8%
26	Airbus Group	2,6%	24	2,9%	↓	-0,3%
26	dm-drogerie markt	2,6%	31	2,2%	↑	0,4%
28	Boehringer Ingelheim (Thomapyrin, Buscopan, Mucosolvan, Silomat, Dulcolax, Mucoangin)	2,5%	25	2,6%	↓	-0,1%
29	SAP	2,4%	27	2,3%	↓	0,1%
30	Deutsche Bahn	2,3%	27	2,3%	↓	0,0%
31	Amazon	2,2%	35	1,9%	↑	0,3%
31	Münchener Rück / Munich Re	2,2%	27	2,3%	↓	-0,1%
33	Beiersdorf AG (z. B. NIVEA, Eucerin, Labello)	2,1%	33	2,1%	•	0,0%
34	Accenture	2,0%	34	2,0%	•	0,0%

Rang	Top-Arbeitgeber	% 2015	Rang 2014	% 2014	Δ Rang	Δ %
35	ARD	1,9%	35	1,9%	•	0,0%
35	KfW Bankengruppe	1,9%	43	1,5%	↑	0,4%
37	Bertelsmann (RTL Group, Gruner+Jahr, Penguin Random House, arvato, Be Printers)	1,8%	38	1,8%	↑	0,0%
37	Bundesnachrichtendienst	1,8%	42	1,6%	↑	0,2%
37	IBM	1,8%	27	2,3%	↓	-0,5%
37	Merck KGaA	1,8%	43	1,5%	↑	0,3%
41	Deutsche Bank AG	1,7%	31	2,2%	↓	-0,5%
41	Deutsches Zentrum für Luft- und Raumfahrt (DLR)	1,7%	50	1,4%	↑	0,3%
41	PwC (PricewaterhouseCoopers)	1,7%		NEU		
41	ZDF	1,7%	43	1,5%	↑	0,2%
41	ZF Friedrichshafen AG	1,7%	54	1,3%	↑	0,4%
46	Continental	1,6%	43	1,5%	↓	0,1%
46	EY (Ernst & Young)	1,6%	38	1,8%	↓	-0,2%
46	Goldman Sachs	1,6%	50	1,4%	↑	0,2%
49	Bain & Company	1,5%	38	1,8%	↓	-0,3%
50	ESA European Space Agency	1,4%	70	1,0%	↑	0,4%
50	KPMG	1,4%	41	1,7%	[illegible]	-0,3%
50	Nestlé (u. a. Maggi, Nescafé, Smarties, Mövenpick, Alete, Vittel)	1,4%	43	1,5%	[illegible]	-0,1%
53	ABB AG	1,3%	54	1,3%	↑	0,0%
53	Deutsche Telekom AG	1,3%	54	1,3%	↑	0,0%
53	Europäische Zentralbank	1,3%	54	1,3%	↑	0,0%
53	Henkel (u. a. Schwarzkopf, Persil, Pritt, Loctite, Fa)	1,3%	43	1,5%	↓	-0,2%
53	Pfizer Deutschland GmbH	1,3%	50	1,4%	↓	-0,1%
53	Unilever (z. B. Dove, Axe, Langnese, Ben&Jerry's, Knorr)	1,3%	43	1,5%	↓	-0,2%
59	Fresenius Group	1,2%	65	1,1%	↑	0,1%
59	L'Oréal	1,2%	62	1,2%	↑	0,0%
59	Roland Berger Strategy Consultants	1,2%	54	1,3%	↓	-0,1%
59	ZEISS	1,2%	81	0,8%	↑	0,4%
63	Axel Springer SE (WELT, BILD, Rolling Stone, StepStone)	1,1%	70	1,0%	↑	0,1%
63	Deloitte	1,1%	65	1,1%	↑	0,0%
63	Festo AG & Co. KG	1,1%	81	0,8%	↑	0,3%
63	TRUMPF GmbH + Co. KG	1,1%	65	1,1%	↑	0,0%
67	Dräger	1,0%	54	1,3%	↓	-0,3%
67	Evonik Industries	1,0%	77	0,9%	↑	0,1%

Rang	Top-Arbeitgeber	% 2015	Rang 2014	% 2014	Δ Rang	Δ %
67	HUGO BOSS AG	1,0%	70	1,0%	↑	0,0%
67	IKEA Deutschland	1,0%	54	1,3%	↓	-0,3%
67	Johnson & Johnson GmbH	1,0%	62	1,2%	↓	-0,2%
72	Coca-Cola Erfrischungsgetränke AG	0,9%	81	0,8%	↑	0,1%
72	Deutsche Bundesbank	0,9%	70	1,0%	↓	-0,1%
72	E.ON	0,9%	62	1,2%	↓	-0,3%
72	Fraport AG	0,9%	90	0,7%	↑	0,2%
72	Procter & Gamble (inkl. Wella, Gillette, Braun)	0,9%	65	1,1%	↓	-0,2%
72	ProSiebenSat.1 Media AG	0,9%	50	1,4%	↓	-0,5%
78	Bosch Rexroth AG	0,8%	81	0,8%	↑	0,0%
78	General Electric	0,8%	70	1,0%	↓	-0,2%
78	Otto Group (OTTO, Heine, Bonprix, Hermes Logistik Gruppe, SportScheck, 3Suisses, Manufactum etc.)	0,8%	81	0,8%	↑	0,0%
81	Bombardier Transportation GmbH	0,7%	94	0,6%	↑	0,1%
81	BSH Bosch und Siemens Hausgeräte GmbH	0,7%	81	0,8%	•	-0,1%
81	Deutsche Post DHL	0,7%	101	0,5%	↑	0,2%
81	Dr. Oetker	0,7%	77	0,9%	↓	-0,2%
81	Infineon Technologies AG	0,7%	101	0,5%	↑	0,2%
81	Intel	0,7%	101	0,5%	↑	0,2%
81	J.P. Morgan	0,7%	65	1,1%	↓	-0,4%
81	MAN	0,7%	54	1,3%	↓	-0,6%
81	Philips	0,7%	90	0,7%	↑	0,0%
81	Sparkassen-Finanzgruppe (Sparkasse, DekaBank, Deutsche Leasing, LBS u. a.)	0,7%	81	0,8%	•	-0,1%
81	Tchibo GmbH	0,7%	81	0,8%	•	-0,1%
81	The Linde Group	0,7%	70	1,0%	↓	-0,3%
81	Zalando	0,7%		NEU		
94	ALDI SÜD	0,6%	94	0,6%	•	0,0%
94	Verlagsgruppe Georg von Holtzbrinck	0,6%	94	0,6%	•	0,0%
94	Mondelez (Milka, Oreo, Philadelphia, TUC, Belvita, Bulls Eye, etc.)	0,6%	115	0,3%	↑	0,3%
94	REWE Group (u. a. REWE, PENNY, toom Baumarkt, DER Touristik, Wilhelm Brandenburg)	0,6%	94	0,6%	•	0,0%
94	Rohde & Schwarz	0,6%	90	0,7%	↓	-0,1%
94	Schaeffler (INA - FAG - LuK)	0,6%	101	0,5%	↑	0,1%
94	STIHL	0,6%	94	0,6%	•	0,0%
94	Strategy& (formerly Booz & Company)	0,6%	77	0,9%	↓	-0,3%
94	ThyssenKrupp AG (Konzern)	0,6%	90	0,7%	↓	-0,1%

Anhang C: E-Mail zur Teilnehmer-Rekrutierung für die Studie (Unternehmen aus dem Ranking)

Sehr geehrte Damen und Herren,

hiermit möchte ich anfragen, ob Ihr Unternehmen bereit ist, an einer **kurzen Befragung zum Thema Unternehmens-Branding (Markenaufbau) im Rahmen einer Dissertation** (kein kommerzieller Zweck!) an der Universität der Bundeswehr München teilzunehmen?

Bitte nennen Sie mir einen Ansprechpartner, an den ich mich mit dieser Anfrage wenden kann oder leiten Sie diese E-Mail gerne auch an einen Ansprechpartner weiter. Falls Ihr Betriebsrat dies genehmigt, würde ich mich freuen, wenn Sie diese E-Mail auch über Ihren internen Verteiler an Mitarbeiter des mittleren und Top Managements senden könnten.

Den **Link zum Fragebogen** und weitere Informationen zur Befragung finden Sie im **angehängten Anschreiben.** Das Ausfüllen nimmt **maximal 10 Minuten** in Anspruch, die Datenerhebung und -auswertung erfolgt **vollkommen anonymisiert.**

Gerne stellen wir Ihnen die **Studienergebnisse** zur Verfügung. Ihr Unternehmen profitiert dahingehend, dass Sie einen wertvollen Einblick in Ihr Unternehmens-Branding erhalten.

Vielen Dank im Voraus!
Für weitere Fragen stehe ich Ihnen gerne jederzeit zur Verfügung.

Mit freundlichen Grüßen
Verena Eichel

--
Dipl.-Psych. Verena Eichel
Universität der Bundeswehr München
Fakultät für Wirtschafts- und Organisationswissenschaften
Institut für Entwicklung zukunftsfähiger Organisationen
Lehrstuhl für Arbeits- und Organisationspsychologie
Werner-Heisenberg-Weg 39
D-85577 Neubiberg (München)

Tel.: +49-(0)-89-6004 2181
verena.eichel@unibw.de
http://www.unibw.de/orgpsy

Anhang D: Anschreiben im Anhang der E-Mail (s. Anhang C) zur Teilnehmer-Rekrutierung für die Studie

Fakultät für Wirtschafts- und Organisationswissenschaften
Institut für Entwicklung zukunftsfähiger Organisationen
Lehrstuhl für Arbeits- und Organisationspsychologie

Dipl.-Psych. Verena Eichel

Telefon: +49 89 6004-2181
Telefax: +49 89 6004-3293
E-Mail: verena.eichel@unibw.de
Web: www.unibw.de/orgpsy

XX.XX.2016

Untersuchung des Unternehmens-Brandings

Sehr geehrte Damen und Herren,

aktuell wird am Lehrstuhl für Arbeits- und Organisationspsychologie der Universität der Bundeswehr München eine **Online-Befragung** mit Mitarbeiterinnen und Mitarbeitern verschiedener Unternehmen durchgeführt. Ziel ist es, zu den **Faktoren, die das *Branding* (den Markenaufbau) eines Unternehmens betreffen** ein besseres Verständnis zu erlangen.

Die zu untersuchende Fragestellung ist sowohl für die Wirtschaft als auch für die Forschung relevant. Sie haben die Möglichkeit, die Forschung zum Thema Branding voranzutreiben und uns dabei zu unterstützen, effektive Maßnahmen für die Praxis abzuleiten. Sie benötigen für das Ausfüllen des Fragebogens maximal **10 Minuten**.

Gerne stellen wir Ihnen die Ergebnisse nach Abschluss der Datenauswertung zur Verfügung. Mit allen Angaben wird **streng vertraulich** umgegangen. Es erfolgt eine **anonymisierte und aggregierte Datenauswertung.** Diese lässt keine Rückschlüsse auf einzelne Personen zu. Sämtliche Daten werden nur im Rahmen einer Dissertation an der Universität der Bundeswehr München genutzt.

Bitte leiten Sie den folgenden **Link zum Fragebogen** an **Mitarbeiter des mittleren und Top Managements** weiter: http://ww2.unipark.de/uc/unternehmens_branding/
Das Ausfüllen ist bis zum **XX.XX.2016** möglich.

Für Ihre Unterstützung bedanken wir uns recht herzlich und stehen Ihnen für weitere Fragen gerne zur Verfügung!

Mit freundlichen Grüßen

Verena Eichel

Prof. Sonja A. Sackmann, Ph.D. Dipl.-Psych. Verena Eichel

Anhang E: Zur Datenerhebung genutzte *XING*-Gruppen

Hinweis: Die Gruppen sind in der Reihenfolge aufgelistet, in der das Anschreiben und der Link zur Befragung veröffentlicht wurden.

- Forum Employer Branding
- Employer Branding (DEBA)
- Markenmanagement
- Marke
- B2B KMU – Social Media & Employer Branding Best Practice
- Branding
- Strategisches Employer Branding, Personalmarketing & HR-Sponsoring
- Corporate Branding
- Human Resources
- Markenstärke & Markenimage – Emotionalität von Marken
- Personalmanagement & Führung
- Nachhaltige Marke & CSR
- Personalmessen – Networking Personalmanagement
- Unternehmenskommunikation im Mittelstand
- Personalmanagement – Strategie, Innovation, Praxis
- Internet- und Online-Marketing
- Bundesverband Medien und Marketing
- Deutscher Marketingverband
- Öffentlichkeitsarbeit und Unternehmenskommunikation
- B2B-Akquise und Marketing
- Interne und externe Unternehmenskommunikation
- Marketing
- Media- und Marketing Kooperationen
- HR Perspektiven
- HR Stammtisch München
- HR Management
- Social Media Marketing & Management
- Zeitschriften in der Unternehmenskommunikation

- BMT Brand- und Marketingtag
- Personal: „Die besten Mitarbeiter finden und halten“
- Gutes Personal
- Personal
- Brand Campus – Offline und Online verbinden
- Brand Management
- Ingredient Branding – die Marke in der Marke
- Markenfaktor – Marke, Kommunikation & Design. Plattform für News, Ideen und Sehenswertes
- Human Resource Manager
- Strategisches HR-Management
- TOP-Arbeitgebermarke – top employer brand
- Begeisterte Mitarbeiter
- Know-How-Transfer Human Resource Management.

Anhang F: Rundmail der Ergebnisse für die Studienteilnehmer

Ergebnisse zur Untersuchung des Unternehmens-Brandings

Sehr geehrte Damen und Herren,

vor Kurzem haben Sie an einer wissenschaftlichen Befragung des Lehrstuhls für Arbeits- und Organisationspsychologie der Universität der Bundeswehr München teilgenommen.
Dafür bedanken wir uns noch einmal recht herzlich bei Ihnen!

Da Sie Interesse an den Ergebnissen der Befragung bekundet hatten, erhalten Sie hiermit eine kurze Zusammenfassung der wesentlichen Erkenntnisse.

Die zentrale Forschungsfrage lautete: *Beeinflusst eine mögliche Diskrepanz zwischen externem und internem Branding (DEI) das Organizational Citizenship Behavior (OCB; freiwilliges, proaktives Verhalten am Arbeitsplatz) der Mitarbeiter?*

Anmerkung: Fehlende Werte zu 100%: Keine Angabe der Studienteilnehmer.
An der Befragung nahmen insgesamt 256 Personen aus verschiedenen deutschen Unternehmen und Organisationen teil. Davon waren 50% männlich und 46% weiblich. Das Durchschnittsalter lag bei 35 Jahren, die durchschnittliche Betriebszugehörigkeitsdauer bei 3 Jahren. Eine Führungsposition hatten 23% der Befragten inne, 66% hingegen nicht. 71% der Befragten verfügten über (Fach-)Abitur, 49% der Befragten über einen Universitäts- bzw. 26% über einen Fachhochschulabschluss.

Die abgefragten Konzepte waren neben der DEI, die Unternehmenskultur, die organisationale Identifikation, die Arbeitszufriedenheit sowie das OCB. Wie vermutet, zeigten alle Konzepte einen signifikant negativen, mittelgroßen bis großen Zusammenhang mit der DEI. Eine Ausnahme bildete jedoch die Arbeitszufriedenheit. Es wurde angenommen, dass der Zusammenhang zwischen der DEI und dem OCB über die drei genannten Konzepte vermittelt wird.

Die Forschungsfrage konnte anhand statistischer Analysen teilweise bestätigt werden. Eine DEI führt zu einer negativ wahrgenommenen Unternehmenskultur und zu weniger Identifikation mit dem eigenen Unternehmen und wirkt sich ebenfalls negativ auf das OCB aus.

Für die Arbeitszufriedenheit zeigte sich hierbei jedoch kein signifikanter Zusammenhang.

Diese Befragung stellt die erste Studie dar, welche die Diskrepanz einer externen und internen Branding-Perspektive und deren Auswirkung auf das OCB von Mitarbeitern explizit untersucht.
Vielen Dank, dass Sie dazu beigetragen haben!

Anhand der Ergebnisse werden in den nächsten Arbeitsschritten Implikationen für die Praxis des Markenmanagements abgeleitet. Zudem werden aus den Daten und der Fachliteratur Empfehlungen für die zukünftige Forschung herausgearbeitet.

Für weitere Informationen möchten wir Sie noch auf zwei online verfügbare Artikel hinweisen, die im Rahmen dieser Forschungsarbeit verfasst wurden. Zu finden sind diese unter:
http://wissensdialoge.de/perspektivebranding/
http://wissensdialoge.de/diskrepanzbranding/

Für Ihre Unterstützung bedanken wir uns recht herzlich und stehen Ihnen für weitere Fragen gerne zur Verfügung!

Mit freundlichen Grüßen

Verena Eichel

Dipl.-Psych. Verena Eichel

Literaturverzeichnis

Aaker, D. A. (1991). *Managing Brand Equity: Capitalizing on the Value of a Brand Name.* New York: Free Press.

Aaker, D. A. (1996). *Building Strong Brands.* New York: Free Press.

Aaker, D. A. (2003). The Power of the Branded Differentiator. *MIT Sloan Management Review, 45*(1), 83-87.

Aaker, D. A. (2004). Leveraging the Corporate Brand. *California Management Review, 46*(3), 6-18.

Aaker, D. A. & Joachimsthaler, E. (2000). *Brand Leadership.* New York: Free Press.

Aaker, D. A., Stahl, F. & Stöckle, F. (2015). *Marken erfolgreich gestalten: Die 20 wichtigsten Grundsätze der Markenführung.* Wiesbaden: Gabler.

Aaker, J. L. (1997). Dimensions of Brand Personality. *Journal of Marketing Research, 34*(3), 347-356.

Aaker, J. L. (1999). The Malleable Self: The Role of Self-Expression in Persuasion. *Journal of Marketing Research, 36*(1), 45-57.

Abbate, S. (2014). *Unternehmenskultur fördern.* Wiesbaden: Springer.

Abimbola, T. & Vallaster, C. (2007). Brand, organisational identity and reputation in SMEs: An overview. *Qualitative Market Research: An International Journal, 10*(4), 341-348.

Adjouri, N. (2014). *Alles was Sie über Marken wissen müssen: Leitfaden für das erfolgreiche Management von Marken* (2. Aufl.). Wiesbaden: Springer.

Adler, H. & Ghiselli, R. (2015). The Importance of Compensation and Benefits on University Students' Perceptions of Organizations as Potential Employers. *Journal of Management and Strategy, 6*(1), 1-9.

Agostini, L. & Nosella, A. (2017). Interorganizational Relationships in Marketing: A Critical Review and Research Agenda. *International Journal of Management Reviews, 19*(2), 131-150.

Agrawal, R. K. & Swaroop, P. (2009). Effect of Employer Brand Image on Application Intentions of B-School Undergraduates. *Vision: The Journal of Business Perspective, 13*(3), 41-49.

Aguinis, H. & Bradley, K. J. (2014). Best Practice Recommendations for Designing and Implementing Experimental Vignette Methodology Studies. *Organizational Research Methods, 17*(4), 351-371.

Aguinis, H., Dalton, D. R., Bosco, F. A., Pierce, C. A. & Dalton, C. M. (2011). Meta-Analytic Choices and Judgement Calls: Implications for Theory Building and Testing, Obtained Effect Sizes, and Scholarly Impact. *Journal of Management*, *37*(1), 5-38.

Aguinis, H., Edwards, J. R. & Bradley, K. J. (2016). Improving Our Understanding of Moderation and Mediation in Strategic Management Research. *Organizational Research Methods*, *20*(4), 665-685.

Aguinis, H. & Molina-Azorin, J. F. (2015). Using multilevel modeling and mixed methods to make theoretical progress in microfoundations for strategy research. *Strategic Organization*, *13*(4), 353-364.

Ahearne, M., Bhattacharya, C. B. & Gruen, T. (2005). Antecedents and consequences of customer-company identification: Expanding the role of relationship marketing. *Journal of Applied Psychology, 90*(3), 574-585.

Alcover, C.-M., Rico, R., Turnley, W. H. & Bolino, M. C. (2017). Multi-dependence in the formation and development of the distributed psychological contract. *European Journal of Work and Organizational Psychology*, *26*(1), 16-29.

Alessandri, G., Borgogni, L. & Latham, G. P. (2017). A Dynamic Model of the Longitudinal Relationship between Job Satisfaction and Supervisor-Rated Job Performance. *Applied Psychology: An International Review, 66*(2), 207-232.

Allaire, Y. & Firsirotu, M. E. (1984). Theories of Organizational Culture. *Organization Studies*, *5*(3), 193-226.

Allen, D. G., Bryant, P. C. & Vardaman, J. M. (2010). Retaining talent: replacing misconceptions with evidence-based strategies. *The Academy of Management Perspectives, 24*(2), 48-64.

Alvesson, M. (1990). Organization: From Substance to Image? *Organization Studies*, *11*(3), 373-394.

Alvesson, M. (1993). Organizations as Rhetoric: Knowledge-Intensive Firms and the Struggle with Ambiguity. *Journal of Management Studies*, *30*(6), 997-1015.

Alvesson, M. (2002). *Understanding Organizational Culture*. London, Thousand Oaks, CA: SAGE.

Alvesson, M. & Berg, P. O. (1992). *Corporate Culture and Organizational Symbolism: An Overview.* Berlin: De Gruyter.

Alvesson, M. & Sandberg, J. (2011). Generating Research Questions Through Problematization. *Academy of Management Review, 36*(2), 247-271.

Alvesson, M. & l, S. (2015). *Changing organizational culture: Cultural change work in progress* (2nd ed.). London: Routledge.

Ambler, T. & Barrow, S. (1996). The Employer Brand. *Journal of Brand Management, 4*(3), 185-206.

American Marketing Association. (2013). *Definition of Marketing.* Abgerufen am 10.04.2017 von https://www.ama.org/AboutAMA/Pages/Definition-of-Marketing.aspx

App, S., Merk, J. & Büttgen, M. (2012). Employer Branding: Sustainable HRM as a Competitive Advantage in the Market for High-Quality Employees. *management revue, 23*(3), 262-278.

Argenti, P. A. & Druckenmiller, B. (2004). Reputation and the Corporate Brand. *Corporate Reputation Review, 6*(4), 368-374.

Armstrong, M. (2006). *A Handbook of Human Resource Management Practice* (10th ed.). London, Philadelphia: Kogan Page.

Aronson, E. (1969). The theory of cognitive dissonance: A current perspective. In L. Berkowitz (Ed.), *Advances in Experimental Social Psychology* (Vol. 4, pp. 1-34). New York: Academic Press.

Asha, C. S. & Jyothi, P. (2013). Internal Branding: A Determining Element of Organizational Citizenship Behaviour. *The Journal of Contemporary Management Research, 7*(1), 37-57.

Ashforth, B. E. (2001). *Role transitions in organizational life: An identity-based perspective.* Mahwah, NJ: Erlbaum.

Ashforth, B. E., Harrison, S. H. & Corley, K. G. (2008). Identification in Organizations: An Examination of Four Fundamental Questions. *Journal of Management, 34*(3), 325-374.

Ashforth, B. E. & Mael, F. A. (1989). Social Identity Theory and the Organization. *The Academy of Management Review, 14*(1), 20-39.

Ashforth, B. E. & Mael, F. A. (1996). Organizational identity and strategy as a context for the individual. *Advances in Strategic Management, 13*, 19-64.

Ashforth, B. E., Schinoff, B. S. & Rogers, K. M. (2016). "I Identify with Her", "I Identify with Him": Unpacking the Dynamics of Personal Identification in Organizations. *Academy of Management Review*, *41*(1), 28-60.

Ashkanasy, N. M. & Jackson, C. R. (2001). Organizational Culture and Climate. In N. Anderson (Ed.), *Handbook of Industrial, Work and Organizational Psychology* (pp. 398-415). London, Thousand Oaks, New Delhi: SAGE.

Ashkanasy, N. M., Wilderom, C. & Peterson, M. F. (2011). *The handbook of organizational culture and climate* (2nd ed.). Thousand Oaks, CA: SAGE.

Astakhova, M. N. & Porter, G. (2015). Understanding the work passion-performance relationship: The mediating role of organizational identification and moderating role of fit at work. *Human Relations*, *68*(8), 1315-1346.

Atteslander, P. (2010). *Methoden der empirischen Sozialforschung* (13., neu bearb. und erw. Aufl.). Berlin: Erich Schmidt Verlag.

Aurand, T. W., Gorchels, L. & Bishop, T. R. (2005). Human resource management's role in internal branding: An opportunity for cross-functional brand message synergy. *Journal of Product & Brand Management*, *14*(3), 163-169.

Aydon Simmons, J. (2009). "Both sides now": Aligning external and internal branding for a socially responsible era. *Marketing Intelligence & Planning*, *27*(5), 681-697.

Azoulay, A. & Kapferer, J.-N. (2003). Do brand personality scales really measure brand personality? *Journal of Brand Management*, *11*(2), 143-155.

Backhaus, K. (2016). Employer Branding Revisited. *Organization Management Journal*, *13*(4), 193-201.

Backhaus, K. & Tikoo, S. (2004). Conceptualizing and researching employer branding. *Career Development International*, *9*(5), 501-517.

Bailey, C., Madden, A., Alfes, K. & Fletcher, L. (2017). The Meaning, Antecedents and Outcomes of Employee Engagement: A Narrative Synthesis. *International Journal of Management Reviews*, *19*(1), 31-53.

Bakker, A. B. (2017). Strategic and proactive approaches to work engagement. *Organizational Dynamics*, *46*(2), 67-75.

Balmer, J. M. T. (1998). Corporate identity and the advent of corporate marketing. *Journal of Marketing Management*, *14*(8), 963-996.

Balmer, J. M. T. (2001). Corporate identity, corporate branding and corporate marketing – Seeing through the fog. *European Journal of Marketing, 35*(3/4), 248-291.

Balmer, J. M. T. (2005). Corporate Brand Cultures and Communities. In J. E. Schroeder & M. Salzer-Mörling (Eds.), *Brand Culture* (pp. 34-49). London: Routledge.

Balmer, J. M. T. (2012). Corporate Brand Management Imperatives: Custodianship, Credibility, and Calibration. *California Management Review, 54*(3), 6-33.

Balmer, J. M. T. (2013). Corporate Brand Orientation: What is it? What of it? *Journal of Brand Management, 20*(9), 723-741.

Balmer, J. M. T., Brexendorf, T. O. & Kernstock, J. (2013). Corporate brand management – A leadership perspective. *Journal of Brand Management, 20*(9), 717-722.

Balmer, J. M. T. & Gray, E. R. (2003). Corporate brands: What are they? What of them? *European Journal of Marketing, 37*(7/8), 972-997.

Balmer, J. M. T. & Greyser, S. A. (2006). Corporate Marketing. *European Journal of Marketing, 40*(7/8), 730-741.

Balmer, J. M. T., Liao, M. & Wang, W. (2010). Corporate brand identification and corporate brand management: How top business schools do it. *Journal of General Management, 35*(4), 77-102.

Balmer, J. M. T., Powell, S. M., Kernstock, J. & Brexendorf, T. O. (2017). *Advances in Corporate Branding*. London: Palgrave Macmillan.

Balmer, J. M. T. & Wang, W.-Y. (2016). The corporate brand and strategic direction: Senior business school managers' cognitions of corporate brand building and management. *Journal of Brand Management, 23*(1), 8-21.

Barney, J. B. (1986). Organizational Culture: Can It Be a Source of Sustained Competitive Advantage? *Academy of Management Review, 11*(3), 656-665.

Baron, R. M. & Kenny, D. A. (1986). The moderator-mediator variable distinction in social psychological research: Conceptual, strategic, and statistical considerations. *Journal of Personality and Social Psychology, 51*, 1173-1182.

Barrow, S. & Mosley, R. (2005). *Working Brand Management: Going The Extra Mile*. Chichester: Wiley.

Bateman, T. & Organ, D. (1983). Job Satisfaction and the Good Soldier: The Relationship between Affect and Employee "Citizenship". *The Academy of Management Journal, 26*(4), 587-595.

Batey, M. (2016). *Brand meaning: Meaning, myth and mystique in today's brands* (2nd ed.). New York: Routledge.

Batson, C. & Shaw, L. (1991). Evidence for Altruism: Toward a Pluralism of Prosocial Motives. *Psychological Inquiry, 2*(2), 107-122.

Baumgarth, C. (2010). "Living the brand": Brand orientation in the business-to-business sector. *European Journal of Marketing, 44*(5), 653-671.

Baumgarth, C. (2014). *Markenpolitik: Markentheorien, Markenwirkungen, Markenführung, Markencontrolling, Markenkontexte* (4., überarb. u. erw. Aufl.). Wiesbaden: Gabler.

Baumgarth, C. & Schmidt, M. (2010). Markenorientierung und Interne Markenstärke als Erfolgstreiber von B-to-B-Marken. In C. Baumgarth (Hrsg.), *B-to-B-Markenführung: Grundlagen – Konzepte – Best Practice* (S. 333-356). Wiesbaden: Gabler.

Baumgartner, C. & Udris, I. (2006). Das „Zürcher Modell" der Arbeitszufriedenheit – 30 Jahre „still going strong". In L. Fischer (Hrsg.), *Arbeitszufriedenheit: Konzepte und empirische Befunde* (S. 111-134). Göttingen: Hogrefe.

Becker, C. & Schnetzer, U. (2006). *Brand it!: Grundlagen und praktische Umsetzung der Entstehung starker Marken*. Saarbrücken: VDM Müller.

Behrend, T. S., Baker, B. A. & Thompson, L. F. (2009). Effects of pro-environmental recruiting messages: The role of organizational reputation. *Journal of Business and Psychology, 24*, 341-350.

Belias, D. & Koustelios, A. (2015). Leadership Style, Job Satisfaction and Organizational Culture in the Greek Banking Organization. *Journal of Management Research, 15*(2), 101-110.

Bell, J. (2005). *Doing your research project: A guide for first-time researchers in education, health and social science* (4th ed.). Maidenhead: Open University Press.

Berger, P. L. & Luckmann, T. (1966). *The Social Construction of Reality: A Treatise in the Sociology of Knowledge*. Garden City, NY: Anchor Books.

Bergstrom, A., Blumenthal, D. & Crothers, S. (2002). Why Internal Branding Matters: The Case of Saab. *Corporate Reputation Review, 5*(2/3), 133-142.

Bernerth, J. B. & Aguinis, H. (2016). A Critical Review and Best-Practice Recommendations for Control Variable Usage. *Personnel Psychology, 69*(1), 229-283.

Berry, L. L. (2000). Cultivating Service Brand Equity. *Journal of the Academy of Marketing Science, 28*(1), 128-137.

Berthon, P., Ewing, M. T. & Hah, L. L. (2005). Captivating company: Dimensions of attractiveness in employer branding. *International Journal of Advertising*, *24*(2), 151-172.

Berthon, P., Ewing, M. T. & Napoli, J. (2008). Brand Management in Small to Medium-Sized Enterprises. *Journal of Small Business Management, 46*(1), 27-45.

Bierhoff, H. W., Müller, G. F. & Küpper, B. (2000). Prosoziales Arbeitsverhalten: Entwicklung und Überprüfung eines Messinstruments zur Erfassung des freiwilligen Arbeitsengagements. *Gruppendynamik und Organisationsberatung, 31*(2), 141-153.

Biswas, M. K. & Suar, D. (2016). Antecedents and Consequences of Employer Branding. *Journal of Business Ethics*, *136*(1), 57-72.

Blader, S. L. & Tyler, T. R. (2009). Testing and extending the group engagement model: linkages between social identity, procedural justice, economic outcomes, and extrarole behavior. *Journal of Applied Psychology*, *94*(2), 445-464.

Blankenberg, N., Bartsch, S., Fichtel, S. & Meyer, A. (2012). Die menschliche Kraft der Marke: Bedeutung und Management der interaktionsorientierten Markenführung. In H. H. Bauer (Hrsg.), *Erlebniskommunikation: Erfolgsfaktoren für die Marketingpraxis* (S. 53-72). Berlin, Heidelberg: Springer.

Blanz, M. (2014). *Kommunikation: Eine interdisziplinäre Einführung*. Stuttgart: Kohlhammer.

Blau, P. M. (1964). *Exchange and Power in Social Life*. New York: Wiley.

Böhm, S. (2008). *Organisationale Identifikation als Voraussetzung für eine erfolgreiche Unternehmensentwicklung: Eine wissenschaftliche Analyse mit Ansatzpunkten für das Management*. Wiesbaden: Gabler.

Bolger, N., Davis, A. & Rafaeli, E. (2003). Diary methods: Capturing life as it is lived. *Annual Review of Psychology,* 54, 579-616.

Bolino, M. C. (1999). Citizenship and impression management: Good soldiers or good actors? *Academy of Management Review, 24*, 82-98.

Bolino, M. C. & Grant, A. M. (2016). The Bright Side of Being Prosocial at Work, and the Dark Side, Too: A Review and Agenda for Research on Other-Oriented Motives, Behavior, and Impact in Organizations. *The Academy of Management Annals*, *10*(1), 599-670.

Bolino, M. C., Hsiung, H. H., Harvey, J. & LePine, J. A. (2015). "Well, I'm tired of tryin'!": Organizational citizenship behavior and citizenship fatigue. *Journal of Applied Psychology, 100*, 56-74.

Bolino, M. C., Klotz, A. C., Turnley, W. H. & Harvey, J. (2013). Exploring the dark side of organizational citizenship behavior. *Journal of Organizational Behavior, 34*(4), 542-559.

Bolino, M. C., Turnley, W. H. & Averett, T. (2003). Going the Extra Mile: Cultivating and Managing Employee Citizenship Behavior [and Executive Commentary]. *The Academy of Management Executive (1993-2005), 17*(3), 60-73.

Bolino, M. C., Turnley, W. H. & Bloodgood, J. M. (2002). Citizenship Behavior and the Creation of Social Capital in Organizations. *Academy of Management Review, 27*(4), 505-522.

Boone, M. (2000). The Importance of Internal Branding. *Journal of Sales and Marketing Management, 152*(9), 36-38.

Borman, W. C. (2004). The Concept of Organizational Citizenship. *Current Directions in Psychological Science, 13*(6), 238-241.

Borman, W. C. & Motowidlo, S. J. (1993). Expanding the criterion domain to include elements of contextual performance. In N. Schmitt & W. C. Borman (Eds.), *Personnel Selection in Organizations* (pp. 71-98). San Francisco: Jossey-Bass.

Borman, W. C. & Motowidlo, S. J. (1997). Task performance and contextual performance: The meaning for personnel selection research. *Human Performance, 10*, 99-109.

Bortz, J. & Döring, N. (2006). *Forschungsmethoden und Evaluation für Human- und Sozialwissenschaftler* (4. Aufl.). Berlin, Heidelberg, New York: Springer.

Bos, J. T., Donders, N. C. G., Bouwman-Brouwer, K. M. & Van der Gulden, J. W J. (2009). Work characteristics and determinants of job satisfaction in four age groups: University employees' point of view. *International Archives of Occupational and Environmental Health, 82*(10), 1249-1259.

Bosco, F. A., Aguinis, H., Singh, K., Field, J. G. & Pierce, C. A. (2015). Correlational effect size benchmarks. *Journal of Applied Psychology, 100*(2), 431-449.

Böckenholt, U. (2017). Measuring Response Styles in Likert Items. *Psychological Methods, 22*(1), 69-83.

Borkenau, P. (2006). Selbstbericht. In F. Petermann & M. Eid (Hrsg.), *Handbuch der Psychologischen Diagnostik* (S. 135-142). Göttingen: Hogrefe.

Borman, W. C., Motowidlo, S. J., Rose, S. R. & Hanser, L. M. (1983). *Development of a model of soldier effectiveness.* Minneapolis, MN: Personnel Decisions Research Institutes.

Bourdage, J. S., Lee, K., Lee, J.-H. & Shin, K.-H. (2012). Motives for Organizational Citizenship Behavior: Personality Correlates and Coworker Ratings of OCB. *Human Performance, 25*(3), 179-200.

Boxall, P. & Purcell, J. (2016). *Strategy and Human Resource Management* (4th ed.). Basingstoke, New York: Palgrave Macmillan.

Brandoffice GmbH. (Hrsg.). (2016). *Deutscher Markenreport Spezial 2016.* München: Brandoffice GmbH.

Branham, L. (2005). Planning to become an employer of choice. *Journal of Organizational Excellence, 24*(3), 57-68.

Brannan, M. J., Parsons, E. & Priola, V. (2015). Brands at Work: The Search for Meaning in Mundane Work. *Organization Studies, 36*(1), 29-53.

Brexendorf, T. O., Bayus, B. & Keller, K. L. (2015). Understanding the interplay between brand and innovation management: Findings and future research directions. *Journal of the Academy of Marketing Science, 43*(5), 548-557.

Brexendorf, T. O. & Kernstock, J. (2007). Corporate behaviour vs brand behaviour: Towards an integrated view? *Journal of Brand Management, 15*(1), 32-40.

Brief, A. P. (1998). *Attitudes In and Around Organizations.* Thousand Oaks, CA: SAGE.

Brown, A. D. (2017). Identity Work and Organizational Identification. *International Journal of Management Reviews, 19*(3), 296-317.

Brown, T. J., Dacin, P. A., Pratt, M. G. & Whetten, D. A. (2006). Identity, Intended Image, Construed Image, and Reputation: An Interdisciplinary Framework and Suggested Terminology. *Journal of the Academy of Marketing Science, 34*(2), 99-106.

Bruce, A. & Jeromin, C. (2016). *Agile Markenführung: Wie Sie Ihre Marke stark machen für dynamische Märkte.* Wiesbaden: Springer.

Bruggemann, A. (1976). Zur empirischen Untersuchung verschiedener Formen von Arbeitszufriedenheit. *Zeitschrift für Arbeitswissenschaft, 30*(2), 71-74.

Bruhn, M. (1994). *Handbuch Markenartikel: Anforderungen an die Markenpolitik aus Sicht von Wissenschaft und Praxis*. Stuttgart: Schäffer-Poeschel.

Bruhn, M. (2004). *Handbuch Markenführung*. Wiesbaden: Gabler.

Bruhn, M. & Batt, V. (2015). Employer Branding: Markenführung zur Steigerung der Arbeitgeberattraktivität. *WiSt – Zeitschrift für Studium und Forschung, 44*(10), 538-547.

Bryman, A. (2008). Of Methods and Methodology. *Qualitative Research in Organizations and Management: An International Journal, 3*(2), 159-168.

Bryson, A., Forth, J. & Stokes, L. (2017). Does employees' subjective well-being affect workplace performance? *Human Relations, 70*(8), 1017-1037.

Buckley, E. & Williams, M. (2005). Internal branding. In A. M. Tybout & T. Calkins (Eds.), *Kellogg on Branding* (pp. 320-326). New Jersey: Wiley.

Bühner, M. (2005). *Einführung in die Test- und Fragebogenkonstruktion* (3. Aufl.). München: Pearson.

Büssing, A. (1992). *Organisationsstruktur, Tätigkeit und Individuum.* Bern: Huber.

Burmann, C., Blinda, L. & Nitschke, A. (2003). *Konzeptionelle Grundlagen des identitätsbasierten Markenmanagements*. Bremen: Universität Bremen.

Burmann, C. & Dietert, A.-C. (2015). *Authentizität als Erfolgsfaktor der Markenerweiterung und -dynamisierung*. Bremen: Universität Bremen.

Burmann, C., Halaszovich, T., Schade, M. & Hemmann, F. (2015). *Identitätsbasierte Markenführung*. Wiesbaden: Springer.

Burmann, C. & König, V. (2011). Does Internal Brand Management really Drive Brand Commitment in Shared-Service Call Centers? *Journal of Brand Management, 18*(6), 374-393.

Burmann, C. & Piehler, R. (2013). Employer Branding vs. Internal Branding – Ein Vorschlag zur Integration im Rahmen der identitätsbasierten Markenführung. *Die Unternehmung, 67*(3), 223-245.

Burmann, C. & Zeplin, S. (2005). Building brand commitment: A behavioural approach to internal brand management. *Journal of Brand Management, 12*(4), 279-300.

Burmann, C., Zeplin, S. & Riley, N. (2009). Key determinants of internal brand management success: An exploratory empirical analysis. *Journal of Brand Management, 16*(4), 264-284.

Cable, D. M. & Turban, D. B. (2001). Establishing the dimensions, sources and value of job seekers' employer knowledge during recruitment. In G. Ferris (Ed.), *Research in Personnel and Human Resources Management* (pp. 115-163). Bingley: Emerald Group Publishing Limited.

Cable, D. M. & Turban, D. B. (2003). The Value of Organizational Reputation in the Recruitment Context: A Brand-Equity Perspective. *Journal of Applied Social Psychology, 33*(11), 2244-2266.

Campbell, D. T. & Fiske, D. W. (1959). Convergent and discriminant validation by the multitrait-multimethod matrix. *Psychological Bulletin*, *56*(2), 81-105.

Carmeli, A. & Freund, A. (2002). The Relationship Between Work and Workplace Attitudes and Perceived External Prestige. *Corporate Reputation Review*, *5*(1), 51-68.

Carmeli, A., Gilat, G. & Waldman, D. A. (2007). The Role of Perceived Organizational Performance in Organizational Identification, Adjustment and Job Performance. *Journal of Management Studies*, *44*(6), 972-992.

Carmeli, A. & Tishler, A. (2004). The relationships between intangible organizational elements and organizational performance. *Strategic Management Journal*, *25*(13), 1257-1278.

Carpenter, N. C., Berry, C. M. & Houston, L. (2014). A meta-analytic comparison of self-reported and other-reported organizational citizenship behavior. *Journal of Orgcnizational Behavior*, *35*(4), 547-574.

Carr, J. C., Gregory, B. T. & Harris, S. G. (2010). Work Status Congruence's Relation to Employee Attitudes and Behaviors: The Moderating Role of Procedural Justice *Journal of Business and Psychology*, *25*(4), 583-592.

Cascio, W. F. (2014). Leveraging employer branding, performance management and human resource development to enhance employee retention. *Human Resource Development International*, *17*(2), 121-128.

Celani, A. & Singh, P. (2011). Signaling theory and applicant attraction outcomes. *Personnel Review*, *40*(2), 222-238.

Chalmers, A. F., Altstötter-Gleich, C. & Bergemann, N. (2007). *Wege der Wissenschaft: Einführung in die Wissenschaftstheorie* (6., verb. Aufl.). Berlin, Heidelberg: Springer.

Chatman, J. A. & O'Reilly, C. A. (2016). Paradigm lost: Reinvigorating the study of organizational culture. *Research in Organizational Behavior*, *36*, 199-224.

Chen, C.-C. & Chiu, S.-F. (2009). The mediating role of job involvement in the relationship between job characteristics and organizational citizenship behavior. *The Journal of Social Psychology*, *149*(4), 474-494.

Chen, S., Boucher, H. C. & Tapias, M. P. (2006). The relational self revealed: Integrative conceptualization and implications for interpersonal life. *Psychological Bulletin, 132*(2), 151-179.

Chen, X.-P., Lam, S. S. K., Schaubroeck, J. & Naumann, S. (2002). Group Organizational Citizenship Behavior: A Conceptualization and Preliminary Test of its Antecedents and Consequences. *Academy of Management Proceedings, 1*, 1-6.

Cheney, G. (1983). The rhetoric of identification and the study of organizational communication. *Quarterly Journal of Speech, 69*(2), 143-158.

Chiaburu, D. S., Oh, I.-S., Berry, C. M., Li, N. & Gardner, R. G. (2011). The five-factor model of personality traits and organizational citizenship behaviors: A meta-analysis. *Journal of Applied Psychology*, *96*(6), 1140-1166.

Chiu, S.-F. & Chen, H.-L. (2005). Relationship Between Job Characteristics and Organizational Citizenship Behavior: The Mediational Role of Job Satisfaction. *Social Behavior and Personality: An International Journal*, *33*(6), 523-540.

Chun, H. H., Park, C. W., Eisingerich, A. B. & MacInnis, D. J. (2015). Strategic benefits of low fit brand extensions: When and why? *Journal of Consumer Psychology*, *25*(4), 577-595.

Chung, W. & Kalnins, A. (2001). Agglomeration effects and performance: A test of the Texas lodging industry. *Strategic Management Journal*, *22*(10), 969-988.

Clark, K., Peters, S. A. & Tomlinson, M. (2005). The Determinants of Lateness: Evidence from British Workers. *Scottish Journal of Political Economy*, *52*(2), 282-304.

Cohen, A., Ben-Tura, E. & Vashdi, D. R. (2012). The relationship between social exchange variables, OCB, and performance. *Personnel Review*, *41*(6), 705-731.

Cohen, J. (1988). *Statistical power analysis for the behavioral sciences* (2nd ed.). Hove, London: Lawrence Erlbaum Associates.

Cohen, J., Cohen, P., West, S. G. & Aiken, L. S. (2003). *Applied multiple regression/correlation analysis for the behavioural sciences* (3rd ed.). Mahwah, NJ: Erlbaum.

Coldwell, D., Alastair, L. & Callaghan, C. W. (2014). Specific Organizational Citizenship Behaviours and Organizational Effectiveness: The Development of a Conceptual Heuristic Device. *Journal for the Theory of Social Behaviour*, *44*(3), 347-367.

Collins, C. J. & Han, J. (2004). Exploring Applicant Pool Quantity and Quality: The Effects of Early Recruitment Practice Strategies, Corporate Advertising, and Firm Reputation. *Personnel Psychology*, *57*(3), 685-717.

Collins, C. J. & Kanar, A. M. (2013). Employer brand equity and recruitment research. In D. M. Cable & K. Y. T. Yu (Eds.), *The Oxford Handbook of Recruitment* (pp. 284-297). Oxford: Oxford University Press.

Collins, C. J. & Stevens, C. K. (2002). The relationship between early recruitment-related activities and the application decisions of new labor-market entrants: A brand equity approach to recruitment. *Journal of Applied Psychology*, *87*(6), 1121-1133.

Connelly, B. L., Certo, S. T., Ireland, R. D. & Reutzel, C. R. (2011a). Signaling Theory: A Review and Assessment. *Journal of Management*, *37*(1), 39-67.

Connelly, B. L., Ketchen, D. J. & Slater, S. F. (2011b). Toward a "theoretical toolbox" for sustainability research in marketing. *Journal of the Academy of Marketing Science*, *39*(1), 86-100.

Conroy, S., Henle, C. A., Shore, L. & Stelman, S. (2017). Where there is light, there is dark: A review of the detrimental outcomes of high organizational identification. *Journal of Organizational Behavior*, *38*(2), 184-203.

Cooper, D. & Thatcher, S. M. B. (2010). Identification in Organizations: The Role of Self-Concept Orientations and Identification Motives. *Academy of Management Review*, *35*(4), 516-538.

Cornelissen, J. P., Haslam, S. A. & Balmer, J. M. T. (2007). Social Identity, Organizational Identity and Corporate Identity: Towards an Integrated Understanding of Processes, Patternings and Products. *British Journal of Management*, *18*(1), 1-16.

Costanza, D. P., Blacksmith, N., Coats, M. R., Severt, J. B. & DeCostanza, A. H. (2016). The Effect of Adaptive Organizational Culture on Long-Term Survival. *Journal of Business and Psychology*, *31*(3), 361-381.

Coyle-Shapiro, J. A.-M. (2002). A psychological contract perspective on organizational citizenship behavior. *Journal of Organizational Behavior*, *23*(8), 927-946.

Crampton, S. M. & Wagner, J. A. (1994). Percept-percept inflation in microorganizational research: An investigation of prevalence and effect. *Journal of Applied Psychology*, *79*(1), 67-76.

Cronbach, L. J. (1951). Coefficient alpha and the internal structure of tests. *Psychometrika*, *16*(3), 297-334.

Cropanzano, R., Anthony, E. L., Daniels, S. R. & Hall, A. V. (2017). Social exchange theory: A critical review with theoretical remedies. *Academy of Management Annals*, *11*, 1-38.

Cropanzano, R. & Mitchell, M. S. (2005). Social Exchange Theory: An Interdisciplinary Review. *Journal of Management*, *31*(6), 874-900.

Crowne, D. P. & Marlowe, D. (1960). A new scale of social desirability independent of psychopathology. *Journal of Consulting Psychology*, *24*(4), 349-354.

Custodio, C. & Rosario, J. (2007). *Corporate Brand and Firm Value*. London: London School of Economics.

Dacin, P. A. & Brown, T. J. (2006). Corporate Branding, Identity, and Customer Response. *Journal of the Academy of Marketing Science*, *34*(2), 95-98.

Dahlhoff, H. D. (2006). Integrierte Unternehmenskommunikation bei der Deutschen Bank. *zfo – Zeitschrift für Führung + Organisation, 75*(1), 46-50.

Datta, H., Ailawadi, K. L. & Van Heerde, H. J. (2017). How Well Does Consumer-Based Brand Equity Align with Sales-Based Brand Equity and Marketing-Mix Response? *Journal of Marketing, 81*(3), 1-20.

Davies, G. (2008). Employer branding and its influence on managers. *European Journal of Marketing*, *42*(5/6), 667-681.

Davies, G. & Chun, R. (2002). Gaps Between the Internal and External Perceptions of the Corporate Brand. *Corporate Reputation Review*, *5*(2/3), 144-158.

Davies, G., Chun, R., Da Silva, R. V. & Roper, S. (2001). The Personification Metaphor as a Measurement Approach for Corporate Reputation. *Corporate Reputation Review*, *4*(2), 113-127.

Davies, G., Chun, R., Da Silva, R. V. & Roper, S. (2004). A Corporate Character Scale to Assess Employee and Customer Views of Organization Reputation. *Corporate Reputation Review*, *7*(2), 125-146.

Davies, G. & Miles, L. (1998). Reputation Management: Theory versus Practice. *Corporate Reputation Review, 2*(1), 16-27.

Deal, T. E. & Kennedy, A. A. (1982). *Corporate cultures: The rites and rituals of corporate life*. Reading, MA: Addison-Wesley.

De Bussy, N. M., Ewing, M. T. & Pitt, L. F. (2003). Stakeholder theory and internal marketing communications: A framework for analysing the influence of new media. *Journal of Marketing Communications*, *9*(3), 147-161.

De Chernatony, L. (1999). Brand Management through Narrowing the Gap between Brand Identity and Brand Reputation. *Journal of Marketing Management*, *15*(1-3), 157-179.

De Chernatony, L. (2001). A model for strategically building brands. *Journal of Brand Management, 9*(1), 32-44.

De Chernatony, L. (2002). Would a brand smell any sweeter by a corporate name? *Corporate Reputation Review, 5*(2/3), 114-132.

De Chernatony, L. (2009). Towards the holy grail of defining "brand". *Marketing Theory*, *9*(1), 101-105.

De Chernatony, L. & Cottam, S. (2006). Internal brand factors driving successful financial services brands. *European Journal of Marketing*, *40*(5/6), 611-633.

De Chernatony, L. & Cottam, S. (2008). Interactions between organisational cultures and corporate brands. *Journal of Product & Brand Management, 17*(1), 13-24.

De Chernatony, L. & Dall'Olmo Riley, F. (1998). Defining A "Brand": Beyond The Literature With Experts' Interpretations. *Journal of Marketing Management*, *14*(5), 417-443.

De Chernatony, L. & Harris, F. (2000). Developing corporate brands through considering internal and external stakeholders. *Corporate Reputation Review, 3*(3), 268-274.

De Chernatony, L. & Segal-Horn, S. (2001). Building on Services' Characteristics to Develop Successful Services Brands. *Journal of Marketing Management*, *17*(7/8), 645-669.

De Cremer, D. & Tyler, T. R. (2005). Managing group behaviour: The interplay between fairness, self, and cooperation. *Advances in Experimental Social Psychology, 37*, 151-218.

Delery, J. E. & Roumpi, D. (2017). Strategic human resource management, human capital and competitive advantage: Is the field going in circles? *Human Resource Management Journal, 27*(1), 1-21.

Den Hartog, D. N. & Verburg, R. M. (2004). High performance work systems, organisational culture and firm effectiveness. *Human Resource Management Journal*, *14*(1), 55-78.

Denison, D. R. (1996). What is the Difference between Organizational Culture and Organizational Climate? A Native's Point of View on a Decade of Paradigm Wars. *The Academy of Management Review, 21*(3), 619-654.

Denison, D. R. & Mishra, A. K. (1995). Toward a Theory of Organizational Culture and Effectiveness. *Organization Science*, *6*(2), 204-223.

Denison, D. R., Nieminen, L. & Kotrba, L. (2014). Diagnosing organizational cultures: A conceptual and empirical review of culture effectiveness surveys. *European Journal of Work and Organizational Psychology*, *23*(1), 145-161.

De Roeck, K., El Akremi, A. & Swaen, V. (2016). Consistency Matters! How and When Does Corporate Social Responsibility Affect Employees' Organizational Identification? *Journal of Management Studies, 53*(7), 1141-1168.

Deutsche Employer Branding Akademie (DEBA). (2006). *Employer Branding Definition.* Abgerufen am 07.05.2016 von http://www.employerbranding.org/employerbranding.php

Devasagayam, R. P., Buff, C. L., Aurand, T. W. & Judson, K. M. (2010). Building brand community membership within organizations: A viable internal branding alternative?. *Journal of Product & Brand Management, 19*(3), 210-217.

DeVellis, R. F. (2012). *Scale development: Theory and applications* (3rd ed.). Thousand Oaks, CA: SAGE.

Diefendorff, J. M. & Chandler, M. M. (2011). Motivating Employees. In S. Zedeck (Ed.), *Handbooks in Psychology. APA Handbook of Industrial and Organizational Psychology* (pp. 65-135). Washington, DC: American Psychological Association.

Diekmann, A. (2007). *Empirische Sozialforschung: Grundlagen, Methoden, Anwendungen* (19., vollst. überarb. und erw. Neuausg.). Reinbek bei Hamburg: Rowohlt Taschenbuch-Verlag.

Dillman, D. A. (2007). *Mail and Internet Surveys: The Tailored Design Method* (2nd ed.). Hoboken, NJ: Wiley.

Dineen, B. R. & Allen, D. G. (2016). Third Party Employment Branding: Human Capital Inflows and Outflows Following "Best Places to Work" Certifications. *Academy of Management Journal, 59*(1), 90-112.

Döring, N. & Bortz, J. (2016). *Forschungsmethoden und Evaluation in den Sozial- und Humanwissenschaften* (5., vollst. überarb., aktualis. und erw. Aufl.). Berlin, Heidelberg, New York: Springer.

Dolnicar, S. & Grün, B. (2014). Including don't know answer options in brand image surveys improves data quality. *International Journal of Market Research, 56*(1), 33-50.

Domizlaff, H. (2005). *Die Gewinnung des öffentlichen Vertrauens: Ein Lehrbuch der Markentechnik* (7. Aufl.). Hamburg: Marketing-Journal, Gesellschaft für Angewandtes Marketing.

Donia, M. B. L., Johns, G. & Raja, U. (2016). Good Soldier or Good Actor? Supervisor Accuracy in Distinguishing Between Selfless and Self-Serving OCB Motives. *Journal of Business and Psychology, 31*(1), 23-32.

Dowling, G. (1994). *Corporate Reputations: Strategies for Developing the Corporate Brand.* London: Kogan Page.

Downe, J., Cowell, R. & Morgan, K. (2016). What Determines Ethical Behavior in Public Organizations: Is It Rules or Leadership? *Public Administration Review, 76*(6), 898-909.

Drake, S. M., Gulman, M. J. & Roberts, S. M. (2005). *Light Their Fire: Using Internal Marketing to Ignite Employee Performance and Wow Your Customers*. New York: Kaplan.

Dukerich, J. M. & Carter, S. M. (2000). Distorted Images and Reputation Repair. In M. Schultz, M. J. Hatch & M. H. Larsen (Eds.), *The Expressive Organization: Linking Identity, Reputation, and the Corporate Brand* (pp. 97-112). Oxford: Oxford University Press.

Dukerich, J. M., Golden, B. R. & Shortell, S. M. (2002). Beauty Is in the Eye of the Beholder: The Impact of Organizational Identification, Identity, and Image on the Cooperative Behaviors of Physicians. *Administrative Science Quarterly*, *47*(3), 507-533.

Duncan, T. & Moriarty, S. E. (1998). A Communication-Based Marketing Model for Managing Relationships. *Journal of Marketing, 62*(2), 1-13.

Du Preez, R. & Bendixen, M. T. (2015). The impact of internal brand management on employee job satisfaction, brand commitment and intention to stay. *International Journal of Bank Marketing*, *33*(1), 78-91.

Dutton, J. E., Dukerich, J. M. & Harquail, C. V. (1994). Organizational Images and Member Identification. *Administrative Science Quarterly*, *39*(2), 239-263.

Dutton, J. E. & Glynn, M. (2008). Positive Organizational Scholarship. In C. Cooper & J. Barling (Eds.), *Handbook of Organizational Behavior: Micro Approaches* (pp. 693-712). London: SAGE.

Easterby-Smith, M., Thorpe, R. & Lowe, A. (1991). *Management Research: An Introduction.* London: SAGE.

Easterby-Smith, M., Thorpe, R. & Lowe, A. (2002). *Management Research: An Introduction* (2nd ed.). London: SAGE.

Edwards, M. R. (2005). Organizational identification: A conceptual and operational review. *International Journal of Management Reviews*, *7*(4), 207-230.

Edwards, M. R. (2010). An integrative review of employer branding and OB theory. *Personnel Review*, *39*(1), 5-23.

Ehrhart, M. G., Schneider, B. & Macey, W. H. (2014). *Organizational climate and culture: An introduction to theory, research, and practice. Organization and management series.* New York: Routledge.

Eichhorn, P. (2005). *Das Prinzip Wirtschaftlichkeit: Basiswissen der Betriebswirtschaftslehre* (3., überarb. und erw. Aufl.). Wiesbaden: Gabler.

Eid, M., Gollwitzer, M. & Schmitt, M. (2015). *Statistik und Forschungsmethoden* (4., überarb. und erw. Aufl.). Weinheim, Basel: Beltz.

Einwiller, S. & Will, M. (2002). Towards an integrated approach to corporate branding – An empirical study. *Corporate Communications: An International Journal*, *7*(2), 100-109.

Eisenhardt, K. (1989). Building Theories from Case Study Research. *The Academy of Management Review, 14*(4), 532-550.

Ellis, D. (1989). A Behavioural Approach to Information Retrieval System Design. *Journal of Documentation*, *45*(3), 171-212.

Emerson, R. (1976). Social Exchange Theory. *Annual Review of Sociology, 2*, 335-362.

Endrissat, N., Kärreman, D. & Noppeney, C. (2017). Incorporating the creative subject: Branding outside-in through identity incentives. *Human Relations*, *70*(4), 488-515.

Erdem, T. & Swait, J. (1998). Brand Equity as a Signaling Phenomenon. *Journal of Consumer Psychology*, *7*(2), 131-157.

Erdem, T. & Swait, J. (2016). The Information-Economics Perspective on Brand Equity. *Foundations and Trends in Marketing*, *10*(1), 1-59.

Erdfelder, E., Buchner, A., Faul, F. & Brandt, M. (2004). G*POWER: Teststärkeanalysen leicht gemacht. In E. Erdfelder & J. Funke (Hrsg.), *Allgemeine Psychologie und Deduktivistische Methodologie* (S. 148-166). Göttingen: Vandenhoeck & Ruprecht.

Ernst, H. (2003). Ursachen eines Informant Bias und dessen Auswirkung auf die Validität empirischer betriebswirtschaftlicher Forschung. *Zeitschrift für Betriebswirtschaft, 73*(2), 1249-1275.

Esch, F.-R. (2003). *Strategie und Technik der Markenführung*. München: Vahlen.

Esch, F.-R. (2005). *Moderne Markenführung*. Wiesbaden: Gabler.

Esch, F.-R. (2008). *Strategie und Technik der Markenführung* (5., vollst. überarb. u. erw. Aufl.). München: Vahlen.

Esch, F.-R. (2012). *Strategie und Technik der Markenführung* (7., vollst. überarb. u. erw. Aufl.). München: Vahlen.

Esch, F.-R. (2014). *Strategie und Technik der Markenführung* (8., vollst. überarb. u. erw. Aufl.). München: Vahlen.

Esch, F.-R. & Langner, T. (2005). Branding als Grundlage zum Markenaufbau. In F.-R. Esch (Hrsg.), *Moderne Markenführung* (S. 573-586). Wiesbaden: Gabler.

Esch, F.-R., Tomczak, T., Kernstock, J. & Langner, T. (2006). *Corporate Brand Management: Marken als Anker strategischer Führung von Unternehmen* (2. aktualis. und erg. Aufl.). Wiesbaden: Springer.

Esch, F.-R., Tomczak, T., Kernstock, J., Langner, T. & Redler, J. (2014). *Corporate Brand Management*. Wiesbaden: Springer.

Evans, W. R., Davis, W. D. & Frink, D. D. (2011). An Examination of Employee Reactions to Perceived Corporate Citizenship. *Journal of Applied Social Psychology, 41*(4), 938-964.

Evanschitzky, H. & Backhaus, C. (2015). Multi-Level Modeling. In *Wiley Encyclopedia of Management* (Vol. 9, pp. 1-2). Chichester: John Wiley & Sons.

Ewing, M. T., Pitt, L. F., De Bussy, N. M. & Berthon, P. (2002). Employment branding in the knowledge economy. *International Journal of Advertising, 21*(1), 3-22.

Farooq, O., Rupp, D. E. & Farooq, M. (2017). The Multiple Pathways through which Internal and External Corporate Social Responsibility Influence Organizational Identification and Multifoci Outcomes: The Moderating Role of Cultural and Social Orientations. *Academy of Management Journal, 60*(3), 954-985.

Faul, F., Erdfelder, E., Buchner, A. & Lang, A.-G. (2009). Statistical power analyses using G*Power 3.1: tests for correlation and regression analyses. *Behavior Research Methods, 41*(4), 1149-1160.

Feather, N. T. & Rauter, K. A. (2004). Organizational citizenship behaviours in relation to job status, job insecurity, organizational commitment and identification, job satisfaction and work values. *Journal of Occupational and Organizational Psychology, 77*(1), 81-94.

Feige, S., Hofstetter, S. & Koob, C. (2005). Markenpositionierung – Ein Guide für KMU. In T. Tomczak & T. O. Brexendorf (Hrsg.), *Markenaufbau und Markenpflege – Grundlagen und Praxis zur erfolgreichen Umsetzung* (S. 83-103). Zürich: Bilanz-Verlag.

Ferreira, Y. (2009). FEAT – Fragebogen zur Erhebung von Arbeitszufriedenheitstypen. *Zeitschrift für Arbeits- und Organisationspsychologie, 53*(4), 177-193.

Festinger, L. (1957). *A Theory of Cognitive Dissonance.* Stanford, CA: Stanford University Press.

Festinger, L. (1978). *Theorie der kognitiven Dissonanz*. Bern: Huber.

Fetscherin, M. & Usunier, J. (2012). Corporate branding: an interdisciplinary literature review. *European Journal of Marketing, 46*(5), 733-753.

Fiedler, L. & Kirchgeorg, M. (2007). The Role Concept in Corporate Branding and Stakeholder Management Reconsidered: Are Stakeholder Groups Really Different? *Corporate Reputation Review, 10*(3), 177-188.

Field, A. (2013). *Discovering Statistics using IBM SPSS Statistics* (4th ed.). Los Angeles: SAGE.

Fischer, L. & Lück, H. E. (1972). Entwicklung einer Skala zur Messung von Arbeitszufriedenheit (SAZ). *Psychologie und Praxis*, *16*(2), 64-76.

Flamholtz, E. (2001). Corporate culture and the bottom line. *European Management Journal*, *19*(3), 268-275.

Flick, U. (2017). *Qualitative Sozialforschung: Eine Einführung* (8. Aufl.). Reinbek bei Hamburg: Rowohlt Taschenbuch Verlag.

Fombrun, C. J. (1996). *Reputation: Realizing Value from the Corporate Image*. Boston: Harvard Business School Press.

Foster, C., Punjaisri, K. & Cheng, R. (2010). Exploring the relationship between corporate, internal and employer branding. *Journal of Product & Brand Management*, *19*(6), 401-409.

Frazier, P. A., Tix, A. P. & Barron, K. E. (2004). Testing Moderator and Mediator Effects in Counseling Psychology Research. *Journal of Counseling Psychology*, *51*(1), 115-134.

Freeman, R. E. (1984). *Strategic Management: A Stakeholder Approach*. Boston: Pitman.

French, R., Rayner, C., Rees, G. & Rumbles, S. (2008). *Organizational Behaviour*. Chichester, UK: Wiley.

Frey, D. & Gaska, A. (1993). Die Theorie der kognitiven Dissonanz. In D. Frey & M. Irle (Hrsg.), *Theorien der Sozialpsychologie* (Bd. 1: Kognitive Theorien, S. 275-324). Bern: Huber.

Fritz, M. S. & MacKinnon, D. P. (2007). Required Sample Size to Detect the Mediated Effect. *Psychological Science*, *18*(3), 233-239.

Gabbott, M. & Jevons, C. (2009). Brand community in search of theory: An endless spiral of ambiguity. *Marketing Theory*, *9*(1), 119-122.

Gabler, S. (1992). Schneeballverfahren und verwandte Stichprobendesigns. *ZUMA-Nachrichten*, *31*, 47-69.

Gabriel, Y., Korczynski, M. & Rieder, K. (2015). Organizations and their consumers: Bridging work and consumption. *Organization*, *22*(5), 629-643.

Gallup GmbH. (2016). *Engagement Index Deutschland 2016.* Abgerufen am 23.09.2017 von www.gallup.de/file/184010/Praesentation%20zum%20Gallup%20Engagment%20Index%202016.pdf

Gambetti, R. C. & Graffigna, G. (2015). Value co-creation between the "inside" and the "outside" of a company. *Marketing Theory, 15*(2), 155-178.

Gapp, R. & Merrilees, B. (2006). Important factors to consider when using internal branding as a management strategy: A healthcare case study. *Journal of Brand Management, 14*(1/2), 162-176.

Gatewood, R. D., Gowan, M. A. & Lautenschlager, G. J. (1993). Corporate Image, Recruitment Image and Initial Job Choice Decisions. *Academy of Management Journal, 36*(2), 414-427.

Gautam, T., Van Dick, R. & Wagner, U. (2004). Organizational identification and organizational commitment: Distinct aspects of two related concepts. *Asian Journal of Social Psychology, 7*(3), 301-315.

Geertz, C. (1973). *The Interpretation of Cultures: Selected Essays*. New York: Basic Books.

George, G., Dahlander, L., Graffin, S. D. & Sim, S. (2016). Reputation and Status: Expanding the Role of Social Evaluations in Management Research. *Academy of Management Journal, 59*(1), 1-13.

George, D. & Mallery, P. (2003). *SPSS for Windows step by step: A simple guide and reference* (4th ed.). Boston: A&B.

Gibson, C. B. (2017). Elaboration, Generalization, Triangulation, and Interpretation. *Organizational Research Methods, 20*(2), 193-223.

Giessner, S. R., Ullrich, J. & Van Dick, R. (2011). Social Identity and Corporate Mergers. *Social and Personality Psychology Compass, 5*(6), 333-345.

Gillespie, E. A. & Noble, S. M. (2017). Stuck like glue: The formation and consequences of brand attachments among salespeople. *Journal of Personal Selling & Sales Management, 37*(3), 228-249.

Gioia, D. A., Hamilton, A. L. & Patvardhan, S. D. (2014). Image is everything: Reflections on the dominance of image in modern organizational life. *Research in Organizational Behavior, 34*, 129-154.

Gioia, D. A., Schultz, M. & Corley, K. G. (2000). Organizational identity, image, and adaptive instability. *Academy of Management Review, 25*(1), 63-81.

Glaser, L., Stam, W. & Takeuchi, R. (2016). Managing the Risks of Proactivity: A Multilevel Study of Initiative and Performance in the Middle Management Context. *Academy of Management Journal, 59*(4), 1339-1360.

Glasford, D. E., Dovidio, J. F. & Pratto, F. (2009). I continue to feel so good about us: In-group identification and the use of social identity – Enhancing strategies to reduce intragroup dissonance. *Personality & Social Psychology Bulletin, 35*(4), 415-427.

Gollwitzer, M. & Jäger, R. S. (2007). *Evaluation.* Weinheim: Beltz.

Gollwitzer, M. & Schmitt, M. (2006). *Sozialpsychologie.* Weinheim: Beltz.

Goodman, L. (1961). Snowball Sampling. *The Annals of Mathematical Statistics, 32*(1), 148-170.

Goris, J. R. (2007). Effects of satisfaction with communication on the relationship between individual-job congruence and job performance/satisfaction. *Journal of Management Development, 26*(8), 737-752.

Gouldner, A. (1960). The Norm of Reciprocity: A Preliminary Statement. *American Sociological Review, 25*(2), 161-178.

Gounaris, S. (2008). The notion of internal market orientation and employee job satisfaction: Some preliminary evidence. *Journal of Services Marketing, 22*(1), 68-90.

Grant, A. M. (2007). Relational job design and the motivation to make a prosocial difference. *Academy of Management Review, 32*, 393-417.

Greve, G. (2006). *Erfolgsfaktoren von Customer-Relationship-Management-Implementierungen.* Wiesbaden: Deutscher Universitäts-Verlag.

Griffin, J. J. (2002). To Brand or Not To Brand? Trade-offs in Corporate Branding Decisions. *Corporate Reputation Review, 5*(2/3), 228-240.

Guest, D. E. (2017). Human resource management and employee well-being: Towards a new analytic framework. *Human Resource Management Journal, 27*(1), 22-38.

Guiso, L., Sapienza, P. & Zingales, L. (2015). Corporate Culture, Societal Culture, and Institutions. *American Economic Review, 105*(5), 336-339.

Gummesson, E. (2003). *Qualitative Methods in Management Research* (2nd ed.). Thousand Oaks, CA: SAGE.

Gutjahr, G. (2015). *Markenpsychologie: Wie Marken wirken – Was Marken stark macht* (3. Aufl.). Wiesbaden: Springer.

Haedrich, G., Tomczak, T. & Kaetzke, P. (2003). *Strategische Markenführung: Planung und Realisierung von Markenstrategien* (3., vollst. überarb., erw. und aktualis. Aufl.). Bern: Haupt.

Hajro, A. (2009). Corporate culture: What do we know and where do we go from here? *European Journal of Cross-Cultural Competence and Management, 1*(1), 34-41.

Halbesleben, J. R. B. & Wheeler, A. R. (2015). Reciprocal helping behavior as a source of personal resources: A day-level study of coworker pairs. *Journal of Management, 41*, 1628-1650.

Hall, D. T., Schneider, B. & Nygren, H. T. (1970). Personal Factors in Organizational Identification. *Administrative Science Quarterly 15*(2), 176-190.

Hall, R. (1992). The strategic analysis of intangible resources. *Strategic Management Journal, 13*(2), 135-144.

Hanby, T. (1999). Brands – Dead or Alive?. *Journal of the Marketing Research Society, 41*(1), 7-18.

Hanin, D., Stinglhamber, F. & Delobbe, N. (2013). The Impact of Employer Branding on Employees: The Role of Employment Offering in the Prediction of Their Affective Commitment. *Psychologica Belgica, 53*(4), 57-83.

Hankinson, G. (2012). The measurement of brand orientation, its performance impact, and the role of leadership in the context of destination branding: An exploratory study. *Journal of Marketing Management, 28*(7/8), 974-999.

Hankinson, P. (2001). Brand orientation in the charity sector: A framework for discussion and research. *International Journal of Nonprofit and Voluntary Sector Marketing, 6*(3), 231-242.

Hankinson, P. (2004). The internal brand in leading UK charities. *Journal of Product & Brand Management, 13*(2), 84-93.

Hankinson, P. & Hankinson, G. (1999). Managing Successful Brands: An Empirical Study which Compares the Corporate Cultures of Companies Managing the World's Top 100 Brands with Those Managing Outsider Brands. *Journal of Marketing Management, 15*(1-3), 135-155.

Hardy, B. & Ford, L. R. (2014). It's Not Me, It's You: Miscomprehension in Surveys. *Organizational Research Methods, 17*(2), 138-162.

Harman, H. H. (1976). *Modern Factor Analysis* (3rd ed.). Chicago, IL: The University of Chicago Press.

Harré, R. & Lamb, R. (1986). *Dictionary of Personality and Social Psychology*. Cambridge, MA: MIT Press.

Harris, F. & De Chernatony, L. (2001). Corporate branding and corporate brand performance. *European Journal of Marketing*, *35*(3/4), 441-456.

Hart, T. A., Gilstrap, J. B. & Bolino, M. C. (2016). Organizational citizenship behavior and the enhancement of absorptive capacity. *Journal of Business Research*, *69*(10), 3981-3988.

Hartnell, C. A., Ou, A. Y. & Kinicki, A. (2011). Organizational culture and organizational effectiveness: a meta-analytic investigation of the competing values framework's theoretical suppositions. *Journal of Applied Psychology*, *96*(4), 677-694.

Harvey, W. S., Morris, T. & Müller Santos, M. (2017). Reputation and identity conflict in management consulting. *Human Relations*, *70*(1), 92-118.

Haslam, S. A. (2004). *Psychology in Organizations: The Social Identity Approach* (2nd ed.). London, Thousand Oaks, CA: SAGE.

Haslam, S. A. (2011). *Psychology in organizations: The Social Identity Approach* (3rd ed.). London, Thousand Oaks, CA: SAGE.

Haslam, S. A., Steffens, N. K., Peters, K., Boyce, R. A., Mallett, C. J. & Fransen, K. (2017). A Social Identity Approach to Leadership Development. *Journal of Personnel Psychology*, *16*(3), 113-124.

Hatch, M. J. (1993). The Dynamics of Organizational Culture. *Academy of Management Review*, *18*(4), 657-693.

Hatch, M. J. & Schultz, M. (1997). Relations between organizational culture, identity and image. *European Journal of Marketing*, *31*(5/6), 356-365.

Hatch, M. J. & Schultz, M. (2001). Are the strategic stars aligned for your corporate brand? *Harvard Business Review*, *79*(2), 128-134.

Hatch, M. J. & Schultz, M. (2003). Bringing the corporation into corporate branding. *European Journal of Marketing*, *37*(7/8), 1041-1064.

Hatch, M. J. & Schultz, M. (2008). *Taking brand initiative: How companies can align strategy, culture, and identity through corporate branding*. San Francisco: Jossey-Bass.

Hatch, M. J. & Schultz, M. (2009). Of Bricks and Brands: From Corporate to Enterprise Branding. *Organizational Dynamics*, *38*(2), 117-130.

Hayes, A. F. (2009). Beyond Baron and Kenny: Statistical Mediation Analysis in the New Millennium. *Communication Monographs*, *76*(4), 408-420.

Hayes, A. F. (2013). *Introduction to mediation, moderation, and conditional process analysis: A regression-based approach*. New York, London: The Guilford Press.

Hayes, A. F., Montoya, A. K. & Rockwood, N. J. (2017). The analysis of mechanisms and their contingencies: PROCESS versus structural equation modeling. *Australasian Marketing Journal*, *25*(1), 76-81.

He, H. & Brown, A. D. (2013). Organizational Identity and Organizational Identification: A Review of the Literature and Suggestions for Future Research. *Group & Organization Management*, *38*(1), 3-35.

Hekman, D. R., Van Knippenberg, D. & Pratt, M. G. (2016). Channeling identification: How perceived regulatory focus moderates the influence of organizational and professional identification on professional employees'diagnosis and treatment behaviors. *Human Relations*, *69*(3), 753-780.

Hem, L. E., De Chernatony, L. & Iversen, N. M. (2003). Factors Influencing Successful Brand Extensions. *Journal of Marketing Management*, *19*(7/8), 781-806.

Henkel, S., Tomczak, T., Kernstock, J., Wentzel, D. & Brexendorf, T. O. (2012). Das Behavioral-Branding-Konzept. In T. Tomczak, F.-R. Esch, J. Kernstock & A. Herrmann (Hrsg.), *Behavioral Branding. Wie Mitarbeiterverhalten die Marke stärkt* (3. Aufl., S. 197-212). Wiesbaden: Gabler.

Herzberg, F., Mausner, B. & Snyderman, B. (1959). *The Motivation To Work*. New York: Wiley.

Heskett, J., Sasser W. E. & Schlesinger, L. (1997). *The Service Profit Chain: How Leading Companies Link Profit and Growth to Loyalty, Satisfaction, and Value*. New York: Free Press.

Hieronimus, F. & Burmann, C. (2005). Persönlichkeitsorientiertes Markenmanagement. In H. Meffert, C. Burmann & M. Koers (Hrsg.), *Markenmanagement – Identitätsorientierte Markenführung und praktische Umsetzung* (2. Aufl., S. 365-385). Wiesbaden: Gabler.

Highhouse, S., Broadfoot, A., Yugo, J. E. & Devendorf, S. A. (2009). Examining corporate reputation judgements with generalizability theory. *Journal of Applied Psychology*, *94*(3), 782-789.

Highhouse, S., Thornbury, E. E. & Little, I. S. (2007). Social-identity functions of attraction to organizations. *Organizational Behavior and Human Decision Processes*, *103*(1), 134-146.

Hinrichs, J. R. (1964). Communications Activity of Industrial Research Personnel. *Personnel Psychology*, *17*(2), 193-206.

Hoeffler, S., Bloom, P. N. & Keller, K. L. (2010). Understanding Stakeholder Responses to Corporate Citizenship Initiatives: Managerial Guidelines and Research Directions. *Journal of Public Policy & Marketing, 29*(1), 78-88.

Hoeffler, S. & Keller, K. L. (2003). The Marketing Advantages of Strong Brands. *Journal of Brand Management, 10*(6), 421-445.

Hofstede, G. H. (1980). *Culture's Consequences: Internatioanl differences in work-related values. Cross-cultural research and methodology series.* Newbury Park: SAGE.

Hofstede, G. H. (1991). *Cultures and Organizations: Software of the Mind.* London: McGraw-Hill.

Hofstede, G. H. (2011). *Culture's Consequences: Comparing Values, Behaviors, Institutions and Organizations Across Nations* (2nd ed.). Thousand Oaks: SAGE.

Hofstede, G. H., Neuijen, B., Ohayv, D. D. & Sanders, G. (1990). Measuring Organizational Cultures: A Qualitative and Quantitative Study Across Twenty Cases. *Administrative Science Quarterly, 35*(2), 286-316.

Hogg, M. A. & Abrams, D. (2001). *Social identifications: A social psychology of intergroup relations and group processes.* London: Routledge.

Hogg, M. A. & Terry, D. J. (2000). Social identity and self-categorization processes in organizational contexts. *Academy of Management Review, 25*(1), 121-140.

Hogg, M. A. & Vaughan, G. (2013). *Social Psychology* (7th ed.). Harlow: Pearson.

Homans, G. (1958). Social Behavior as Exchange. *American Journal of Sociology, 63*(6), 597-606.

Homburg, C. (2017). *Grundlagen des Marketingmanagements: Einführung in Strategie, Instrumente, Umsetzung und Unternehmensführung* (5., überarb. und erw. Aufl.). Wiesbaden: Springer Gabler.

Huang, X., Wright, R. P., Chiu, W. C. K. & Wang, C. (2008). Relational schemas as sources of evaluation and misevaluation of leader-member exchanges: Some initial evidence. *The Leadership Quarterly, 19*(3), 266-282.

Huang, Y.-T. & Tsai, Y.-T. (2013). Antecedents and consequences of brand-oriented companies. *European Journal of Marketing, 47*(11/12), 2020-2041.

Hulberg, J. (2006). Integrating corporate branding and sociological paradigms: A literature study. *Journal of Brand Management, 14*(1/2), 60-73.

Hulin, C. L. & Judge, T. A. (2003). Job Attitudes. In I. B. Weiner (Ed.), *Handbook of Psychology* (pp. 255-276). Hoboken, NJ: Wiley.

Hussy, W. & Jain, A. (2002). *Experimentelle Hypothesenprüfung in der Psychologie*. Göttingen: Hogrefe.

Iles, P. & Jiang, T. T. (2011). Employer-brand equity, organizational attractiveness and talent management in the Zhejiang private sector, China. *Journal of Technology Management in China*, *6*(1), 97-110.

Ilies, R., Fulmer, I. S., Spitzmuller, M. & Johnson, M. D. (2009). Personality and citizenship behavior: The mediating role of job satisfaction. *Journal of Applied Psychology*, *94*(4), 945-959.

Ilies, R., Scott, B. A. & Judge, T. A. (2006). The interactive effects of personal traits and experienced states on intraindividual patterns of citizenship behaviour. *Academy of Management Journal, 49*(3), 561-575.

Immerschmitt, W. & Stumpf, M. (2014). *Employer Branding für KMU: Der Mittelstand als attraktiver Arbeitgeber*. Wiesbaden: Springer Gabler.

Ind, N. (1997). *The Corporate Brand*. London: Palgrave Macmillan.

Jackson, J. W. (2002). The Relationship between Group Identity and Intergroup Prejudice is Moderated by Sociostructural Variation. *Journal of Applied Social Psychology*, *32*(5), 908-933.

James, L. R., Choi, C. C., Ko, C.-H. E., McNeil, P. K., Minton, M. K., Wright, M. A. & Kim, K.-I. (2008). Organizational and psychological climate: A review of theory and research. *European Journal of Work and Organizational Psychology*, *17*(1), 5-32.

Jex, S. M. & Spector, P. E. (1996). The impact of negative affectivity on stressor-strain relations: A replication and extension. *Work & Stress*, *10*(1), 36-45.

Jo, S. J. & Joo, B.-K. (2011). Knowledge Sharing: The Influences of Learning Organization Culture, Organizational Commitment, and Organizational Citizenship Behaviors. *Journal of Leadership & Organizational Studies, 18*(3), 353-364.

Johar, G. V., Sengupta, J. & Aaker, J. L. (2005). Two Roads to Updating Brand Personality Impressions: Trait Versus Evaluative Inferencing. *Journal of Marketing Research*, *42*(4), 458-469.

John, L. K., Emrich, O., Gupta, S. & Norton, M. I. (2017). Does “Liking” Lead to Loving? The Impact of Joining a Brand’s Social Network on Marketing Outcomes. *Journal of Marketing Research*, *54*(1), 144-155.

Johnson, S. A. & Ashforth, B. E. (2008). Externalization of employment in a service environment: the role of organizational and customer identification. *Journal of Organizational Behavior, 29*, 287-309.

Jones, C. & Bonevac, D. (2013). An evolved definition of the term "brand": Why branding has a branding problem. *Journal of Brand Strategy, 2*(2), 112-120.

Jones, D. A., Willness, C. R. & Madey, S. (2014). Why Are Job Seekers Attracted by Corporate Social Performance? Experimental and Field Tests of Three Signal-Based Mechanisms. *Academy of Management Journal, 57*(2), 383-404.

Jost, P. J. (2008). *Organisation und Motivation: Eine ökonomisch-psychologische Einführung* (2., aktual. und überarb. Aufl.). Wiesbaden: Gabler.

Judge, T. A. & Cable, D. M. (1997). Applicant Personality, Organizational Culture, and Organization Attraction. *Personnel Psychology, 50*(2), 359-394.

Judge, T. A. & Kammeyer-Mueller, J. D. (2012). Job attitudes. *Annual Review of Psychology, 63*, 341-367.

Judge, T. A., Thoresen, C. J., Bono, J. E. & Patton, G. K. (2001). The job satisfaction-job performance relationship: A qualitative and quantitative review. *Psychological Bulletin, 127*(3), 376-407.

Jung, T., Scott, T., Davies, H. T. O., Bower, P., Whalley, D., McNally, R. & Mannion, R. (2009). Instruments for Exploring Organizational Culture: A Review of the Literature. *Public Administration Review, 69*(6), 1087-1096.

Kaiser, S., Kozica, A., Swart, J. & Werr, A. (2015). Human Resource Management in Professional Service Firms: Learning from a Framework for Research and Practice. *German Journal of Human Resource Management: Zeitschrift für Personalforschung, 29*(2), 77-101.

Kaiser, S. & Ringlstetter, M. (2011). *Strategic Management of Professional Service Firms: Theory and Practice*. Berlin, Heidelberg: Springer.

Kanfer, R. (1992). Work motivation: New directions in theory and research. In C. L. Cooper & I. T. Robertson (Eds.), *International Review of Industrial and Organizational Psychology* (vol. 7, pp. 1-53). London: John Wiley & Sons.

Kanfer, R. & Chen, G. (2016). Motivation in organizational behavior: History, advances and prospects. *Organizational Behavior and Human Decision Processes, 136*(3), 6-19.

Kanfer, R., Wanberg, C. R. & Kantrowitz, T. M. (2001). Job search and employment: A personality-motivational analysis and meta-analytic review. *Journal of Applied Psychology, 86*(5), 837-855.

Kanning, U. P. (2017). *Personalmarketing, Employer Branding und Mitarbeiterbindung.* Berlin, Heidelberg: Springer.

Kapferer, J.-N. (2001). *[Re]inventing the brand: Can top brands survive the new market realities?* London: Kogan Page.

Kapferer, J.-N. (2008). *The new strategic brand management: Creating and sustaining brand equity long term* (4th ed.). London: Kogan Page.

Kaplan, R. S. W. (2017). Internal Marketing and Internal Branding in the 21st Century Organization. *IUP Journal of Brand Management, 14*(2), 7-22.

Katz, D. (1964). The motivational basis of organizational behavior. *Behavioral Science*, *9*(2), 131-146.

Kaufmann, H. R., Loureiro, S. M. C. & Manarioti, A. (2016). Exploring behavioural branding, brand love and brand co-creation. *Journal of Product & Brand Management*, *25*(6), 516-526.

Kay, M. J. (2006). Strong brands and corporate brands. *European Journal of Marketing*, *40*(7/8), 742-760.

Keller, K. L. (1993). Conceptualizing, Measuring, and Managing Customer-Based Brand Equity. *Journal of Marketing*, *57*(1), 1-22.

Keller, K. L. (1998). *Strategic Brand Management.* Upper Saddle River, NJ: Prentice-Hall.

Keller, K. L. (2000). Building and Managing Corporate Brand Equity. In M. Schultz, M. J. Hatch & M. H. Larsen (Eds.), *The Expressive Organization: Linking Identity, Reputation, and the Corporate Brand* (pp. 115-137). Oxford: Oxford University Press.

Keller, K. L. (2001). Kundenorientierte Messung des Markenwerts. In F.-R. Esch (Hrsg.), *Moderne Markenführung: Grundlagen – Innovative Ansätze – Praktische Umsetzungen* (S. 1059-1079). Wiesbaden: Gabler.

Keller, K. L. (2002). Branding and Brand Equity. In B. Weitz & R. Wensley (Eds.), *Handbook of Marketing* (pp. 151-178). London: SAGE.

Keller, K. L. (2003). *Strategic brand management: Best practice cases in branding: lessons from the world's strongest brands* (2nd ed.). Upper Saddle River, NJ: Pearson Education.

Keller, K. L. (2008). *Strategic brand management: Building, measuring, and managing brand equity* (3rd ed.). Upper Saddle River, NJ: Prentice-Hall.

Keller, K. L. (2013). *Strategic Brand Management: Building, measuring, and managing brand equity* (4th ed.). Upper Saddle River, NJ: Prentice-Hall.

Keller, K. L. & Lehmann, D. R. (2006). Brands and Branding: Research Findings and Future Priorities. *Marketing Science*, *25*(6), 740-759.

Keon, T. L., Latack, J. C. & Wanous, J. P. (1982). Image Congruence and the Treatment of Difference Scores in Organizational Choice Research. *Human Relations*, *35*(2), 155-166.

Kernstock, J. (2009). Behavioral Branding als Führungsansatz. In T. Tomczak, F.-R. Esch, J. Kernstock & A. Herrmann (Hrsg.), *Behavioral Branding: Wie Mitarbeiterverhalten die Marke stärkt* (S. 3-33). Wiesbaden: Gabler.

Kim, T.-Y., Liu, Z. & Diefendorff, J. M. (2015). Leader-member exchange and job performance: The effects of taking charge and organizational tenure. *Journal of Organizational Behavior*, *36*(2), 216-231.

Kimpakorn, N. & Tocquer, G. (2009). Employees' commitment to brands in the service sector: Luxury hotel chains in Thailand. *Journal of Brand Management*, *16*(8), 532-544.

King, S. (1991). Brand building in the 1990s. *Journal of Consumer Marketing*, *8*(4), 43-52.

King, C. & Grace, D. (2008). Internal branding: Exploring the employee's perspective. *Journal of Brand Management*, *15*(5), 358-372.

King, C. & Grace, D. (2010). Building and measuring employee-based brand equity. *European Journal of Marketing*, *44*(7/8), 938-971.

Kiriakidou, O. & Millward, L. J. (2000). Corporate identity: external reality or internal fit? *Corporate Communications: An International Journal*, *5*(1), 49-58.

Kitchin, T. (2005). Brand Sustainability: It's about Life and Death. In N. Ind (Ed.), *Beyond Branding: How the New Values of Transparency and Integrity are Changing the World of Brands* (pp. 69-86). London: Kogan Page.

Knapp, J. R., Smith, B. R. & Sprinkle, T. A. (2017). Is It the Job or the Support? Examining Structural and Relational Predictors of Job Satisfaction and Turnover Intention for Nonprofit Employees. *Nonprofit and Voluntary Sector Quarterly*, *46*(3), 652-671.

Knight, C. & Haslam, S. A. (2010). Your Place or Mine? Organizational Identification and Comfort as Mediators of Relationships Between the Managerial Control of Workspace and Employees' Satisfaction and Well-being. *British Journal of Management*, *21*(3), 717-735.

Knox, S. & Bickerton, D. (2003). The six conventions of corporate branding. *European Journal of Marketing*, *37*(7/8), 998-1016.

Knox, S. & Freeman, C. (2006). Measuring and Managing Employer Brand Image in the Service Industry. *Journal of Marketing Management*, *22*(7/8), 695-716.

Kobi, J.-M. & Wüthrich, H. A. (1986). *Unternehmenskultur verstehen, erfassen und gestalten.* Landsberg/Lech: Moderne Industrie.

Konovsky, M. A. & Pugh, S. D. (1994). Citizenship Behavior and Social Exchange. *Academy of Management Journal, 37*(3), 656-669.

Kooij, D. T. A., Jansen, P. G. W., Dikkers, J. S. E. & De Lange, A. H. (2010). The influence of age on the associations between HR practices and both affective commitment and job satisfaction: A meta-analysis. *Journal of Organizational Behavior, 31*(8), 1111-1136.

Koopman, J., Lanaj, K. & Scott, B. A. (2016). Integrating the Bright and Dark Sides of OCB: A Daily Investigation of the Benefits and Costs of Helping Others. *Academy of Management Journal, 59*(2), 414-435.

Kornberger, M. (2010). *Brand society: How brands transform management and lifestyle.* New York: Cambridge University Press.

Kornmeier, M. (2007). *Wissenschaftstheorie und wissenschaftliches Arbeiten: Eine Einführung für Wirtschaftswissenschaftler.* Heidelberg: Springer.

Kotler, P. (1991). *Marketing Management: Analysis, Planning, and Control* (7th ed.). Englewood Cliffs, NJ: Prentice-Hall.

Kotler, P. (1994). *Marketing Management: Analysis, Planning, Implementation, and Control* (8th ed.). Englewood Cliffs, NJ: Prentice-Hall.

Kotler, P. (2003). *Marketing Management: Analysis, Planning, Implementation, and Control* (11th ed.). Englewood Cliffs, NJ: Prentice-Hall.

Kotter, J. P. & Heskett, J. L. (1992). *Corporate Culture and Performance.* New York: Free Press.

Kowalczyk, S. J. & Pawlish, M. J. (2002). Corporate Branding through External Perception of Organizational Culture. *Corporate Reputation Review, 5*(2/3), 159-174.

Koys, D. J. (2001). The effects of employee satisfaction, organizational citizenship behavior, and turnover on organizational effectiveness: A unit-level, longitudinal study. *Personnel Psychology, 54*(1), 101-114.

Kraus, R. & Woschée, R. (2009). Commitment und Identifikation mit Projekten. In M. Wastian, I. Braumandl & L. Von Rosenstiel (Hrsg.), *Angewandte Psychologie für Projektmanager. Ein Praxisbuch für das erfolgreiche Projektmanagement* (S. 187-206). Berlin, Heidelberg: Springer.

Kreiner, G. E. & Ashforth, B. E. (2004). Evidence toward an expanded model of organizational identification. *Journal of Organizational Behavior*, *25*(1), 1-27.

Kressmann, F., Sirgy, M. J., Herrmann, A., Huber, F., Huber, S. & Lee, D.-J. (2006). Direct and indirect effects of self-image congruence on brand loyalty. *Journal of Business Research, 59*(9), 955-964.

Kreutzer, R. T. (2008). *Praxisorientiertes Marketing: Grundlagen, Instrumente, Fallbeispiele* (2., aktualis. und erw. Aufl.). Wiesbaden: Gabler.

Kreutzer, R. T. (2014). *Internal Branding – Ein zentraler Baustein des Corporate Reputation Managements.* Wiesbaden: Springer.

Kreutzer, R. T. & Land, K.-H. (2017). *Digitale Markenführung: Digital Branding im Zeitalter des digitalen Darwinismus.* Wiesbaden: Springer.

Kreutzer, R. T. & Merkle, W. (2015). *Ausgewählte Aspekte des Digital Branding*. Wiesbaden: Springer.

Kreutzer, R. T. & Salomon, S. (2009). Internal Branding: Mitarbeiter zu Markenbotschaftern machen – Dargestellt am Beispiel von DHL. Abgerufen am 27.05.2017 von http://www.mba-berlin.de/fileadmin/user_upload/ MAIN-dateien/1_IMB/Working_Papers/2009/WP_45_Kreutzer_online.pdf

Kristof-Brown, A. L., Zimmerman, R. D. & Johnson, E. C. (2005). Consequences of individuals' fit at work: A meta-analysis of person-job, person-organization, person-group, and person-supervisor fit. *Personnel Psychology, 58,* 281-342.

Kroeber-Riel, W. & Weinberg, P. (2003). *Konsumentenverhalten* (8., aktualis. und erg. Aufl.). München: Vahlen.

Kucherov, D. & Zavyalova, E. (2012). HRD practices and talent management in the companies with the employer brand. *European Journal of Training and Development*, *36*(1), 86-104.

Kuenzel, S. & Vaux Halliday, S. V. (2010). The chain of effects from reputation and brand personality congruence to brand loyalty: The role of brand identification. *Journal of Targeting, Measurement and Analysis for Marketing*, *18*(3), 167-176.

Kuhn, T. S. (1976). *Die Struktur wissenschaftlicher Revolutionen.* Frankfurt am Main: Suhrkamp.

Kumar, N., Scheer, L. K. & Steenkamp, J.-B. E. M. (1995). The Effects of Perceived Interdependence on Dealer Attitudes. *Journal of Marketing Research*, *32*(3), 348-356.

Kupetz, A. & Meier-Kortwig, H. (2017). *Deutscher Markenmonitor 2017/2018.* Abgerufen am 26.08.2017 von http://www.deutscher-markenmonitor.de/

Lane, P. (2016). Human Resources Marketing and Recruiting: Essentials of Employer Branding. In M. Zeuch (Ed.), *Handbook of Human Resources Management* (pp. 23-52). Berlin: Springer.

Latzel, J., Dürig, U.-M., Peters, K. & Weers, J.-P. (2015). Marke und Branding. In G. Hesse & R. Mattmüller (Hrsg.), *Perspektivwechsel im Employer Branding: Neue Ansätze für die Generationen Y und Z* (S. 17-51). Wiesbaden: Gabler.

Lavelle, J. J., Rupp, D. E. & Brockner, J. (2007). Taking a Multifoci Approach to the Study of Justice, Social Exchange, and Citizenship Behavior: The Target Similarity Model. *Journal of Management*, *33*(6), 841-866.

Lee, E.-S., Park, T.-Y. & Koo, B. (2015). Identifying Organizational Identification as a Basis for Attitudes and Behaviors: A Meta-Analytic Review. *Psychological Bulletin*, *141*(5), 1049-1080.

Lee, K. & Allen, N. J. (2002). Organizational citizenship behavior and workplace deviance: The role of affect and cognitions. *Journal of Applied Psychology*, *87*(1), 131-142.

Lee, S. M. (1971). An Empirical Analysis of Organizational Identification. *Academy of Management Journal*, *14*(2), 213-226.

Leekha Chhabra, N. & Sharma, S. (2014). Employer Branding: Strategy for improving employer attractiveness. *International Journal of Organizational Analysis*, *22*(1), 48-60.

LePine, J. A., Erez, A. & Johnson, D. E. (2002). The nature and dimensionality of organizational citizenship behavior: A critical review and meta-analysis. *Journal of Applied Psychology*, *87*(1), 52-65.

LePla, F. J. & Parker, L. M. (2002). *Integrated branding: Becoming brand-driven through company-wide action.* London, Milford, Connecticut: Kogan Page.

Li, N., Chiaburu, D. S. & Kirkman, B. L. (2017). Cross-Level Influences of Empowering Leadership on Citizenship Behavior. *Journal of Management*, *43*(4), 1076-1102.

Li, N., Liang, J. & Crant, J. M. (2010). The role of proactive personality in job satisfaction and organizational citizenship behavior: A relational perspective. *Journal of Applied Psychology*, *95*(2), 395-404.

Li, N., Zhao, H. H., Walter, S. L., Zhang, X.-A. & Yu, J. (2015). Achieving more with less: Extra milers' behavioral influences in teams. *Journal of Applied Psychology*, *100*(4), 1025-1039.

Li, Y., Fan, J. & Zhao, S. (2015). Organizational Identification as a Double-Edged Sword: Dual Effects on Job Satisfaction and Life Satisfaction. *Journal of Personnel Psychology, 14*(4), 182-191.

Liebig, C. (2006). *Mitarbeiterbefragungen als Interventionsinstrument: Untersuchungen ihrer Effektivität anhand des Kriteriums Arbeitszufriedenheit.* Wiesbaden: Deutscher Universitäts-Verlag.

Lienert, G. A. & Raatz, U. (1998). *Testaufbau und Testanalyse* (6. Aufl.). München: Beltz Psychologie Verlags Union.

Lievens, F., De Corte, W. & Brysse, K. (2003). Applicant Perceptions of Selection Procedures: The Role of Selection Information, Belief in Tests, and Comparative Anxiety. *International Journal of Selection and Assessment, 11*(1), 67-77.

Lievens, F. & Slaughter, J. E. (2016). Employer Image and Employer Branding: What We Know and What We Need to Know. *Annual Review of Organizational Psychology and Organizational Behavior, 3*(1), 407-440.

Lievens, F., Van Hoye, G. & Anseel, F. (2007). Organizational Identity and Employer Image: Towards a Unifying Framework. *British Journal of Management, 18*(1), 45-59.

Linstead, S. (2004). *Organization Theory and Postmodern Thought.* London: SAGE.

Liu, D., Chen, X.-P. & Holley, E. (2017). Help yourself by helping others: The joint impact of group member organizational citizenship behaviors and group cohesiveness on group member objective task performance change. *Personnel Psychology, 70*(4), 809-842.

Locke, E. A. (1969). What is job satisfaction? *Organizational Behavior and Human Performance, 4*(4), 309-336.

Locke, E. A. (1976). The Nature and Causes of Job Satisfaction. In M. D. Dunnette (Ed.), *Handbook of Industrial and Organizational Psychology* (pp. 1297-1349). Chicago, IL: Rand McNally.

Locke, E. A. & Latham, G. P. (1990). *A Theory of Goal Setting and Task Performance.* Englewood Cliffs, NJ: Prentice-Hall.

Löhndorf, B. & Diamantopoulos, A. (2014). Internal Branding: Social Identity and Social Exchange Perspectives on Turning Employees into Brand Champions. *Journal of Service Research, 17*(3), 310-325.

Lok, P. & Crawford, J. (1999). The relationship between commitment and organizational culture, subculture, leadership style and job satisfaction in organizational change and development. *Leadership & Organization Development Journal, 20*(7), 365-374.

Love, L. F. & Singh, P. (2011). Workplace Branding: Leveraging Human Resources Management Practices for Competitive Advantage Through "Best Employer" Surveys. *Journal of Business and Psychology*, *26*(2), 175-181.

Low, C. H., Bordia, P. & Bordia, S. (2016). What do employees want and why?: An exploration of employees' preferred psychological contract elements across career stages. *Human Relations*, *69*(7), 1457-1481.

Lück, H. E. & Timaeus, E. (1969). Skalen zur Messung Manifester Angst (MAS) und sozialer Wünschbarkeit (SDS-E und SDS-CM). *Diagnostica*, *15*, 134-141.

MacIntosh, E. & Doherty, A. (2007). Extending the Scope of Organisational Culture: The External Perception of an Internal Phenomenon. *Sport Management Review*, *10*(1), 45-64.

MacKinnon, D. P. (2017). *Introduction to Statistical Mediation Analysis*. New York, London: Routledge.

MacKinnon, D. P., Coxe, S. & Baraldi, A. N. (2012). Guidelines for the Investigation of Mediating Variables in Business Research. *Journal of Business and Psychology*, *27*(1), 1-14.

MacLaverty, N., McQuillan, P. & Oddie, H. (2007). *Internal Branding Best Practices Study*. Abgerufen am 27.05.2017 von http://www.odditie.com/pdf/InternalBranding.pdf

Mael, F. A. & Ashforth, B. E. (1992). Alumni and their alma mater: A partial test of the reformulated model of organizational identification. *Journal of Organizational Behavior*, *13*(2), 103-123.

Mael, F. A. & Ashforth, B. E. (1995). Loyal from day one: Biodata, organizational identification, and turnover among newcomers. *Personnel Psychology, 48*(2), 309-333.

Mahnert, K. F. & Torres, A. M. (2007). The Brand Inside: The Factors of Failure and Success in Internal Branding – Special Issue on Irish Perspectives on Marketing Relationships and Networks. *Irish Marketing Review*, *19*(1/2), 54-63.

Makarius, E. E., Stevens, C. E. & Tenhiälä, A. (2017). Tether or Stepping Stone? The Relationship between Perceived External Reputation and Collective Voluntary Turnover Rates. *Organization Studies*, *38*(12), 1665-1686.

Mann, B. J. S. & Ghuman, M. K. (2013). Scale development and validation for measuring corporate brand associations. *Journal of Brand Management*, *21*(1), 43-62.

Martin, G., Beaumont, P., Doig, R. & Pate, J. (2005). Branding: A new performance discourse for HR? *European Management Journal*, *23*(1), 76-88.

Martin, G., Gollan, P. J. & Grigg, K. (2011). Is there a bigger and better future for employer branding? Facing up to innovation, corporate reputations and wicked problems in SHRM. *The International Journal of Human Resource Management, 22*(17), 3618-3637.

Martin, J. (1992). *Cultures in Organizations: Three Perspectives*. New York, Oxford: Oxford University Press.

Martin, J. (2002). *Organizational Culture: Mapping the Terrain. Foundations for organizational science*. Thousand Oaks, CA: SAGE.

Maslow, A. H. (1954). *Motivation and Personality*. New York: Harper & Row.

Mattmüller, R. (2012). *Integrativ-Prozessuales Marketing*. Wiesbaden: Springer.

Maxwell, R. & Knox, S. (2009). Motivating employees to "live the brand": A comparative case study of employer brand attractiveness within the firm. *Journal of Marketing Management, 25*(9/10), 893-907.

Mayring, P. (2002). *Einführung in die qualitative Sozialforschung: Eine Anleitung zu qualitativem Denken* (5., überarb. und neu ausgest. Aufl.). Weinheim: Beltz.

Mayring, P. (2015). *Qualitative Inhaltsanalyse: Grundlagen und Techniken* (12., aktualis. und überarb. Aufl.). Weinheim: Beltz.

McKimmie, B. M. (2015). Cognitive Dissonance in Groups. *Social and Personality Psychology Compass, 9*(4), 202-212.

Meffert, H. & Burmann, C. (1996). *Towards an Identity-Orientated Approach of Branding.* Cambridge: Judge Institute of Management Studies, University of Cambridge.

Meffert, H. & Burmann, C. (2002). Wandel in der Markenführung – Vom instrumentellen zum identitätsorientierten Markenverständnis. In H. Meffert, C. Burmann & M. Koers (Hrsg.), *Markenmanagement: Grundfragen der identitätsorientierten Markenführung* (S. 17-33). Wiesbaden: Gabler.

Meffert, H., Burmann, C. & Kirchgeorg, M. (2015). *Marketing: Grundlagen marktorientierter Unternehmensführung; Konzepte, Instrumente, Praxisbeispiele* (12., überarb. und aktualis. Aufl.). Wiesbaden: Springer.

Meffert, H., Burmann, C. & Koers, M. (2013). *Markenmanagement: Identitätsorientierte Markenführung und praktische Umsetzung* (2., vollst. überarb. und erw. Aufl.). Wiesbaden: Gabler.

Meleady, R. & Crisp, R. J. (2017). Take it to the top: Imagined interactions with leaders elevates organizational identification. *The Leadership Quarterly*, *28*(5), 621-638.

Meneghel, I., Borgogni, L., Miraglia, M., Salanova, M. & Martínez, I. M. (2016). From social context and resilience to performance through job satisfaction: A multilevel study over time. *Human Relations*, *69*(11), 2047-2067.

Methot, J. R., Lepak, D., Shipp, A. J. & Boswell, W. R. (2017). Good Citizen Interrupted: Calibrating a Temporal Theory of Citizenship Behavior. *Academy of Management Review*, *42*(1), 10-31.

Michel, J. W. (2017). Antecedents of Organizational Citizenship Behaviors: Examining the Incremental Validity of Self-Interest and Prosocial Motives. *Journal of Leadership & Organizational Studies*, *24*(3), 385-400.

Miles, S. J. & Mangold, G. (2004). A Conceptualization of the Employee Branding Process. *Journal of Relationship Marketing*, *3*(2/3), 65-87.

Miller, R. L. & Brewer, J. D. (2003). *The A-Z of Social Research.* London: SAGE.

Millward, L. J. & Haslam, S. A. (2013). Who are we made to think we are? Contextual variation in organizational, workgroup and career foci of identification. *Journal of Occupational and Organizational Psychology*, *86*(1), 50-66.

Minchington, B. (2010). *Employer Brand Leadership: A Global Perspective*. Mile End: Collective Learning Australia.

Miscenko, D. & Day, D. V. (2016). Identity and Identification at Work. *Organizational Psychology Review, 6*(3), 215-247.

Mitchell, G. (2002). Selling the Brand Inside. *Harvard Business Review, 80*(1), 99-104.

Mo, S. & Shi, J. (2017). Linking Ethical Leadership to Employees' Organizational Citizenship Behavior: Testing the Multilevel Mediation Role of Organizational Concern. *Journal of Business Ethics, 141*(1), 151-162.

Molina-Azorin, J. F. (2011). The Use and Added Value of Mixed Methods in Management Research. *Journal of Mixed Methods Research*, *5*(1), 7-24.

Moorman, C., Deshpandé, R. & Zaltman, G. (1993). Factors Affecting Trust in Market Research Relationships. *Journal of Marketing*, *57*(1), 81-101.

Moosbrugger, H. & Kelava, A. (2012). *Testtheorie und Fragebogenkonstruktion* (2., aktualis. und überarb. Aufl.). Berlin, Heidelberg: Springer.

Morgan, R. M. & Hunt, S. D. (1994). The Commitment-Trust Theory of Relationship Marketing. *Journal of Marketing, 58*(3), 20-38.

Morhart, F. M., Herzog, W. & Tomczak, T. (2009). Brand-Specific Leadership: Turning Employees into Brand Champions. *Journal of Marketing, 73*(5), 122-142.

Morhart, F., Malär, L., Guèvremont, A., Girardin, F. & Grohmann, B. (2015). Brand authenticity: An integrative framework and measurement scale. *Journal of Consumer Psychology, 25*(2), 200-218.

Moroko, L. & Uncles, M. D. (2008). Characteristics of successful employer brands. *Journal of Brand Management, 16*(3), 160-175.

Moser, K. (2002). *Markt- und Werbepsychologie.* Göttingen: Hogrefe.

Mosley, R. (2007). Customer experience, organisational culture and the employer brand. *Journal of Brand Management, 15*(2), 123-134.

Mosmans, A. (1996). Brand strategy: Creating concepts that drive the business. *Journal of Brand Management, 3*(3), 156-165.

Mowday, R. T., Steers, R. M. & Porter, L. W. (1979). The measurement of organizational commitment. *Journal of Vocational Behavior, 14*(2), 224-247.

Müller, M. (2017). "Brand-Centred Control": A Study of Internal Branding and Normative Control. *Organization Studies, 38*(7), 895-915.

Mummendey, H. D. (2006). *Psychologie des „Selbst": Theorien, Methoden und Ergebnisse der Selbskonzeptforschung*. Göttingen: Hogrefe.

M'zungu, S. D. M., Merrilees, B. & Miller, D. (2010). Brand management to protect brand equity: A conceptual model. *Journal of Brand Management, 17*(8), 605-617.

M'zungu, S. D. M., Merrilees, B. & Miller, D. (2017). Strategic hybrid orientation between market orientation and brand orientation: Guiding principles. *Journal of Strategic Marketing, 25*(4), 275-288.

Neumeier, M. (2005). *The Brand Gap: How to Bridge the Distance Between Business Strategy and Design*. Indianapolis, IN: New Riders.

Newman, A., Schwarz, G., Cooper, B. & Sendjaya, S. (2017). How Servant Leadership Influences Organizational Citizenship Behavior: The Roles of LMX, Empowerment, and Proactive Personality. *Journal of Business Ethics, 145*(1), 49-62.

Newman, D. A., Joseph, D. L. & Hulin, C. L. (2010). Job attitudes and employee engagement: Considering the attitude "A-factor". In S. L. Albrecht (Ed.), *Handbook of Employee Engagement: Perspectives, Issues, Research and Practice. New horizons in management* (pp. 43-61). Cheltenham, Glos, Northampton, Mass.: Edward Elgar Publishing.

Ng, T. W. H. & Feldman, D. C. (2008). The Relationship of Age to Ten Dimensions of Job Performance. *Journal of Applied Psychology*, *93*(2), 392-423.

Ng, T. W. H. & Feldman, D. C. (2010). The Relationships of Age with Job Attitudes: A Meta-Analysis. *Personnel Psychology*, *63*(3), 677-718.

Ngo, H.-Y., Loi, R., Foley, S., Zheng, X. & Zhang, L. (2013). Perceptions of organizational context and job attitudes: The mediating effect of organizational identification. *Asia Pacific Journal of Management*, *30*(1), 149-168.

Nguyen, N. & Leblanc, G. (2002). Contact personnel, physical environment and the perceived corporate image of intangible services by new clients. *International Journal of Service Industry Management*, *13*(3), 242-262.

Niessen, C., Weseler, D. & Kostova, P. (2016). When and why do individuals craft their jobs? The role of individual motivation and work characteristics for job crafting. *Human Relations*, *69*(6), 1287-1313.

Noble, C. H., Sinha, R. K. & Kumar, A. (2002). Market Orientation and Alternative Strategic Orientations: A Longitudinal Assessment of Performance Implications. *Journal of Marketing*, *66*(4), 25-39.

O'Cass, A. & Ngo, L. V. (2007). Market orientation versus innovative culture: Two routes to superior brand performance. *European Journal of Marketing, 41*(7/8), 868-887.

Ogbonna, E. & Harris, L. C. (2002). Managing organisational culture: Insights from the hospitality industry. *Human Resource Management Journal*, *12*(1), 33-53.

Olins, W. (2002). Branding the Nation – The Historical Context. *Journal of Brand Management*, *9*(4), 241-248.

Oliver, R. L. (1997). *Satisfaction: A behavioral perspective on the consumer*. New York, London: McGraw Hill.

Ong, M., Mayer, D. M., Tost, L. P. & Wellman, N. (2018). When corporate social responsibility motivates employee citizenship behavior: The sensitizing role of task significance. *Organizational Behavior and Human Decision Processes*, *144*(1), 44-59.

O'Reilly, C. A. & Chatman, J. (1986). Organizational commitment and psychological attachment: The effects of compliance, identification, and internalization on prosocial behavior. *Journal of Applied Psychology*, *71*(3), 492-499.

O'Reilly, C. A. & Chatman, J. A. (1996). Culture as social control: Corporations, cults, and commitment. In B. M. Staw & L. Cummings (Eds.), *Research in Organizational Behavior* (pp. 157-200). Greenwich, Conn.; London: JAI Press.

Organ, D. W. (1988). *Organizational Citizenship Behavior: The Good Soldier Syndrome*. Lexington, MA: Lexington Books.

Organ, D. W. (1990). The Motivational Basis of Organizational Citizenship Behavior. *Research in Organizational Behavior, 12*(1), 43-72.

Organ, D. W. (1997). Organizational Citizenship Behavior: It's Construct Clean-Up Time. *Human Performance*, *10*(2), 85-97.

Organ, D. W., Podsakoff, P. M. & MacKenzie, S. B. (2006). *Organizational Citizenship Behavior: Its Nature, Antecedents, and Consequences*. Thousand Oaks, CA: SAGE.

Organ, D. W. & Ryan, K. (1995). A Meta-Analytic Review of Attitudinal and Dispositional Predictors of Organizational Citizenship Behavior. *Personnel Psychology*, *48*(4), 775-802.

Oshagbemi, T. (2003). Personal correlates of job satisfaction: Empirical evidence from UK universities. *International Journal of Social Economics*, *30*(12), 1210-1232.

Ostroff, C. (1992). The Relationship between Satisfaction, Attitudes, and Performance: An Organizational Level Analysis. *Journal of Applied Psychology, 77*(6), 963-974.

Ostroff, C., Kinicki, A. J. & Tamkins, M. M. (2003). Organizational Culture and Climate. In I. B. Weiner (Ed.), *Handbook of Psychology* (pp. 565-593). Hoboken, NJ: John Wiley & Sons.

Ouchi, W. G. (1981). *Theory Z: How American business can meet the Japanese challenge*. New York: Avon.

Painter-Morland, M. (2006). Triple bottom-line reporting as social grammar: Integrating corporate social responsibility and corporate codes of conduct. *Business Ethics: A European Review*, *15*(4), 352-364.

Parker, S. K. & Bindl, U. K. (2017). *Proactivity at Work: Making Things Happen in Organizations*. New York: Routledge.

Parker, S. K., Wall, T. D. & Cordery, J. L. (2001). Future work design research and practice: Towards an elaborated model of work design. *Journal of Occupational and Organizational Psychology*, *74*(4), 413-440.

Parker, S. K., Williams, H. M. & Turner, N. (2006). Modeling the antecedents of proactive behavior at work. *Journal of Applied Psychology, 91*, 636-652.

Paullay, I. M., Alliger, G. M. & Stone-Romero, E. (1994). Construct validation of two instruments designed to measure job involvement and work centrality. *Journal of Applied Psychology,* 79, 224-228.

Pawlow, I. P. (1927). *Conditioned reflexes: An investigation of the physiological activity of the cerebral cortex*. London: Oxford University Press.

Peng, J.-C. & Chiu, S.-F. (2010). An integrative model linking feedback environment and organizational citizenship behavior. *The Journal of Social Psychology, 150*(6), 582-607.

Peters, T. J. & Waterman, R. H. (1982). *In search of excellence: Lessons from America's best-run companies*. New York: Harper & Row.

Petersen, T. (2014). *Der Fragebogen in der Sozialforschung.* Konstanz: UTB.

Petriglieri, J. L. (2011). Under Threat: Responses to and the Consequences of Threats to Individuals' Identities. *Academy of Management Review, 36*(4), 641-662.

Philippaers, K., De Cuyper, N. & Forrier, A. (2017). Employable, committed, and thus well-performing: A matter of interdependent forward-looking social exchange. *European Journal of Work and Organizational Psychology, 26*(5), 755-767.

Piehler, R. (2011). *Interne Markenführung: Theoretisches Konzept und Fallstudienbasierte Evidenz.* Wiesbaden: Betriebswirtschaftlicher Verlag Gabler.

Piehler, R., King, C., Burmann, C. & Xiong, L. (2016). The importance of employee brand understanding, brand identification, and brand commitment in realizing brand citizenship behaviour. *European Journal of Marketing, 50*(9/10), 1575-1601.

Pierce, J. L., Kostova, T. & Dirks, K. T. (2001). Toward a theory of psychological ownership in organizations. *The Academy of Management Review, 26*(2), 298-310.

Ployhart, R. E. (2006). Staffing in the 21st Century: New Challenges and Strategic Opportunities. *Journal of Management, 32*(6), 868-897.

Podsakoff, N. P., LePine, J. A. & LePine, M. A. (2007). Differential challenge stressor-hindrance stressor relationships with job attitudes, turnover intentions, turnover, and withdrawal behavior: a meta-analysis. *Journal of Applied Psychology, 92*(2), 438-454.

Podsakoff, N. P., Podsakoff, P. M., MacKenzie, S. B., Maynes, T. D. & Spoelma, T. M. (2014). Consequences of unit-level organizational citizenship behaviors: A review and recommendations for future research. *Journal of Organizational Behavior, 35*, 87-119.

Podsakoff, N. P., Whiting, S. W., Podsakoff, P. M. & Blume, B. D. (2009). Individual- and organizational-level consequences of organizational citizenship behaviors: A meta-analysis. *Journal of Applied Psychology*, *94*(1), 122-141.

Podsakoff, P. M. & MacKenzie, S. B. (1997). The impact of organizational citizenship behavior on organizational performance: A review and suggestions for future research. *Human Performance, 10*, 133-151.

Podsakoff, P. M., MacKenzie, S. B., Lee, J.-Y. & Podsakoff, N. P. (2003). Common method biases in behavioral research: A critical review of the literature and recommended remedies. *Journal of Applied Psychology*, *88*(5), 879-903.

Podsakoff, P. M., MacKenzie, S. B., Moorman, R. H. & Fetter, R. (1990). Transformational leader behaviors and their effects on followers' trust in leader, satisfaction, and organizational citizenship behaviors. *The Leadership Quarterly*, *1*(2), 107-142.

Podsakoff, P. M., MacKenzie, S. B., Paine, J. B. & Bachrach, D. G. (2000). Organizational Citizenship Behaviors: A Critical Review of the Theoretical and Empirical Literature and Suggestions for Future Research. *Journal of Management*, *26*(3), 513-563.

Podsakoff, P. M., MacKenzie, S. B. & Podsakoff, N. P. (2016). Recommendations for Creating Better Concept Definitions in the Organizational, Behavioral, and Social Sciences. *Organizational Research Methods*, *19*(2), 159-203.

Podsakoff, P. M. & Organ, D. W. (1986). Self-Reports in Organizational Research: Problems and Prospects. *Journal of Management, 12*, 69-82.

Popper, K. R. (1934). *Logik der Forschung*. Wien: Springer Vienna.

Popper, K. R. (1984). *Objektive Erkenntnis. Ein evolutionärer Entwurf.* (4., verb., erg. Aufl.). Hamburg: Hoffmann und Campe XIV.

Popper, K. R. (1997). *The myth of the framework: In defence of science and rationality*. London, New York: Routledge.

Porst, R. (2014). *Fragebogen: Ein Arbeitsbuch* (4., erw. Aufl.). Wiesbaden: Springer.

Postmes, T., Tanis, M. & De Wit, B. (2001). Communication and Commitment in Organizations: A Social Identity Approach. *Group Processes & Intergroup Relations*, *4*(3), 227-246.

Power, J., Whelan, S. & Davies, G. (2008). The attractiveness and connectedness of ruthless brands: The role of trust. *European Journal of Marketing, 42*(5/6), 586-602.

Pratt, M. G. (1998). To be or not to be? Central questions in organizational identification. In D. A. Whetten & P. C. Godfrey (Eds.), *Identity in organizations: Building theory through conversations* (pp. 171-207). Thousand Oaks, CA: SAGE.

Pratt, M. G. (2000). The good, the bad, and the ambivalent: Managing identification among Amway distributors. *Administrative Science Quarterly, 45*(3), 456-493.

Preacher, K. J. & Hayes, A. F. (2008). Asymptotic and resampling strategies for assessing and comparing indirect effects in multiple mediator models. *Behavior Research Methods*, *40*(3), 879-891.

Preacher, K. J. & Kelley, K. (2011). Effect size measures for mediation models: quantitative strategies for communicating indirect effects. *Psychological Methods*, *16*(2), 93-115.

Price, K. & Gioia, D. A. (2008). The Self-Monitoring Organization: Minimizing Discrepancies among Differing Images of Organizational Identity. *Corporate Reputation Review*, *11*(3), 208-221.

Punjaisri, K. & Wilson, A. (2007). The role of internal branding in the delivery of employee brand promise. *Journal of Brand Management*, *15*(1), 57-70.

Punjaisri, K. & Wilson, A. (2011). Internal branding process: Key mechanisms, outcomes and moderating factors. *European Journal of Marketing*, *45*(9/10), 1521-1537.

Punjaisri, K., Wilson, A. & Evanschitzky, H. (2009). Internal branding to influence employees' brand promise delivery: A case study in Thailand. *Journal of Service Management*, *20*(5), 561-579.

Raffiee, J. & Coff, R. (2016). Micro-Foundations of Firm-Specific Human Capital: When Do Employees Perceive Their Skills to be Firm-Specific? *Academy of Management Journal*, *59*(3), 766-790.

Rammstedt, B. (2006). Fragebogen. In F. Petermann & M. Eid (Hrsg.), *Handbuch der Psychologischen Diagnostik* (S. 109-134). Göttingen: Hogrefe.

Rampl, L. V. & Kenning, P. (2014). Employer brand trust and affect: linking brand personality to employer brand attractiveness. *European Journal of Marketing*, *48*(1/2), 218-236.

Ramseier, T. (2005). Erfolgreiche Markenführung für KMU. In T. Tomczak & T. O. Brexendorf (Hrsg.), *Markenaufbau und Markenpflege: Grundlagen und Praxis zur erfolgreichen Umsetzung* (S. 233-249). Zürich: Bilanz-Verlag.

Rao, V. R., Agarwal, M. K. & Dahlhoff, D. (2004). How Is Manifest Branding Strategy Related to the Intangible Value of a Corporation? *Journal of Marketing*, *68*(4), 126-141.

Rasch, R. H. & Harrell, A. (1990). The impact of personal characteristics on the turnover behavior of accounting professionals. *Auditing: A Journal of Practice and Theory, 9*(2), 90-102.

Reif, J. A. M. & Brodbeck, F. C. (2017). When Do People Initiate a Negotiation? The Role of Discrepancy, Satisfaction, and Ability Beliefs. *Negotiation and Conflict Management Research, 10*(1), 46-66.

Reindl, C. U., Kaiser, S. & Stolz, M. L. (2011). Integrating professional work and life: Conditions, outcomes and resources. In S. Kaiser, M. Ringlstetter, D. R. Eikhof & M. Pina e Cunha (Eds.), *Creating balance?! International Perspectives on the Work-Life Integration of Professionals* (pp. 3-26). Berlin, Heidelberg: Springer.

Reips, U.-D. (2006). Web-Based Methods. In M. Eid & E. Diener (Eds.), *Handbook of Multimethod Measurement in Psychology* (pp. 73-85). Washington: American Psychological Association.

Rho, E., Yun, T. & Lee, K. (2015). Does Organizational Image Matter? Image, Identification, and Employee Behaviors in Public and Nonprofit Organizations. *Public Administration Review, 75*(3), 421-431.

Rhodes, S. R. (1983). Age-related differences in work attitudes and behavior: A review and conceptual analysis. *Psychological Bulletin, 93*(2), 328-367.

Rich, B. L., LePine, J. A. & Crawford, E. R. (2010). Job Engagement: Antecedents and Effects on Job Performance. *Academy of Management Journal, 53*(3), 617-635.

Riketta, M. (2005). Organizational identification: A meta-analysis. *Journal of Vocational Behavior, 66*(2), 358-384.

Riketta, M. (2008). The causal relation between job attitudes and performance: A meta-analysis of panel studies. *Journal of Applied Psychology, 93*(2), 472-481.

Riketta, M. & Van Dick, R. (2005). Foci of attachment in organizations: A meta-analytic comparison of the strength and correlates of workgroup versus organizational identification and commitment. *Journal of Vocational Behavior, 67*(3), 490-510.

Rindova, V. P., Pollock, T. G. & Hayward, M. L. A. (2006). Celebrity Firms: The Social Construction of Market Popularity. *Academy of Management Review, 31*(1), 50-71.

Rioux, S. M. & Penner, L. A. (2001). The causes of organizational citizenship behavior: A motivational analysis. *Journal of Applied Psychology, 86*(6), 1306-1314.

Ritz, A. & Thom, N. (2011). *Talent Management*. Wiesbaden: Gabler.

Robbins, S. P. & Judge, T. (2013). *Organizational Behavior* (15th ed.). Boston: Pearson.

Robertson, T. (2006). Dissonance effects as conformity to consistency norms: The effect of anonymity and identity salience. *British Journal of Social Psychology*, *45*(4), 683-699.

Robertson, T. & Reicher, S. D. (1997). Threats to self and the multiple inconsistencies of forced compliance. *Social Psychological Review*, *1*, 1-15.

Rock, M., Irle, M. & Frey, D. (2002). Wissenschaftstheoretische Grundlagen sozialpsychologischer Theorien. In D. Frey & M. Irle (Hrsg.), *Theorien der Sozialpsychologie* (S. 13-47). Bern: Huber.

Rockmann, K. W. & Ballinger, G. A. (2017). Intrinsic motivation and organizational identification among on-demand workers. *Journal of Applied Psychology*, *102*(9), 1305-1316.

Rösner, L. (2016). Prosoziales Verhalten. In N. C. Krämer, S. Schwan, D. Unz & M. Suckfüll (Hrsg.), *Medienpsychologie: Schlüsselbegriffe und Konzepte* (2. Aufl., S. 432-440). Stuttgart: Kohlhammer.

Roper, S. & Davies, G. (2010). Business to business branding: External and internal satisfiers and the role of training quality. *European Journal of Marketing*, *44*(5), 567-590.

Roper, S., Davies, G. & Murphy, J. (2002). Linking atmosphere and reputation in order to measure business-to-business relationship. *Journal of Customer Behaviour, 1*(2), 215-240.

Roper, S. & La Niece, C. (2009). The importance of brands in the lunch-box choices of low-income British school children. *Journal of Consumer Behaviour*, *8*(2/3), 84-99.

Rosengren, S. & Bondesson, N. (2015). Consumer advertising as a signal of employer attractiveness. *International Journal of Advertising*, *33*(2), 253-269.

Rosenzweig, P. (2007). Misunderstanding the Nature of Company Performance: The Halo Effect and Other Business Delusions. *California Management Review*, *49*(4), 6-20.

Rotundo, M. & Sackett, P. R. (2002). The relative importance of task, citizenship, and counterproductive performance to global ratings of job performance: A policy-capturing approach. *Journal of Applied Psychology*, *87*(1), 66-80.

Rousseau, D. M. (1998). The "problem" of the psychological contract considered. *Journal of Organizational Behavior*, *19*(1), 665-671.

Rynes, S. L. (1991). Recruitment, job choice, and post-hire consequences. In M. D. Dunnette & L. M. Hough (Eds.), *Handbook of Industrial and Organizational Psychology* (2nd ed., pp. 399-444). Palo Alto, CA: Consulting Psychologists Press.

Sackmann, S. A. (1983). Organisationskultur: Die unsichtbare Einflußgröße. *Gruppendynamik, 14*(4), 393-406.

Sackmann, S. A. (1989). The Role of Metaphors in Organization Transformation. *Human Relations, 42*(6), 463-485.

Sackmann, S. A. (1990). Möglichkeiten der Gestaltung von Unternehmenskultur. In C. Lattmann (Hrsg.), *Die Unternehmenskultur* (S. 153-188). Heidelberg: Physica.

Sackmann, S. A. (1991). *Cultural Knowledge in Organizations. Exploring the Collective Mind.* Newbury Park, CA: SAGE.

Sackmann, S. A. (1992). Culture and Subcultures: An Analysis of Organizational Knowledge. *Administrative Science Quarterly, 37*(1), 140-161.

Sackmann, S. A. (1997). *Cultural complexity in organizations: Inherent contrasts and contradictions*. Thousand Oaks, CA: SAGE.

Sackmann, S. A. (2002). *Unternehmenskultur: Erkennen, Entwickeln, Verändern.* Neuwied, Kriftel: Luchterhand Verlag.

Sackmann, S. A. (2004). *Erfolgsfaktor Unternehmenskultur: Mit kulturbewusstem Management Unternehmensziele erreichen und Identifikation schaffen – 6 Best Practice-Beispiele.* Wiesbaden: Gabler.

Sackmann, S. A. (2006). *Assessment, evaluation, improvement: Success through corporate culture*. Gütersloh: Bertelsmann-Stiftung.

Sackmann, S. A. (2007). *Unternehmenskultur: Erkennen, Entwickeln, Verändern* (Nachdruck zur 1. Aufl.). Neubiberg [u. a.]: Eigenverlag.

Sackmann, S. A. (2008). *Mensch und Ökonomie: Wie sich Unternehmen das Innovationspotenzial dieses Wertespagats erschließen*. Wiesbaden: Gabler.

Sackmann, S. A. (2011). Culture and Performance. In N. M. Ashkanasy, C. P. M. Wilderom & M. F. Peterson (Eds.), *The Handbook of Organizational Culture and Climate* (2nd ed., pp. 188-224). Thousand Oaks, CA: SAGE.

Sackmann, S. A. (2017). *Unternehmenskultur: Erkennen, Entwickeln, Verändern. Erfolgreich durch kulturbewusstes Management* (2. vollst. überarb. und erw. Aufl.). Wiesbaden: Springer.

Sackmann, S. A. & Phillips, M. E. (2004). Contextual Influences on Culture Research: Shifting Assumptions for New Workplace Realities. *International Journal of Cross Cultural Management, 4*(3), 370-390.

Saenger, C., Jewell, R. D. & Grigsby, J. L. (2017). The Strategic Use of Contextual and Competitive Interference to Influence Brand-Attribute Associations. *Journal of Advertising, 46*(3), 424-439.

Sahlins, M. (1972). *Stone Age Economics*. New York: Aldine.

Saks, A. M. (2006). Antecedents and consequences of employee engagement. *Journal of Managerial Psychology, 21*(7), 600-619.

Saks, A. M. (2017). Translating Employee Engagement Research into Practice. *Organizational Dynamics, 46*(2), 76-86.

Sattler, H. & Völckner, F. (2007). *Markenpolitik*. Stuttgart: Kohlhammer.

Schaufeli, W. B., Salanova, M., González-Romá, V. & Bakker, A. B. (2002). The Measurement of Engagement and Burnout: A Two Sample Confirmatory Factor Analytic Approach. *Journal of Happiness Studies, 3*(1), 71-92.

Schein, E. H. (1985). *Organizational culture and leadership*. San Francisco: Jossey-Bass.

Schein, E. H. (1992). *Organizational culture and leadership* (2nd ed.). San Francisco: Jossey-Bass.

Schein, E. H. (1995). *Unternehmenskultur: Ein Handbuch für Führungskräfte*. Frankfurt am Main: Campus Verlag.

Schein, E. H. (1996). Culture: The Missing Concept in Organization Studies. *Administrative Science Quarterly, 41*(2), 229-240.

Schein, E. H. (2004). *Organizational culture and leadership* (3rd ed.). San Francisco: Jossey-Bass.

Schein, E. H. (2010). *Organizational culture and leadership* (4th ed.). San Francisco: Jossey-Bass.

Schein, E. H. & Schein, P. (2017). *Organizational culture and leadership* (5th ed.). Hoboken, NJ: Wiley.

Schermelleh-Engel, K. & Werner, C. S. (2011). Reliabilität. In H. Moosbrugger & A. Kelava (Hrsg.), *Testtheorie und Fragebogenkonstruktion* (2. Aufl., S. 119-142). Berlin, Heidelberg: Springer.

Schlager, T., Bodderas, M., Maas, P. & Cachelin, J. L. (2011). The influence of the employer brand on employee attitudes relevant for service branding: An empirical investigation. *Journal of Services Marketing, 25*(7), 497-508.

Schleicher, D. J., Watt, J. D. & Greguras, G. J. (2004). Reexamining the job satisfaction-performance relationship: The complexity of attitudes. *Journal of Applied Psychology*, *89*(1), 165-177.

Schmidt, H. J. (2006). Marken mit Struktur statt Bauchgefühl führen. *io new management – Zeitschrift für Unternehmenswissenschaften und Führungspraxis, 7/8*, 10-14.

Schmidt, H. J. (2007). *Internal Branding: Wie Sie Ihre Mitarbeiter zu Markenbotschaftern machen*. Wiesbaden: Gabler.

Schmidt, H. J. & Kilian, K. (2012). Internal Branding, Employer Branding & Co.: Der Mitarbeiter im Markenfokus. *Transfer Werbeforschung & Praxis, 58*(1), 28-33.

Schmidt, W. C. (1997). World-Wide Web survey research: Benefits, potential problems, and solutions. *Behavior Research Methods, Instruments, & Computers, 29*(2), 274-279.

Schnake, M. (1991). Organizational Citizenship: A Review, Proposed Model, and Research Agenda. *Human Relations*, *44*(7), 735-759.

Schnake, M., Dumler, M. P. & Cochran, D. S. (1993). The Relationship between "Traditional" Leadership, "Super" Leadership, and Organizational Citizenship Behavior. *Group & Organization Management*, *18*(3), 352-365.

Schneider, B. (1987). The People Make the Place. *Personnel Psychology*, *40*(3), 437-453.

Schneider, B., Gonzalez-Roma, V., Ostroff, C. & West, M. A. (2017). Organizational climate and culture: Reflections on the history of the constructs in the *Journal of Applied Psychology*. *Journal of Applied Psychology*, *102*(3), 468-482.

Schnell, R., Hill, P. B. & Esser, E. (2008). *Methoden der empirischen Sozialforschung* (8., unveränd. Aufl.). München: Oldenbourg.

Schoiswohl, M. A. (2016). *Vernetze Mitarbeiter, stifte Sinn: Employee Relationship Management am Beispiel eines Hidden Champions*. Wiesbaden: Springer Gabler.

Schreyögg, G. & Koch, J. (2015). *Grundlagen des Managements* (3., überarb. und erw. Aufl.). Wiesbaden: Springer Gabler.

Schroeder, J., Borgerson, J. & Wu, Z. (2015). A brand culture approach to Chinese cultural heritage brands. *Journal of Brand Management*, *22*(3), 261-279.

Schuh, S. C., Van Quaquebeke, N., Göritz, A. S., Xin, K. R., De Cremer, D. & Van Dick, R. (2016). Mixed feelings, mixed blessing? How ambivalence in organizational identification relates to employees' regulatory focus and citizenship behaviors. *Human Relations*, *69*(12), 2224-2249.

Schuhmacher, F. & Geschwill, R. (2014). *Employer Branding* (2. Aufl.). Wiesbaden: Gabler.

Schultz, H., Bagraim, J., Potgieter, T., Viedge, C. & Werner, A. W. (2003). *Organisational Behaviour – A Contemporary South African Perspective*. Pretoria: Vanschalk.

Schultz, M. & Hatch, M. J. (2005). Building theory from practice. *Strategic Organization*, *3*(3), 337-347.

Schuster, J. H. & Finkelstein, M. J. (2006). *The American Faculty: The Restructuring of Academic Work and Careers*. Baltimore, MD: JHU Press.

Schwartz, H. & Davis, S. M. (1981). Matching corporate culture and business strategy. *Organizational Dynamics*, *10*(1), 30-48.

Sedlmeier, P. & Renkewitz, F. (2011). *Forschungsmethoden und Statistik in der Psychologie*. München: Pearson.

Sengupta, A., Bamel, U. & Singh, P. (2015). Value proposition framework: Implications for employer branding. *Decision*, *42*(3), 307-323.

Senior, C., Lee, N. & Butler, M. (2011). Perspective: Organizational Cognitive Neuroscience. *Organization Science*, *22*(3), 804-815.

Sevi, E. (2010). Effects of organizational citizenship behaviour on group performance. *Journal of Modelling in Management*, *5*(1), 25-37.

Shepherd, S., Chartrand, T. L. & Fitzsimons, G. J. (2015). When Brands Reflect Our Ideal World: The Values and Brand Preferences of Consumers Who Support versus Reject Society's Dominant Ideology. *Journal of Consumer Research, 42*(1), 76-92.

Shin, Y., Kim, M. S., Choi, J. N., Kim, M. & Oh, W.-K. (2017). Does Leader-Follower Regulatory Fit Matter? The Role of Regulatory Fit in Followers' Organizational Citizenship Behavior. *Journal of Management*, *43*(4), 1211-1233.

Simon, H. (1985). *Goodwill und Marketingstrategie*. Wiesbaden: Gabler.

Sirgy, M. J., Grewal, D., Mangleburg, T. F., Park, J.-O., Chon, K.-S., Claiborne, C. B., Johar, J. S. & Berkman, H. (1997). Assessing the Predictive Validity of Two Methods of Measuring Self-Image Congruence. *Journal of the Academy of Marketing Science, 25*(3), 229-241.

Sivertzen, A.-M., Ragnhild Nilsen, E. & Olafsen, A. H. (2013). Employer branding: employer attractiveness and the use of social media. *Journal of Product & Brand Management*, *22*(7), 473-483.

Six, B. & Kleinbeck, U. (1989). Arbeitsmotivation und Arbeitszufriedenheit. In E. Roth, H. Schuler & A. B. Weinert (Hrsg.), *Organisationspsychologie* (S. 348-398). Göttingen: Hogrefe.

Smircich, L. (1983). Concepts of Culture and Organizational Analysis. *Administrative Science Quarterly*, *28*(3), 339-358.

Smith, L. G. E., Gillespie, N., Callan, V. J., Fitzsimmons, T. W. & Paulsen, N. (2017). Injunctive and descriptive logics during newcomer socialization: The impact on organizational identification, trustworthiness, and self-efficacy. *Journal of Organizational Behavior*, *38*(4), 487-511.

Smith, P. C., Kendall, L. M. & Hulin, C. L. (1969). *The Measurement of Satisfaction in Work and Retirement.* Chicago, IL: Rand McNally.

Smith, C. A., Organ, D. W. & Near, J. P. (1983). Organizational citizenship behavior: Its nature and antecedents. *Journal of Applied Psychology*, *68*(4), 653-663.

Söhnchen, F. (2007). Common Method Variance und Single Source Bias. In S. Albers, D. Klapper, U. Konradt, A. Walter & J. Wolf (Hrsg.), *Methodik der empirischen Forschung* (S. 135-150). Wiesbaden: Gabler.

Sonnentag, S. & Starzyk, A. (2015). Perceived prosocial impact, perceived situational constraints, and proactive work behavior: Looking at two distinct affective pathways. *Journal of Organizational Behavior*, *36*(6), 806-824.

Sørensen, J. B. (2002). The Strength of Corporate Culture and the Reliability of Firm Performance. *Administrative Science Quarterly*, *47*(1), 70-91.

Spears, N., Brown, T. J. & Dacin, P. A. (2006). Assessing the corporate brand: The unique corporate association valence (UCAV) approach. *Journal of Brand Management, 14*(1), 5-19.

Spector, P. E. (1994). Using self-report questionnaires in OB research: A comment on the use of a controversial method. *Journal of Organizational Behavior*, *15*(5), 385-392.

Spector, P. E. (1997). *Job Satisfaction: Application, Assessment, Causes, and Consequences.* Thousand Oaks, CA: SAGE.

Spector, P. E. (2006). Method Variance in Organizational Research. *Organizational Research Methods, 9*(2), 221-232.

Spence, M. (1973). Job Market Signaling. *The Quarterly Journal of Economics, 87*(3), 355-374.

Sponheuer, B. (2010). *Employer Branding als Bestandteil einer ganzheitlichen Markenführung*. Wiesbaden: Gabler.

Statista GmbH. (2017). *Ranking der Top-50 Unternehmen weltweit nach ihrem Markenwert im Jahr 2017 (in Milliarden US-Dollar)*. Abgerufen am 14.10.2017 von https://de.statista.com/statistik/daten/studie/162524/umfrage/markenwert-der-wertvollsten-unternehmen-weltweit/

Staub, P. D. (2013). Holistic Branding, Teil 1: Die Kraft der Marke. *KMU-Magazin, 1/2,* 40-46.

Staufenbiel, T. & Hartz, C. (2000). Organizational Citizenship Behavior: Entwicklung und erste Validierung eines Meßinstruments. *Diagnostica*, *46*(2), 73-83.

Steffen, F. E. & Externbrink, K. (2017). Erholt und engagiert am Arbeitsplatz – mentales Abschalten nach der Arbeit als Mediator zwischen Servant Leadership und freiwilligem Arbeitsengagement. *German Journal of Human Resource Management*, *31*(3), 260-274.

Stöber, J. (1999). Die Soziale-Erwünschtheits-Skala-17 (SES-17): Entwicklung und erste Befunde zu Reliabilität und Validität. *Diagnostica*, *45*(4), 173-177.

Stritzke, C. (2010). *Marktorientiertes Personalmanagement durch Employer Branding: Theoretisch-konzeptioneller Zugang und empirische Evidenz*. Wiesbaden: Gabler.

Strobel, M., Tumasjan, A., Spörrle, M. & Welpe, I. M. (2013). The future starts today, not tomorrow: How future focus promotes organizational citizenship behaviors. *Human Relations*, *66*(6), 829-856.

Strobel, M., Tumasjan, A., Spörrle, M. & Welpe, I. M. (2017). Fostering employees' proactive strategic engagement: Individual and contextual antecedents. *Human Resource Management Journal, 27*(1), 113-132.

Swain, S. D., Weathers, D. & Niedrich, R. W. (2008). Assessing Three Sources of Misresponse to Reversed Likert Items. *Journal of Marketing Research*, *45*(1), 116-131.

Tajfel, H. (1978). Social categorization, social identity and social comparisons. In H. Tajfel (Ed.), *Differentiation Between Social Groups* (pp. 61-76). London: Academic Press.

Tajfel, H. (1982). Social Psychology of Intergroup Relations. *Annual Review of Psychology*, *33*(1), 1-39.

Tajfel, H. & Turner, J. C. (1979). An Integrative Theory of Intergroup Conflict. In W. G. Austin & S. Worchel (Eds.), *The Social Psychology of Intergroup Relations* (pp. 33-47). Monterey, CA: Brooks/Cole.

Tajfel, H. & Turner, J. C. (1986). The Social Identity Theory of Intergroup Behavior. In S. Worchel & W. G. Austin (Eds.), *Psychology of Intergroup Relations* (2nd ed., pp. 7-24). Chicago: Nelson-Hall.

Tavares, S. M., Van Knippenberg, D. & Van Dick, R. (2016). Organizational identification and "currencies of exchange": Integrating social identity and social exchange perspectives. *Journal of Applied Social Psychology*, *46*(1), 34-45.

Tavassoli, N. T., Sorescu, A. & Chandy, R. (2014). Employee-Based Brand Equity: Why Firms with Strong Brands Pay Their Executives Less. *Journal of Marketing Research*, *51*(6), 676-690.

Tenney, E. R., Poole, J. M. & Diener, E. (2016). Does positivity enhance work performance?: Why, when, and what we don't know. *Research in Organizational Behavior*, *36*, 27-46.

Ternès, A. & Runge, C. (2016). *Reputationsmanagement*. Wiesbaden: Springer.

Theurer, C. P., Tumasjan, A., Welpe, I. M. & Lievens, F. (2016). Employer Branding: A Brand Equity-based Literature Review and Research Agenda. *International Journal of Management Reviews, 16*(1), 1-25.

Thielsch, M. T. & Weltzin, S. (2012). Online-Umfragen und Online-Mitarbeiterbefragungen. In M. T. Thielsch & T. Brandenburg (Hrsg.), *Praxis der Wirtschaftspsychologie II: Themen und Fallbeispiele für Studium und Praxis* (S. 109-127). Münster: MV Wissenschaft.

Thorndike, E. L. (1920). A Constant Error in Psychological Ratings. *Journal of Applied Psychology*, *4*(1), 25-29.

Tomczak, T. & Brexendorf, T. O. (2005). *Markenaufbau und Markenpflege: Grundlagen und Praxis zur erfolgreichen Umsetzung*. Zürich: Bilanz-Verlag.

Tomczak, T., Esch, F.-R., Kernstock, J. & Herrmann, A. (2012). *Behavioral Branding: Wie Mitarbeiterverhalten die Marke stärkt* (3., aktualis. Aufl.). Wiesbaden: Gabler.

Tosti, D. T. & Stotz, R. D. (2001). Building your brand from the inside out. *Marketing Management, 10*(2), 27-33.

Tosti-Kharas, J., Lamm, E. & Thomas, T. E. (2017). Organization OR Environment? Disentangling Employees' Rationales Behind Organizational Citizenship Behavior for the Environment. *Organization & Environment*, *30*(3), 187-210.

Trendence Institut. (2015a). *trendence Young Professional Barometer 2015.* Abgerufen am 28.11.2015 von https://www.trendence.com/fileadmin/trendence/content/Unternehmen/Rankings/tYP_2015_Ranking_DE_1.pdf

Trendence Institut. (2015b). *Arbeitnehmer im Handel sind am unzufriedensten.* Abgerufen am 14.10.2016 von https://www.trendence.com/presse/pressemitteilungen/2015/trendence-young-professionals-barometer.html

Trendence Institut. (2017). *Über trendence.* Abgerufen am 29.04.2017 von https://www.trendence.com/unternehmen/ueber-trendence.html

Truxillo, D. M., Cadiz, D. A. & Rineer, J. R. (2012). Designing jobs for an aging workforce. In J. Houdmount, S. Leka & R. R. Sinclair (Eds.), *Contemporary Occupational Health Psychology: Global Perspectives on Research and Practice* (pp. 109-125). Oxford: Oxford University Press.

Turner, J. C., Hogg, M. A., Oakes, P. J., Reicher, S. D. & Wetherell, M. S. (1987). *Rediscovering the social group. A Self-Categorization Theory.* New York: Basil Blackwell.

Tyler, T. R. & Blader, S. L. (2000). Cooperation in groups: Procedural justice, social identity, and behavioral engagement. Philadelphia: Psychology Press.

Urde, M. (1999). Brand Orientation: A Mindset for Building Brands into Strategic Resources. *Journal of Marketing Management, 15*(1-3), 117-133.

Urde, M. (2003). Core value-based corporate brand building. *European Journal of Marketing, 37*(7/8), 1017-1040.

Urde, M., Baumgarth, C. & Merrilees, B. (2013). Brand orientation and market orientation – From alternatives to synergy. *Journal of Business Research, 66*(1), 13-20.

Usunier, J.-C. (2007). *International and cross-cultural management research.* Los Angeles [u. a.]: SAGE.

Valeri, L. & VanderWeele, T. J. (2013). Mediation analysis allowing for exposure-mediator interactions and causal interpretation: theoretical assumptions and implementation with SAS and SPSS macros. *Psychological Methods, 18*(2), 137-150.

Vallaster, C. (2004). Internal brand building in multicultural organisations: A roadmap towards action research. *Qualitative Market Research: An International Journal, 7*(2), 100-113.

Vallaster, C. & De Chernatony, L. (2003). *How much do leaders matter in internal brand building?: An international perspective.* Birmingham: Birmingham Business School.

Vallaster, C. & De Chernatony, L. (2006). Internal brand building and structuration: The role of leadership. *European Journal of Marketing, 40*(7/8), 761-784.

Vallaster, C., Lindgreen, A. & Maon, F. (2012). Strategically leveraging corporate social responsibility to the benefit of company and society: A corporate branding perspective. *California Management Review, 54*(3), 34-60.

Van den Berg, P. T. & Wilderom, C. P. (2004). Defining, Measuring, and Comparing Organisational Cultures. *Journal of Applied Psychology, 53*(4), 570-582.

Van den Berg, R. J., Lance, C. E. & Taylor, S. (2005). A latent variable approach to rating source equivalence: Who should provide ratings on organizational citizenship behavior dimensions? In D. Turnipseed (Ed.), *A Handbook of Organizational Behavior: A review of "good soldier" activity in organizations* (pp. 109-141). New York: Nova Science Publishing.

Van Dick, R. (2001). Identification in organizational contexts: Linking theory and research from social and organizational psychology. *International Journal of Management Reviews, 3*(4), 265-283.

Van Dick, R. (2004). *Commitment und Identifikation mit Organisationen.* Göttingen: Hogrefe.

Van Dick, R., Christ, O., Stellmacher, J., Wagner, U., Ahlswede, O., Grubba, C., Hauptmeier, M., Höhfeld, C., Moltzen, K. & Tissington, P. A. (2004b). Should I Stay or Should I Go? Explaining Turnover Intentions with Organizational Identification and Job Satisfaction. *British Journal of Management, 15*(4), 351-360.

Van Dick, R., Grojean, M. W., Christ, O. & Wieseke, J. (2006). Identity and the Extra Mile: Relationships between Organizational Identification and Organizational Citizenship Behaviour. *British Journal of Management, 17*(4), 283-301.

Van Dick, R., Wagner, U., Stellmacher, J. & Christ, O. (2004a). The utility of a broader conceptualization of organizational identification: Which aspects really matter? *Journal of Occupational and Organizational Psychology, 77*(2), 171-191.

Van Dick, R., Wagner, U., Stellmacher, J. & Christ, O. (2005). Category salience and organisational identification. *Journal of Occupational and Organizational Psychology, 78*(2), 273-285.

Van Gils, S., Hogg, M. A., Van Quaquebeke, N. & Van Knippenberg, D. (2017). When Organizational Identification Elicits Moral Decision-Making: A Matter of the Right Climate. *Journal of Business Ethics, 142*(1), 155-168.

Van Hoye, G., Bas, T., Cromheecke, S. & Lievens, F. (2013). The Instrumental and Symbolic Dimensions of Organisations' Image as an Employer: A Large-Scale Field Study on Employer Branding in Turkey. *Applied Psychology: An International Review, 62*(4), 543-557.

Van Knippenberg, D. & Sleebos, E. (2006). Organizational identification versus organizational commitment: Self-definition, social exchange, and job attitudes. *Journal of Organizational Behavior, 27*(5), 571-584.

Van Knippenberg, D. & Van Schie, E. C. M. (2000). Foci and correlates of organizational identification. *Journal of Occupational and Organizational Psychology, 73*(2), 137-147.

Van Riel, C. B. M. (2001). Corporate Branding Management. *Thexis: Fachzeitschrift für Marketing, 18*(4), 12-16.

Vey, M. A. & Campbell, J. P. (2004). In-Role or Extra-Role Organizational Citizenship Behavior: Which Are We Measuring? *Human Performance, 17*(1), 119-135.

Vigoda-Gadot, E. & Cohen, A. (2004). *Citizenship and management in public administration: Integrating behavioral theories and managerial thinking.* Cheltenham, UK: Edward Elgar.

Vogel, R. M., Rodell, J. B. & Lynch, J. W. (2016). Engaged and Productive Misfits: How Job Crafting and Leisure Activity Mitigate the Negative Effects of Value Incongruence. *Academy of Management Journal, 59*(5), 1561-1584.

Vogel, V., Evanschitzky, H. & Ramaseshan, B. (2008). Customer Equity Drivers and Future Sales. *Journal of Marketing, 72*(6), 98-108.

Vomberg, A., Homburg, C. & Bornemann, T. (2015). Talented people and strong brands: The contribution of human capital and brand equity to firm value. *Strategic Management Journal, 36*(13), 2122-2131.

Von Rosenstiel, L. (2007). *Grundlagen der Organisationspsychologie: Basiswissen und Anwendungshinweise* (6., überarb. Aufl.). Stuttgart: Schäffer-Poeschel.

Von Rosenstiel, L. & Bögel, R. (2014). Arbeitszufriedenheit und Organisationsklima. In L. Von Rosenstiel, E. Regnet & M. E. Domsch (Hrsg.), *Führung von Mitarbeitern. Handbuch für erfolgreiches Personalmanagement* (7., überarb. Aufl., S. 187-200). Stuttgart: Schäffer-Poeschel.

Vough, H. C., Bindl, U. K. & Parker, S. K. (2017). Proactivity routines: The role of social processes in how employees self-initiate change. *Human Relations, 70*(10), 1191-1216.

Wahba, M. A. & Bridwell, L. G. (1976). Maslow reconsidered: A review of research on the need hierarchy theory. *Organizational Behavior and Human Performance, 15*(2), 212-240.

Wallace, M., Lings, I., Cameron, R. & Sheldon, N. (2014). Attracting and Retaining Staff: The Role of Branding and Industry Image. In R. Harris & T. Short (Eds.), *Workforce Development. Perspectives and Issues* (pp. 19-36). Singapore: Springer.

Wallström, A., Karlsson, T. & Salehi-Sangari, E. (2008). Building a corporate brand: The internal brand building process in Swedish service firms. *Journal of Brand Management, 16*(1/2), 40-50.

Walsh, G. & Beatty, S. E. (2007). Customer-based corporate reputation of a service firm: Scale development and validation. *Journal of the Academy of Marketing Science, 35*(1), 127-143.

Wang, C. L. & Rafiq, M. (2014). Ambidextrous Organizational Culture, Contextual Ambidexterity and New Product Innovation: A Comparative Study of UK and Chinese High-tech Firms. *British Journal of Management, 25*(1), 58-76.

Wang, T., Wezel, F. C. & Forgues, B. (2016). Protecting Market Identity: When and How Do Organizations Respond to Consumers Devaluations? *Academy of Management Journal, 59*(1), 135-162.

Warr, P., Cook, J. & Wall, T. (1979). Scales for the measurement of some work attitudes and aspects of psychological well-being. *Journal of Occupational Psychology, 52*(2), 129-148.

Wegge, J. & Van Dick, R. (2006). Arbeitszufriedenheit, Emotionen bei der Arbeit und berufliche Identifikation. In L. Fischer (Hrsg.), *Arbeitszufriedenheit* (S. 11-36). Göttingen: Verlag für Angewandte Psychologie.

Weiber, R. & Mühlhaus, D. (2014). *Strukturgleichungsmodellierung: Eine anwendungsorientierte Einführung in die Kausalanalyse mit Hilfe von AMOS, SmartPLS und SPSS* (2., erw. und korr. Aufl.). Berlin [u. a.]: Springer Gabler.

Weijters, B., Baumgartner, H. & Schillewaert, N. (2013). Reversed item bias: An integrative model. *Psychological Methods, 18*(3), 320-334.

Weikamp, J. G. & Göritz, A. S. (2016). Organizational citizenship behaviour and job satisfaction: The impact of occupational future time perspective. *Human Relations, 69*(11), 2091-2115.

Weiss, H. M. (2002). Deconstructing job satisfaction: Separating evaluations, beliefs, and affective experiences. *Human Resource Management Review, 12*(2), 173-194.

Wentzel, D. (2009). The Effect of Employee Behavior on Brand Personality Impressions and Brand Attitudes. *Journal of the Academy of Marketing Science, 37*(3), 359-374.

Wentzel, D., Tomczak, T., Herrmann, A. & Heitmann, M. (2008). Interne Markenführung durch Markengeschichten. *Die Betriebswirtschaft, 68*(4), 418-439.

Westover, J. H. (2011). The Relationship between Job Satisfaction and Other Important Individual, Organizational, and Social Outcomes. *The International Journal of Science in Society, 2*(1), 63-76.

White, K., Stackhouse, M. & Argo, J. J. (2018). When social identity threat leads to the selection of identity-reinforcing options: The role of public self-awareness. *Organizational Behavior and Human Decision Processes, 144*(1), 60-73.

Whitman, D. S., Van Rooy, D. L. & Viswesvaran, C. (2010). Satisfaction, Citizenship Behaviors, and Performance in Work Units: A Meta-Analysis of Collective Construct Relations. *Personnel Psychology*, *63*(1), 41-81.

Wieseke, J., Ahearne, M., Lam, S. K. & Van Dick, R. (2009). The Role of Leaders in Internal Marketing: A Multilevel Examination Through the Lens of Social Identity Theory. *Journal of Marketing, 73*(2), 123-145.

Wilden, R., Gudergan, S. & Lings, I. (2010). Employer Branding: Strategic implications for staff recruitment. *Journal of Marketing Management*, *26*(1/2), 56-73.

Wilhelmy, A., Kleinmann, M., König, C. J., Melchers, K. G. & Truxillo, D. M. (2016). How and why do interviewers try to make impressions on applicants? A qualitative study. *Journal of Applied Psychology*, *101*(3), 313-332.

Wilkin, C. L. (2013). I can't get no job satisfaction: Meta-analysis comparing permanent and contingent workers. *Journal of Organizational Behavior, 34*(1), 47-64.

Wilkins, A. L. & Ouchi, W. G. (1983). Efficient Cultures: Exploring the Relationship between Culture and Organizational Performance. *Administrative Science Quarterly*, *28*(3), 468-481.

Williams, B. D. & Harter, S. L. (2010). Views of the Self and Others at Different Ages: Utility of Repertory Grid Technique in Detecting the Positivity Effect in Aging. *The International Journal of Aging and Human Development*, *71*(1), 1-22.

Williams, L. J. & Anderson, S. E. (1991). Job Satisfaction and Organizational Commitment as Predictors of Organizational Citizenship and In-Role Behaviors. *Journal of Management*, *17*(3), 601-617.

Williams, L. J. & McGonagle, A. K. (2016). Four Research Designs and a Comprehensive Analysis Strategy for Investigating Common Method Variance with Self-Report Measures Using Latent Variables. *Journal of Business and Psychology*, *31*(3), 339-359.

Wong, H. Y. & Merrilees, B. (2007). Closing the marketing strategy to performance gap: The role of brand orientation. *Journal of Strategic Marketing*, *15*(5), 387-402.

Wong, H. Y. & Merrilees, B. (2008). The performance benefits of being brand-orientated. *Journal of Product & Brand Management*, *17*(6), 372-383.

Woo, S. E., O'Boyle, E. H. & Spector, P. E. (2017). Best practices in developing, conducting, and evaluating inductive research. *Human Resource Management Review, 27,* 255-264.

Wright, T. A., Quick, J. C., Hannah, S. T. & Blake Hargrove, M. (2017). Best practice recommendations for scale construction in organizational research: The development and initial validation of the Character Strength Inventory (CSI). *Journal of Organizational Behavior, 38*(5), 615-628.

Wrzesniewski, A. & Dutton, J. E. (2001). Crafting a Job: Revisioning employees as active crafters of their work. *Academy of Management Review, 26*, 179-201.

Wuchterl, K. (1987). *Methoden der Gegenwartsphilosophie* (2., verbess. und neubearb. Aufl.). Bern: P. Haupt Verlag.

XING AG. (2016). *Factsheet – Unternehmensprofil.* Abgerufen am 01.05.2017 von https://corporate.xing.com/fileadmin/user_upload/factsheet_1600_german.pdf

Yalabik, Z. Y., Popaitoon, P., Chowne, J. A. & Rayton, B. A. (2013). Work engagement as mediator between employee attitudes and outcomes. *International Journal of Human Resource Management, 24*(14), 2799-2823.

Yam, K. C., Klotz, A. C., He, W. & Reynolds, S. J. (2017). From Good Soldiers to Psychologically Entitled: Examining When and Why Citizenship Behavior Leads to Deviance. *Academy of Management Journal, 60*(1), 373-396.

Yavuz, Ö. (2012). *Markenstärke von Arbeitgebermarken.* Wiesbaden: Springer.

Yoshikawa, T. & Hu, H. (2017). Organizational Citizenship Behaviors of Directors: An Integrated Framework of Director Role-Identity and Boardroom Structure. *Journal of Business Ethics, 143*(1), 99-109.

Zablah, A. R., Brown, B. P. & Donthu, N. (2010). The relative importance of brands in modified rebuy purchase situations. *International Journal of Research in Marketing, 27*(3), 248-260.

Zaltman, G. (1997). Rethinking market research: putting people back in. *Journal of Marketing Research, 34*, 424-437.

Zavyalova, A., Pfarrer, M. D., Reger, R. K. & Hubbard, T. D. (2016). Reputation as a Benefit and a Burden?: How Stakeholders' Organizational Identification Affects the Role of Reputation Following a Negative Event. *Academy of Management Journal, 59*(1), 253-276.

Zeithaml, V. A., Bitner, M. J. & Gremler, D. (2013). *Services Marketing: Integrating Customer Focus across the Firm* (6th ed.). New York: McGraw-Hill.

Zeplin, S. (2006). *Innengerichtetes Identitätsbasiertes Markenmanagement.* Wiesbaden: Deutscher Universitäts-Verlag.

Zhao, X., Lynch, J. G. & Chen, Q. (2010). Reconsidering Baron and Kenny: Myths and Truths about Mediation Analysis. *Journal of Consumer Research, 37*(2), 197-206.

Zhu, J., Tatachari, S. & Chattopadhyay, P. (2017). Newcomer Identification: Trends, Antecedents, Moderators, and Consequences. *Academy of Management Journal, 60*(3), 855-879.

Ziegler, R. & Schlett, C. (2016). An Attitude Strength and Self-Perception Framework Regarding the Bi-directional Relationship of Job Satisfaction with Extra-Role and In-Role Behavior: The Doubly Moderating Role of Work Centrality. *Frontiers in Psychology, 7*(1), 1-17.

Zucker, R. (2002). More than a Name Change – Internal Branding at Pearl. *Strategic Communication Management, 6*(4), 24-27.